高职高专新课程体系规划教材·

计算机系列

# Flash动画制作
## 项目教程

李晓静　陈小玉◎主编

郭飞燕　徐红霞　成艳真◎副主编

清华大学出版社

北　京

# 内 容 简 介

　　本书结合 Flash 动画应用实践，采用项目任务驱动的模式编写而成，共分为 9 个项目，每个项目又根据不同的应用目的，分解为 3～5 个任务，全面系统地讲解了 Flash CS4 的各种新增功能，及各种动画类型的详细制作思路与步骤。每个任务都生动有趣、贴近实际，基本覆盖了 Flash 动画的应用范畴和常见的问题，如制作电子贺卡、Flash 网络广告、Flash 网站动画、多媒体电子杂志等。这些任务尽可能地按照难易程度由浅入深、循序渐进地进行排列，保证了知识的前后延续性，帮助读者快速地掌握 Flash 动画设计的技术精髓。

　　本书可作为高职高专院校、应用型本科院校计算机、多媒体、动漫设计、平面设计等相关专业的教材，也可作为广大平面设计爱好者和各类技术人员的自学用书，还可作为各类计算机培训班的培训教材。

**图书在版编目（CIP）数据**

Flash 动画制作项目教程/李晓静，陈小玉主编 . —北京：清华大学出版社，2012.8
高职高专新课程体系规划教材·计算机系列

ISBN 978-7-302-29449-8

Ⅰ. ①F…　Ⅱ. ①李…　②陈…　Ⅲ. ①动画制作软件-高等职业教育-教材　Ⅳ. ①TP391.41

中国版本图书馆 CIP 数据核字（2012）第 162544 号

责任编辑：贾小红
封面设计：刘　超
版式设计：文森时代
责任校对：赵丽杰
责任印制：宋　林

出版发行：清华大学出版社
　　　　　网　　　址：http://www.tup.com.cn，http://www.wqbook.com
　　　　　地　　　址：北京清华大学学研大厦 A 座　　　　邮　　编：100084
　　　　　社 总 机：010-62770175　　　　　　　　　　　邮　　购：010-62786544
　　　　　投稿与读者服务：010-62776969，c-service@tup.tsinghua.edu.cn
　　　　　质 量 反 馈：010-62772015，zhiliang@tup.tsinghua.edu.cn
印　刷　者：北京富博印刷有限公司
装 订 者：北京市密云县京文制本装订厂
经　　销：全国新华书店
开　　本：185mm×260mm　　　印　张：19.5　　　字　　数：448 千字
　　　　　（附光盘 1 张）
版　　次：2012 年 8 月第 1 版　　　　　　　　　印　　次：2012 年 8 月第 1 次印刷
印　　数：1～4000
定　　价：42.00 元

产品编号：048301-01

# 前　　言

本书打破传统的教材编写模式，将 Flash 动画的设计理论技巧融入具体的项目和任务实论教学过程之中，由浅入深、循序渐进地进行讲解。本书基于 Flash 动画在实际工作中的应用选取项目和任务，并对每个任务进行详细的分析和讲解，有助于读者在了解项目制作流程和制作规范的基础上，进一步提高灵活应用的能力，从而达到提高设计制作实战能力的目的。

全书分为 9 个项目、29 个任务，详细介绍了 Flash CS4 的基本功能和各类实战技巧。其中，项目 1 至项目 2 为 Flash CS4 的基础应用，项目 3 至项目 9 为 Flash 在各个领域中的应用。各项目的内容介绍如下。

项目 1 为 Flash 动画设计基础，包括 Flash CS4 基本操作技巧、工具应用技巧和动画制作技能准备 3 个任务。

项目 2 为 Flash CS4 基础动画制作，包括逐帧动画的制作、形状变形动画的制作、补间动画的制作、遮罩动画的制作和引导动画的制作 5 个任务。

项目 3 为电子贺卡制作，包括生日贺卡的设计与制作、新年贺卡的设计与制作、母亲节贺卡的设计与制作 3 个任务。

项目 4 为 Flash 网络广告制作，包括化妆品广告的设计与制作、汽车广告的设计与制作、房地产广告的设计与制作 3 个任务。

项目 5 为网站导航动画制作，包括旅游网站导航的设计与制作、摄影网站导航的设计与制作、汽车网站导航的设计与制作 3 个任务。

项目 6 为网站动画制作，包括旅游网站的设计与制作、摄影网站的设计与制作、汽车网站的设计与制作 3 个任务。

项目 7 为短片及片头动画制作，包括 MV 动画的制作、产品展示动画的制作、网站片头动画的制作 3 个任务。

项目 8 为多媒体电子杂志制作，包括产品介绍电子杂志的设计与制作、电子菜谱的设计与制作、电子相册的设计与制作 3 个任务。

项目 9 为 ActionScript 3.0 高级应用，包括剪刀石头布小游戏的设计与制作、MP3 音乐播放器的设计与制作、视频播放器的设计与制作 3 个任务。

本书注重实践，突出应用与操作，既可作为高职高专院校、计算机培训学校相关课程的教材，也可作为二维动画设计人员的学习参考用书。本书的配套光盘中为读者提供了案例的素材文件、最终效果文件和项目制作中使用到的字体等。

编写本书的作者均为多年在高职院校从事二维动画设计教学的双师型教师，不仅具备丰富的教学经验，还十分熟悉企业的需求。具体分工如下：项目 1 由成艳真编写，项目 2 由徐红霞编写，项目 3、项目 4 和项目 9 由陈小玉编写，项目 5 和项目 6 由李晓静编写，项目 7 和项目 8 由郭飞燕编写。其中李晓静、陈小玉任主编，郭飞燕、徐红霞和成艳真任副主编。在本教材的编写过程中，还受到了杨艳、白香芳、田江丽等老师的支持和帮助，在此表示真诚的感谢！

本书在编写过程中力求将知识点讲解得全面、深入，但由于编者水平有限，书中难免存在不足之处，欢迎广大读者朋友给予批评指正。

编 者

2012 年 6 月

# 目 录

项目 1　Flash 动画设计基础 ................ 1

1.1　任务 1——Flash CS4 基本操作
　　　技巧 ..................................... 1

　1.1.1　认识 Flash CS4 ................ 1

　1.1.2　Flash CS4 软件的安装 ..... 1

　1.1.3　Flash CS4 软件的启动
　　　　　与关闭 .......................... 2

　1.1.4　Flash CS4 的工作界面 ..... 3

　1.1.5　Flash CS4 的文档操作 ..... 4

　1.1.6　舞台工作区的设置操作 ... 6

1.2　任务 2——Flash CS4 工具
　　　应用技巧 .............................. 8

　1.2.1　设置图形颜色 ................. 8

　1.2.2　绘制简单图形 ................ 12

　1.2.3　图形变形 ...................... 15

　1.2.4　绘制 3D 图形 ................ 17

　1.2.5　Deco 装饰性绘画工具
　　　　　的使用 ........................ 20

1.3　任务 3——Flash 动画制作
　　　技能准备 ............................ 22

　1.3.1　认识时间轴和帧 ............ 22

　1.3.2　图层的应用 .................. 25

　1.3.3　元件的使用 .................. 28

　1.3.4　库资源的使用 ............... 29

项目 2　Flash CS4 基础动画制作 ........ 31

2.1　任务 1——逐帧动画的制作 .... 31

　2.1.1　实例效果预览 ............... 31

　2.1.2　技能应用分析 ............... 32

　2.1.3　制作步骤解析 ............... 32

　2.1.4　知识点总结 .................. 37

2.2　任务 2——形状变形动画的
　　　制作 ................................. 37

　2.2.1　实例效果预览 ............... 37

　2.2.2　技能应用分析 ............... 38

　2.2.3　制作步骤解析 ............... 38

　2.2.4　知识点总结 .................. 42

2.3　任务 3——补间动画的制作 .... 43

　2.3.1　实例效果预览 ............... 43

　2.3.2　技能应用分析 ............... 43

　2.3.3　制作步骤解析 ............... 44

　2.3.4　知识点总结 .................. 49

2.4　任务 4——遮罩动画的制作 .... 49

　2.4.1　实例效果预览 ............... 49

　2.4.2　技能应用分析 ............... 50

　2.4.3　制作步骤解析 ............... 50

　2.4.4　知识点总结 .................. 54

2.5　任务 5——引导动画的制作 .... 55

　2.5.1　实例效果预览 ............... 55

　2.5.2　技能应用分析 ............... 55

　2.5.3　制作步骤解析 ............... 55

　2.5.4　知识点总结 .................. 60

项目 3　电子贺卡制作 ........................ 62

3.1　任务 1——制作生日贺卡 ....... 62

　3.1.1　实例效果预览 ............... 62

　3.1.2　技能应用分析 ............... 63

　3.1.3　制作步骤解析 ............... 63

　3.1.4　知识点总结 .................. 71

3.2　任务 2——制作新年贺卡 ....... 71

　3.2.1　实例效果预览 ............... 71

　3.2.2　技能应用分析 ............... 71

　3.2.3　制作步骤解析 ............... 72

　3.2.4　知识点总结 .................. 79

3.3　任务 3——制作母亲节贺卡 .... 79

　3.3.1　实例效果预览 ............... 79

3.3.2 技能应用分析...............80
3.3.3 制作步骤解析...............80
3.3.4 知识点总结...............86

项目 4 Flash 网络广告制作...............88
4.1 任务 1——制作化妆品广告...............88
4.1.1 实例效果预览...............88
4.1.2 技能应用分析...............89
4.1.3 制作步骤解析...............89
4.1.4 知识点总结...............96
4.2 任务 2——制作汽车广告...............96
4.2.1 实例效果预览...............97
4.2.2 技能应用分析...............97
4.2.3 制作步骤解析...............97
4.2.4 知识点总结...............110
4.3 任务 3——制作房地产广告...111
4.3.1 实例效果预览...............112
4.3.2 技能应用分析...............112
4.3.3 制作步骤解析...............112
4.3.4 知识点总结...............130

项目 5 网站导航动画制作...............131
5.1 任务 1——制作旅游网站
导航...............131
5.1.1 实例效果预览...............131
5.1.2 技能应用分析...............132
5.1.3 制作步骤解析...............132
5.1.4 知识点总结...............138
5.2 任务 2——制作摄影网站
导航...............139
5.2.1 实例效果预览...............139
5.2.2 技能应用分析...............140
5.2.3 制作步骤解析...............140
5.2.4 知识点总结...............144
5.3 任务 3——制作汽车网站
导航...............145
5.3.1 实例效果预览...............145
5.3.2 技能应用分析...............146

5.3.3 制作步骤解析...............146
5.3.4 知识点总结...............156

项目 6 网站动画制作...............158
6.1 任务 1——制作旅游网站...............158
6.1.1 实例效果预览...............158
6.1.2 技能应用分析...............159
6.1.3 制作步骤解析...............159
6.1.4 知识点总结...............167
6.2 任务 2——制作摄影网站...............168
6.2.1 实例效果预览...............168
6.2.2 技能应用分析...............169
6.2.3 制作步骤解析...............169
6.2.4 知识点总结...............188
6.3 任务 3——制作汽车网站...............189
6.3.1 实例效果预览...............189
6.3.2 技能应用分析...............189
6.3.3 制作步骤解析...............190
6.3.4 知识点总结...............209

项目 7 短片及片头动画制作...............210
7.1 任务 1——制作 MV 动画...............210
7.1.1 实例效果预览...............210
7.1.2 技能应用分析...............211
7.1.3 制作步骤解析...............211
7.1.4 知识点总结...............217
7.2 任务 2——制作产品展示
动画...............218
7.2.1 实例效果预览...............218
7.2.2 技能应用分析...............219
7.2.3 制作步骤解析...............219
7.2.4 知识点总结...............230
7.3 任务 3——制作网站片头
动画...............230
7.3.1 实例效果预览...............230
7.3.2 技能应用分析...............230
7.3.3 制作步骤解析...............231
7.3.4 知识点总结...............241

**项目 8　多媒体电子杂志制作** ············ 242

　8.1　任务 1——制作产品介绍
　　　　电子杂志 ····················· 242
　　8.1.1　实例效果预览 ·············· 242
　　8.1.2　技能应用分析 ·············· 243
　　8.1.3　制作步骤解析 ·············· 243
　　8.1.4　知识点总结 ··············· 252

　8.2　任务 2——制作电子菜谱 ······ 252
　　8.2.1　实例效果预览 ·············· 253
　　8.2.2　技能应用分析 ·············· 253
　　8.2.3　制作步骤解析 ·············· 253
　　8.2.4　知识点总结 ··············· 263

　8.3　任务 3——制作电子相册 ······ 263
　　8.3.1　实例效果预览 ·············· 263
　　8.3.2　技能应用分析 ·············· 264
　　8.3.3　制作步骤解析 ·············· 264
　　8.3.4　知识点总结 ··············· 269

**项目 9　ActionScript 3.0 高级应用** ····· 270

　9.1　任务 1——制作剪刀石头布
　　　　小游戏 ····················· 270
　　9.1.1　实例效果预览 ·············· 270
　　9.1.2　技能应用分析 ·············· 271
　　9.1.3　制作步骤解析 ·············· 271
　　9.1.4　知识点总结 ··············· 275

　9.2　任务 2——制作 MP3 音乐
　　　　播放器 ····················· 276
　　9.2.1　实例效果预览 ·············· 276
　　9.2.2　技能应用分析 ·············· 277
　　9.2.3　制作步骤解析 ·············· 277
　　9.2.4　知识点总结 ··············· 288

　9.3　任务 3——制作视频播放器 ··· 290
　　9.3.1　实例效果预览 ·············· 290
　　9.3.2　技能应用分析 ·············· 291
　　9.3.3　制作步骤解析 ·············· 291
　　9.3.4　知识点总结 ··············· 299

**参考文献** ································· 301

# 项目 1

# Flash 动画设计基础

## 1.1　任务 1——Flash CS4 基本操作技巧

### 1.1.1　认识 Flash CS4

Flash 是一款优秀的动画制作软件，利用它可以制作出一种后缀为 ".swf" 的动画文件，Flash 动画在网络中应用非常广泛，在网络以外的应用也越来越普及。其应用主要表现为网页小动画、动画短片、产品演示、MTV 作品、多媒体教学课件、网络游戏和手机彩信等。

Flash 有 "闪"、"闪烁" 的意思，因此，那些擅长使用 Flash 软件制作各种优秀作品的人被称为 "闪客"。闪客就在我们身边，我们每个人也都可能成为闪客，接下来就为大家讲解有关 Flash 动画制作的基础知识。

### 1.1.2　Flash CS4 软件的安装

（1）在 Flash CS4 软件光盘上运行 setup.exe 文件。

（2）安装向导被启动，并从压缩文件中解压文件。文件解压完毕后，出现安装程序初始化窗口，如图 1-1-1 所示。

图1-1-1

（3）初始化完成后，出现欢迎使用 Flash CS4 安装向导的提示画面，如图 1-1-2 所示。

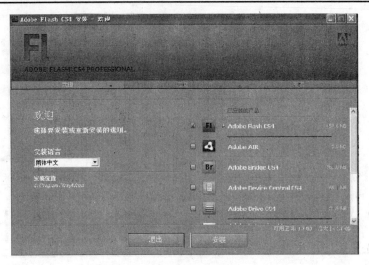

图1-1-2

（4）单击"安装"按钮，程序开始自动安装，并显示进度条，如图 1-1-3 所示。

（5）当安装进度达到 100%时，出现安装完毕的提示画面（见图 1-1-4），单击"退出"按钮即可。

图1-1-3                                              图1-1-4

## 1.1.3  Flash CS4 软件的启动与关闭

### 1. Flash CS4 的启动

单击 Windows 状态栏上的"开始"按钮，选择"程序"→Adobe Flash CS4 Professional 命令，即可打开 Flash CS4 软件，如图 1-1-5 所示。当然，如果桌面上放置了 Flash CS4 的快捷图标，那么只需双击该图标即可启动 Flash CS4。

### 2. Flash CS4 的退出

当操作完毕需要退出 Flash CS4 程序时，有以下 4 种方法。

方法一：单击工作界面右上角的"退出"按钮 ✖。

方法二：单击工作界面中标题栏最左侧的 Flash CS4 图标 **FL**，在弹出的菜单中选择"关

【高职高专新课程体系规划教材·计算机系列】

闭"命令，如图 1-1-6 所示。

　　方法三：执行"文件"→"退出"命令。

　　方法四：按 Alt+F4 组合键。

　　注意，在退出 Flash CS4 程序时，如果当前编辑的文件没有保存，系统将会自动弹出如图 1-1-7 所示的对话框，提示保存当前文件。该对话框中有 3 个按钮，其含义分别如下。

　　❖　"是"：单击该按钮，将弹出"保存为"对话框，保存当前编辑的文件。

　　❖　"否"：单击该按钮，将退出 Flash CS4 程序，同时不保存当前编辑的文件。

　　❖　"取消"：单击该按钮，将取消保存命令；退回到 Flash CS4 操作界面。

图1-1-5

图1-1-6

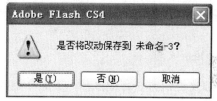

图1-1-7

## 1.1.4　Flash CS4 的工作界面

　　Flash CS4 的工作界面（见图 1-1-8）与 Flash CS3 相比，有很大的变化。Flash CS4 提供了"动画"、"传统"、"调试"、"设计人员"、"开发人员"和"基本功能" 6 种工作界面供用户选择，用户可以根据个人习惯选择适合自己的工作界面布局。

　　Flash CS4 的工作界面由标题栏、菜单栏、工具箱、时间轴、舞台、浮动面板等组成。

　　选择"窗口"→"工具栏"→"×××"命令，可打开主工具栏、控制器和编辑栏。单击"窗口"→"工具"命令，可打开或关闭工具箱。选择"窗口"→"时间轴"命令，可打开或关闭时间轴。选择"窗口"→"×××"命令，可打开或关闭"属性"、"库"、"动作"、"行为"、"对齐"、"颜色"、"信息"、"样本"、"变形"、"组件"和"组件检查器"等面板。选择"窗口"→"其他面板"→"×××"命令，可打开或关闭"历史记录"和"场景"等面板。选择"窗口"→"隐藏面板"命令，可隐藏所有面板。

【高职高专新课程体系规划教材·计算机系列】

选择"窗口"→"显示面板"命令，可显示所有隐藏的面板。

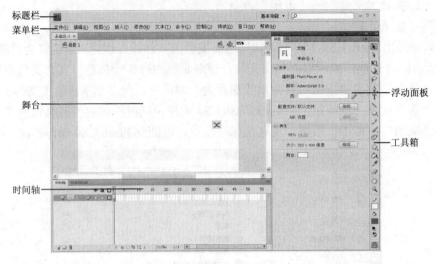

图1-1-8

选择"窗口"→"工作区"命令，可打开"工作区"子菜单，其中包含"动画"、"传统"、"调试"、"设计人员"、"开发人员"和"基本功能"6 种不同的工作界面方式，选择一种，即可切换到该工作界面下。

## 1.1.5 Flash CS4 的文档操作

### 1. 新建 Flash 文档

新建 Flash 文档的方法有很多种，下面介绍两种简单的方法。

方法一：选择"文件"→"新建"命令，打开"新建文档"对话框，如图 1-1-9 所示，选择"常规"选项卡，在"类型"列表框中选择"Flash 文件（ActionScript 3.0）"选项或"Flash 文件（ActionScript 2.0）"选项，再单击"确定"按钮，即可创建一个新的 Flash 文档。

方法二：单击主工具栏中的"新建"按钮 ，即可创建一个新的 Flash 文档。

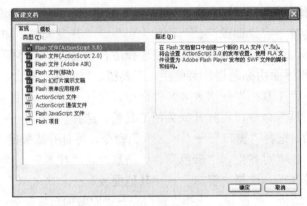

图1-1-9

**2. 设置文档属性**

选择"修改"→"文档"命令，可弹出"文档属性"对话框，如图 1-1-10 所示。另外，单击工具箱中的"选择工具"按钮 ，再单击舞台，并单击"属性"面板中的"编辑"按钮，也会弹出"文档属性"对话框。该对话框中各选项的功能如下。

❖ "尺寸"选项组：包括"宽"和"高"两个文本框，可在其中设置舞台工作区的大小。默认单位为"像素（px）"，最大值为 2880×2880 像素，最小值为 1×1 像素。

❖ "匹配"选项组：单击"打印机"单选按钮，可以使舞台工作区与打印机相匹配。单击"内容"单选按钮，可以使舞台工作区与影片内容相匹配，并使舞台工作区四周具有相同的距离。要使影片尺寸最小，可先把场景内容尽量向左上角移动，然后单击"内容"单选按钮。单击"默认"单选按钮，可以按照默认值设置属性。

❖ "背景颜色"选项：单击该选项，可以打开"颜色"面板，如图 1-1-11 所示。单击其中的某一色块，即可将其设置为舞台工作区的背景颜色。

图1-1-10

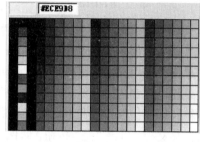

图 1-1-11

❖ "帧频"文本框：用来输入影片的播放速度，默认的播放速度是 12fps，也就是每秒钟播放 12 帧画面。

❖ "标尺单位"下拉列表：用来选择舞台上边与左边标尺的单位，可选择英寸、点、厘米、毫米、像素等。

❖ "设置默认值"按钮：单击此按钮，可将文档的属性设置为默认状态。

完成以上设置后，单击"确定"按钮，即可退出"文档属性"对话框。

**3. 导入图像**

导入图像分为导入到舞台和导入到库两种。

（1）导入到舞台

选择"文件"→"导入"→"导入到舞台"命令，弹出"导入"对话框，如图 1-1-12 所示，选择要导入的文件后，单击"打开"按钮，即可将选择的文件导入到舞台工作区和"库"面板内。

（2）导入到库

选择"文件"→"导入"→"导入到库"命令，弹出"导入"对话框，选择文件后，单击"打开"按钮，即可将选择的文件导入到"库"面板内，而不导入到舞台工作区。

【高职高专新课程体系规划教材·计算机系列】

**4. 保存和关闭 Flash 文档**

如果是第一次保存 Flash 文档，可执行"文件"→"保存"或"另存为"命令，弹出"另存为"对话框，将影片保存为扩展名为.fla 的 Flash CS4 文档即可，如图 1-1-13 所示。

图1-1-12

图1-1-13

如果要关闭 Flash 文档，选择"文件"→"关闭"命令或单击 Flash 舞台窗口右上角的"关闭"按钮✕即可。如果之前没有保存影片文件，则会弹出一个提示框，提示是否保存文档。单击"是"按钮，即保存文档；单击"否"按钮，即放弃保存文档。

如果要退出 Flash 文档，选择"文件"→"退出"命令或单击 Flash 舞台窗口右上角的"关闭"按钮✕即可。如果在此之前还没有保存修改过的 Flash 文档，则会弹出一个提示框，提示是否保存文档。单击"是"按钮，即保存文档并关闭 Flash 文档窗口，退出 Flash CS4 软件。

## 1.1.6 舞台工作区的设置操作

### 1. 舞台和舞台工作区

创建或编辑 Flash 动画时离不开舞台。Flash 中，舞台是创建 Flash 文档时放置对象的矩形区域。

舞台工作区是舞台中的一个白色或其他颜色的矩形区域，只有舞台工作区内的对象才能够作为影片被打印或输出。Flash 运行后会自动创建一个新影片的舞台。舞台工作区是绘制图形、输入文字和编辑图形、图像等对象的矩形区域，也是创建影片的区域。

### 2. 舞台工作区显示比例的调整方法

方法一：舞台工作区的上方是编辑栏，编辑栏右侧有一个可以改变舞台工作区显示比例的下拉列表框，如图 1-1-14 所示。其中各选项的作用如下。

❖ "符合窗口大小"选项：可以按窗口的大小显示舞台工作区。

❖ "显示帧"选项：可以按舞台的大小自动调整舞台工作区的显示比例，使舞台工作区能够完全显示出来。

❖ "显示全部"选项：可以按舞台的大小自动调整舞台工作区的显示比例，使舞台

高职高专新课程体系规划教材·计算机系列

工作区内所有的对象都能够完全显示出来。

❖ "100%"（或其他比例）选项：可以按 100%（或其他比例）显示舞台工作区。

方法二：选择"视图"→"缩放比率"命令，打开下一级子菜单，如图 1-1-15 所示，其余步骤同方法一。

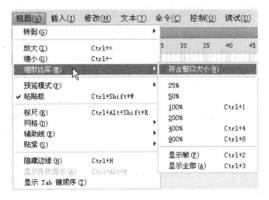

图1-1-14　　　　　　　　　　　　　　　图1-1-15

方法三：使用工具箱中的缩放工具 🔍，可以改变舞台工作区的显示比例，也可以改变对象的显示比例。单击缩放工具 🔍，则工具箱内会出现 🔍（放大）或 🔍（缩小）两个按钮，单击 🔍 可以放大舞台工作区，单击 🔍 可以缩小舞台工作区。

**3. 舞台工作区的网格、标尺和辅助线**

在舞台中为了使对象能准确定位，可在舞台的上边或左边显示标尺，并在舞台工作区中显示网格和辅助线。输出对象时，网格及辅助线不会随影片输出。

❖ 显示网格：选择"视图"→"网格"→"显示网格"命令，会在舞台工作区内显示网格。再次执行该命令，取消该命令左边的对勾，则可取消舞台工作区内的网格。

❖ 编辑网格：选择"视图"→"网格"→"编辑网格"命令，弹出"网格"对话框，如图 1-1-16 所示。利用该对话框可以编辑网格颜色、网格间距、是否显示网格、移动对象时是否贴紧网格线等参数，显示的网格线如图 1-1-17 所示。

图1-1-16　　　　　　　　　　　　　　　图1-1-17

❖ 显示标尺：选择"视图"→"标尺"命令，此时会在舞台工作区的上边或左边显示标尺，如图 1-1-18 所示。再次执行该命令，取消命令左边的对勾，此时可取消标尺。

【高职高专新课程体系规划教材·计算机系列】

❖ 显示/清除辅助线：选择"视图"→"辅助线"→"显示辅助线"命令，再单击工具箱中的选择工具，从标尺栏向舞台工作区内拖动，即可产生辅助线。再次执行该命令，则可清除辅助线。

❖ 锁定辅助线：选择"视图"→"辅助线"→"锁定辅助线"命令，即可将辅助线锁定，此时将无法通过拖动改变辅助线的位置。

❖ 编辑辅助线：选择"视图"→"辅助线"→"编辑辅助线"命令，弹出"辅助线"对话框，如图 1-1-19 所示。利用该对话框，可以编辑辅助线的颜色、确定是否显示辅助线、是否贴紧至辅助线和是否锁定辅助线。

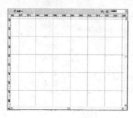
图1-1-18

图1-1-19

**4. 对象贴紧**

（1）与网格贴紧：如果在"网格"对话框（见图 1-1-16）中选中"贴紧至网格"复选框，则以后在绘制、调整和移动对象时，可以自动与网格线对齐。"网格"对话框中的"贴紧精确度"下拉列表框中给出了"必须接近"、"一般"、"可以远离"和"总是贴紧"4个选项，表示贴紧网格的程度。

（2）与辅助线贴紧：在舞台工作区中创建了辅助线后，如果在"辅助线"对话框（见图 1-1-19）中选中了"贴紧至辅助线"复选框，则以后创建、调整和移动对象时，可以使其自动与辅助线对齐。

（3）与对象贴紧：单击主工具栏或工具箱"选项"栏内的"贴紧至对象"按钮 后，创建和调整对象时该对象将自动与附近的对象贴紧。

# 1.2 任务 2——Flash CS4 工具应用技巧

## 1.2.1 设置图形颜色

图形可以看成是由线和填充色组成的图形。矢量图形的着色有两种，一种是对线进行着色，另一种是在封闭的内部填充颜色。

**1. "样本"面板**

选择"窗口"→"样本"命令，可打开"样本"面板，如图 1-2-1 所示。利用"样本"面板，可以设置笔触和填充的颜色。

8

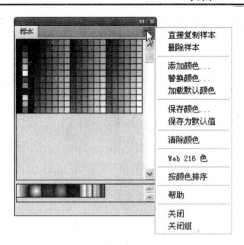

图1-2-1

单击"样本"面板右上角的箭头按钮 ，会弹出"样本"菜单。其中的部分命令如下。

❖　直接复制样本：选中色块或颜色渐变效果图标，再执行该命令，即可在"样本"面板相应的栏内复制样本。

❖　删除样本：选中样本，再执行该命令，即可删除选定的样本。

❖　添加颜色：执行该命令，即可弹出"导入色样"对话框，利用它可以导入 Flash 的颜色样本文件（扩展名为.clr）、颜色表（扩展名为.act）、GIF 格式图像的颜色样本等，并追加到当前颜色样本的后边。

❖　替换颜色：执行该命令，即可弹出"导入色样"对话框，利用它可以导入颜色样本，并替换掉当前的颜色样本。

❖　保存颜色：执行该命令，即可弹出"导出色样"对话框，利用它可将当前颜色面板以扩展名.clr 或.act 存储为颜色样本。

❖　清除颜色：执行该命令，可清除颜色面板中的所有颜色样本。

❖　按颜色排序：执行该命令，可将颜色样本中的色块按照色相顺序排列。

**2．"颜色"面板**

选择"窗口"→"颜色"命令，可打开"颜色"面板，如图 1-2-2 所示。利用"颜色"面板，可以调整笔触和填充颜色，并设置多色渐变的填充色。

单击"笔触颜色"按钮 ，可以设置笔触颜色；单击"填充颜色"按钮 ，可以设置填充颜色。

下面分别介绍"颜色"面板内各选项的作用。

（1）"类型"下拉列表框

❖　"无"填充样式：删除填充。

❖　"纯色"填充样式：提供一种纯正的填充单色，如图 1-2-2（a）所示。

❖　"线性"填充样式：产生沿线性轨迹的渐变色填充。

❖　"放射状"填充样式：从焦点沿环形轨迹的渐变色，如图 1-2-2（b）所示。

❖　"位图"填充样式：用位图平铺填充区域，如图 1-2-2（c）所示。

【高职高专新课程体系规划教材·计算机系列】

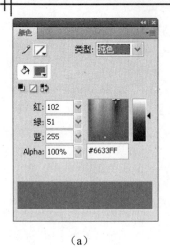  

（a）　　　　　　　　（b）　　　　　　　　（c）

图1-2-2

（2）颜色栏按钮

❖ "填充颜色"按钮 ⬛：和工具箱中"颜色"栏及"属性"面板中"填充颜色"
按钮的作用一样，单击可以打开"颜色"面板，如图 1-2-3 所示。单击面板内的
任一色块，或者在左上角的文本框中输入颜色的十六进制代码，都可以设置填充
颜色。

❖ "笔触颜色"按钮 ✏：和工具箱中"颜色"栏及"属性"面板中"笔触颜色"
按钮的作用一样，单击可以打开"笔触颜色"面板，如图 1-2-4 所示。利用它可
以给笔触设置颜色。

❖ ⬛◻↩按钮组：和工具箱中"颜色"栏内的按钮组作用一样。单击⬛按钮，可设置
笔触的颜色为黑色，填充的颜色为白色；单击◻按钮，可取消颜色设置；单击↩按
钮，可将笔触颜色与填充颜色互换。

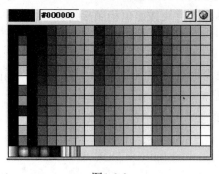

图1-2-3

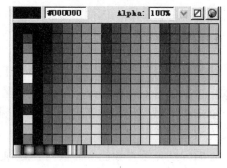

图1-2-4

（3）"颜色"面板菜单

单击"颜色"面板右上角的 ☰ 按钮，可弹出一个命令菜单，其中部分命令的作用如下。

❖ HSB 命令：选择 HSB 命令，可将"颜色"面板的颜色模式由 RGB（红、绿、蓝）
模式改为 HSB 模式。其中，H 表示色调，S 表示饱和度，B 表示亮度。

❖ RGB 命令：选择 RGB 命令，可将"颜色"面板的颜色模式由 HSB 模式改为 RGB 模式。

❖ "添加样本"命令：选择"添加样本"命令，可将设置的渐变填充色添加到"样本"面板的最下面一行。

（4）设置渐变填充色

对于"线性"和"放射状"填充样式，可通过"颜色"面板中的关键点设置颜色的渐变效果。所谓关键点，是指表示起始颜色和终止颜色的点以及渐变颜色的转折点。

❖ 移动关键点：用鼠标拖动调整条下边的滑块▣，可以改变关键点的位置，以改变颜色的渐变情况。

❖ 改变关键点的颜色：选中调整条下边的滑块▣，再单击 ▇ 按钮，弹出"颜色"面板，选中某种颜色，即可以改变关键点的颜色。还可以在左边的文本框中设置颜色和不透明度。

❖ 增加关键点：在调整条下边要加入关键点处单击，即可增加一个关键点。也可增加多个关键点，但总数不能超过 15 个。

❖ 删除关键点：向下拖动关键点滑块，即可将其删除。

（5）设置填充图像

在"颜色"面板的"类型"下拉列表框中选择"位图"选项时，如果之前没有导入过位图，则会弹出"导入到库"对话框。利用该对话框导入一幅图像后，即可在"颜色"面板中加入一个要填充的位图，单击小图像，即可选中该图像为填充图像。

另外，选择"文件"→"导入"→"导入到库"命令，或单击"颜色"面板中的"导入"按钮，弹出"导入"对话框，选择文件后单击"确定"按钮，即可在"库"面板和"颜色"面板内导入选中的位图。可以给"库"面板和"颜色"面板中导入多幅位图图像。

**3. 渐变色的调整**

选择渐变变形工具▣，再用鼠标单击填充图形的内部，即可在填充图形上出现一些圆形、方形和三角形的控制柄以及线条或矩形框。用鼠标拖动这些控制柄，可以调整填充图形的填充状态。例如，调整焦点，可以改变放射状渐变的焦点；调整中心的大小，可以改变渐变的实心点；调整宽度，可以改变渐变的宽度；调整大小，可以改变渐变的大小；调整旋转，可以改变渐变的放置角度。

例如，选择渐变变形工具，单击放射状填充。填充中会出现 4 个控制柄和 1 个中心标记，如图 1-2-5 所示。选择渐变变形工具，再单击线性填充，填充中会出现 2 个控制柄和 1 个中心标记，如图 1-2-6 所示。选择渐变变形工具，再单击位图填充，填充中会出现 6 个控制柄和 1 个中心标记，如图 1-2-7 所示。

**4. 颜料桶工具**

颜料桶工具主要用于对填充属性（纯色填充、线性填充、放射性填充和位图填充等）进行修改。颜料桶工具的使用方法如下。

（1）设置新的填充属性。单击工具箱中的"颜料桶工具"按钮▣，此时鼠标也会变成

【高职高专新课程体系规划教材·计算机系列】

形状，再单击舞台工作区中的某填充图形，则该填充图形将应用新的填充属性。另外，可用鼠标在填充区域内拖动一条直线来完成线性渐变填充和放射状渐变填充。

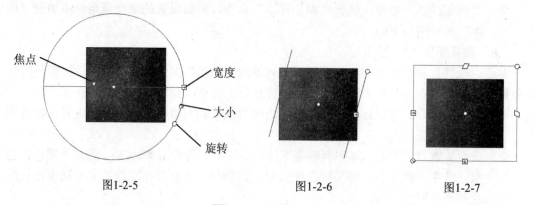

图1-2-5　　　　　　　　　图1-2-6　　　　　　　　图1-2-7

（2）单击"颜料桶工具"按钮，在工具箱下方会出现如图 1-2-8 所示的两个按钮。单击"空隙大小"按钮，可弹出如图 1-2-9 所示的 4 种空隙选项。

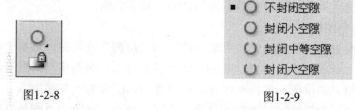

图1-2-8　　　　　　　　　　　　图1-2-9

❖ 　不封闭空隙：表示在没有空隙的条件下才能进行颜色填充。
❖ 　封闭小空隙：表示在空隙比较小的条件下才可以进行颜色填充。
❖ 　封闭中等空隙：表示在空隙比较大的条件下进行颜色填充。
❖ 　封闭大空隙：表示在空隙很大的条件下进行颜色填充。

"锁定填充"按钮用于控制渐变的填充方式，当打开此功能时，所有使用渐变的填充只用到渐变形状的一部分；当关闭此功能时，可在填充区域显示整个渐变。

## 1.2.2　绘制简单图形

### 1．绘制线条

绘制线条的操作方法如下。

（1）使用线条工具绘制直线。单击"线条工具"按钮，利用其"属性"面板设置线型和线的颜色，在舞台工作区内拖动鼠标，即可绘制各种长度和角度的直线。按住 Shift 键的同时拖动鼠标，可以绘制出水平、垂直和45°角的直线。

（2）使用铅笔工具绘制线条图形。单击"铅笔工具"按钮，即可像用一支真的铅笔画图一样，可以绘制出任意形状的曲线矢量图形。绘制一条线后，Flash 可以自动对线条进行伸直或平滑处理。按住 Shift 键的同时拖动鼠标，可以绘制出水平和垂直的直线。

单击工具箱中的"铅笔工具"按钮 ✎ 后，"选项"栏内会显示一个"铅笔模式"按钮 ↖，单击该按钮右侧的三角形，出现如图 1-2-10 所示的 3 个按钮。

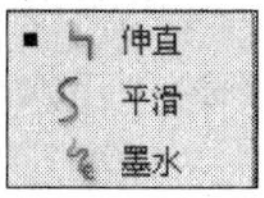

❖ "伸直"按钮 ↖：规则模式，用于绘制规则线条，且绘制的线条会被分段转换成与直线、圆、椭圆、矩形等规则线条最接近的线条。

图1-2-10

❖ "平滑"按钮 Ｓ：平滑模式，用于绘制平滑曲线。

❖ "墨水"按钮 ✐：徒手模式，用于绘制类似于手绘效果的线条。

**2. 绘制图形**

（1）绘制矩形

单击工具箱中的"矩形工具"按钮 ▢，设置笔触和填充的属性（"属性"面板如图 1-2-11 所示），拖动鼠标即可绘制出一个矩形。若按住 Shift 键的同时拖动鼠标，则可以绘制出正方形。

单击工具箱中的"基本矩形工具"按钮 ▢，通过在"属性"面板中设置矩形的笔触、填充、半径等参数，可以绘制出圆角矩形等。

❖ 矩形边角半径：用于指定矩形的边角半径，可以在每个文本框中输入矩形边角半径的参数值。

❖ ⊝（锁定）与 ⊜（解锁）：如果当前显示为锁定状态，则只能设置一个边角半径参数（其他边角也会随之发生变化），如图 1-2-12 所示；另外也可以通过移动下面滑块的位置统一调整矩形的边角半径。单击"锁定"按钮 ⊝，可取消锁定，此时显示为 ⊜ 解锁状态，不能通过滑块的移动来调整矩形的参数，但是可以对 4 个边角进行半径参数的设置。

❖ 重置：单击 重置 按钮，则矩形边角半径的参数值将被重置为 0，此时，矩形的边角为直角。

（2）绘制圆形

单击工具箱中的"椭圆工具"按钮 ◯，设置笔触和填充的属性（"属性"面板如图 1-2-13 所示），拖动鼠标即可绘制出一个椭圆图形。若按住 Shift 键的同时拖动鼠标，则可以绘制出正圆形。

图1-2-11

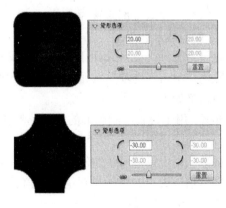

图1-2-12

【高职高专新课程体系规划教材·计算机系列】

单击工具箱中的"基本椭圆工具"按钮 ◎，通过在"属性"面板上设置"开始角度"与"结束角度"等参数，可以绘制出特殊形状的图形。

❖ 开始角度与结束角度：用于设置椭圆图形的起始角度与结束角度值。如果角度值为 0，则可绘制出圆形及椭圆形。调整这两项的参数值，可以轻松地绘制出扇形、半圆形或其他图形。设置方法如图 1-2-14 所示。

图1-2-13                                        图1-2-14

❖ 内径：用于设置椭圆的内径，其参数值范围是 0～99。如果参数为 0，则可根据"开始角度"与"结束角度"绘制出没有内径的椭圆形或圆形，如图 1-2-15 所示。

 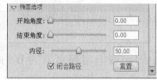     

图1-2-15

❖ 闭合路径：用于确定椭圆形的路径是否闭合。如果绘制的图形为一条开放路径，则生成的图形不会填充颜色，仅绘制笔触，默认情况下选择"闭合路径"选项。

❖ 重置：单击 重置 按钮，可将"属性"面板上的"开始角度"、"结束角度"和"内径"参数全部重置为 0。

（3）绘制多边形和星形

"多角星形工具"按钮 ◻ 用于绘制星形或多边形。选择该工具，在如图 1-2-16 所示的"属性"面板中单击"选项"按钮，可以弹出如图 1-2-17 所示的"工具设置"对话框，其中各选项的含义如下。

❖ 样式：用于设置绘制图形的样式，有多边形和星形两种类型可供选择。如图 1-2-18 所示为选择不同样式类型的效果。

❖ 边数：用于设置所绘制的多边形或星形的边数。

❖ 星形顶点大小：用于设置星形顶角的锐化程度，数值越大，星形顶角越圆滑；反之，星形顶角越尖锐。

图1-2-16 图1-2-17

图1-2-18

## 1.2.3  图形变形

### 1. 使用选择工具改变图形形状

（1）使用工具箱中的"选择工具"按钮 ，在对象外部单击，不选中要改变形状的对象。

（2）将鼠标指针移到线、轮廓线或填充的边缘处，会发现鼠标指针右下角出现一条小弧线或小直角线，此时用鼠标拖动线，即可看到被拖动线的形状变化情况，松开鼠标左键后，图形会发生大小与形状的变化，变化后的情况如图 1-2-19 所示。

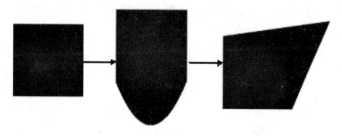

图1-2-19

### 2. 使用选择工具切割图形

（1）使用工具箱中的"选择工具"按钮 ，用鼠标拖动出一个矩形，选中部分图形，

高职高专新课程体系规划教材·计算机系列

拖动选中的这部分图形，即可将选中的图形从原图形中分离出来，如图 1-2-20（a）所示。

（2）在要切割的图形上绘制一条线，如图 1-2-20（b）所示，使用"选择工具"按钮，把选择的部分图形移开，然后删除绘制的线条。

（3）在要切割的图形上绘制另一个图形，再使用"选择工具"按钮将新绘制的图形移开，可以将该图形和原图形重叠的部分切割掉，如图 1-2-20（c）所示。

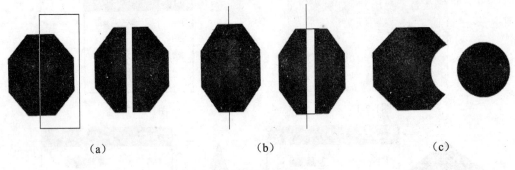

（a）　　　　　　　　　　（b）　　　　　　　　　　（c）

图1-2-20

### 3．使用橡皮擦工具擦除图形

单击工具箱中的"橡皮擦工具"按钮 ✐，工具箱中的选项栏中会出现两个按钮和一个下拉列表，如图 1-2-21 所示，各选项的作用如下。

❖ "橡皮擦模式"按钮：单击该按钮，打开如图 1-2-22 所示的下拉列表，利用它可以设置如下 5 种擦除方式。

☞ "标准擦除"按钮：单击该按钮后，鼠标光标呈现橡皮状，拖动鼠标擦除图形时，可以擦除鼠标光标拖动过的矢量图形、线条、打碎的位图和文字。

☞ "擦除填色"按钮：只可以擦除填充和打碎文字。

☞ "擦除线条"按钮：只擦除线条和轮廓线。

☞ "擦除所选填充"按钮：只擦除已选中的填充和分离的文字，不包括选中的线条、轮廓线和图像。

☞ "内部擦除"按钮：只擦除填充色。

❖ "水龙头"按钮：单击该按钮，鼠标指针变成 ⛲状，此时单击一个封闭并有填充的图形的内部，即可擦除填充。

❖ "橡皮擦形状"按钮：单击该按钮，打开下拉列表，可以选择橡皮擦的形状和大小。

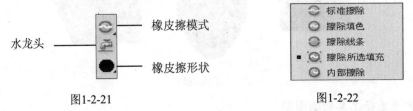

图1-2-21　　　　　　　　　　图1-2-22

以上任何一种擦除方式都不能擦除文字、位图、组合和元件的实例。

## 1.2.4　绘制 3D 图形

在早期的 Flash 版本中，不能进行 3D 图形的制作，需要借助一些其他的软件才可以完成，但是 Flash CS4 中增加了 3D 的功能，允许用户把 2D 图形进行三维的旋转和移动，变成逼真的 3D 图形。

**1.　3D 旋转工具**

使用 3D 旋转工具 ，可以在 3D 空间中旋转影片剪辑元件。当使用 3D 旋转工具选择影片剪辑实例对象后，在影片剪辑元件上将出现 3D 旋转空间，并且有彩色轴指示符，如图 1-2-23 所示。其中，红色线条表示沿 X 轴旋转图形，绿色线条表示沿 Y 轴旋转图形，蓝色线条表示沿 Z 轴旋转图形，橙色线条表示在 X、Y、Z 轴的每个方向上都发生旋转。需要旋转影片剪辑时，只需将鼠标指针移动到需要旋转的轴线上，然后进行拖动，则所编辑的对象即会随之发生旋转。

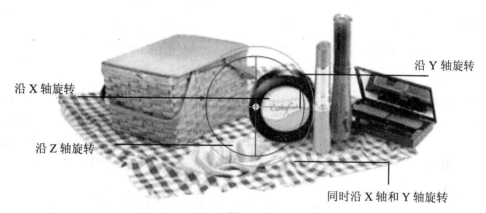

图1-2-23

注意，Flash CS4 中的 3D 工具只能对影片剪辑对象进行操作。

（1）使用 3D 旋转工具旋转对象

在工具箱中选择 3D 旋转工具 后，工具箱下方会出现"贴紧至对象"按钮 和"全局转换"按钮 。其中，"全局转换"按钮 为默认状态，表示当前状态为全局状态，此时旋转对象是相对于舞台进行旋转。如果取消全局状态，则表示当前为局部状态，在局部状态下旋转对象是相对于影片剪辑进行旋转。

使用 3D 旋转工具 选择影片剪辑元件后，将鼠标指针移动到 X 轴线上时，指针会变成 形状，此时拖动鼠标，影片剪辑元件会沿着 X 轴方向进行旋转，如图 1-2-24 所示；将鼠标指针移动到 Y 轴线上时，指针会变成 形状，此时拖动鼠标，影片剪辑元件会沿着 Y 轴方向进行旋转，如图 1-2-25 所示；将鼠标指针移动到 Z 轴线上时，指针会变成 形状，此时拖动鼠标，影片剪辑元件会沿着 Z 轴方向进行旋转，如图 1-2-26 所示；将鼠标指针移动到 X 轴、Y 轴同时旋转的线上时，拖动鼠标，影片剪辑元件会同时沿着 X 轴和 Y 轴方向进行旋转，如图 1-2-27 所示。

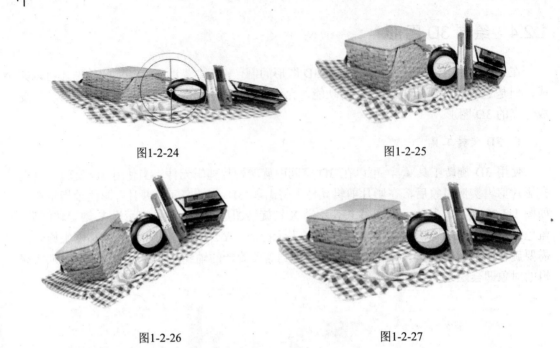

图1-2-24                          图1-2-25

图1-2-26                          图1-2-27

（2）使用"变形"面板进行 3D 旋转

使用 3D 旋转工具，可以对影片剪辑元件进行任意的 3D 旋转，但如果想精确地控制剪辑元件的 3D 旋转，则需要在"变形"面板中进行参数设置。在舞台中选择影片剪辑元件后，"变形"面板中将出现 3D 旋转与 3D 中心位置的相关参数选项，如图 1-2-28 所示。

❖ "3D 旋转"栏：通过设置 X、Y、Z 轴的参数，来改变影片剪辑元件各个旋转轴的方向。

❖ "3D 中心点"栏：用于设置影片元件的 3D 旋转中心点的位置，可以通过设置 X、Y、Z 轴的参数来改变中心点的位置。

3D 旋转设置

3D 中心点设置

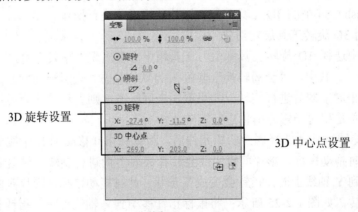

图1-2-28

（3）3D 旋转工具的"属性"面板设置

选择 3D 旋转工具后，在"属性"面板中将出现与 3D 旋转相关的设置选项，用于设置影片剪辑的 3D 位置、透明度及消失点等，如图 1-2-29 所示。

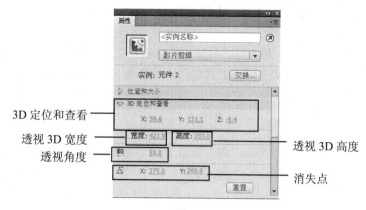

图1-2-29

❖　3D 定位和查看：用于设置影片剪辑元件相对于舞台的 3D 设置，可以通过设置 X、Y、Z 轴的参数来改变影片剪辑实例在 X、Y、Z 轴方向上的坐标值。

❖　透视角度：用于设置影片剪辑元件相对于舞台的外观视角，参数范围为 1～180。

❖　透视 3D 宽度：用于显示 3D 对象在 3D 轴上的宽度。

❖　透视 3D 高度：用于显示 3D 对象在 3D 轴上的高度。

❖　消失点：用于控制舞台上 3D 影片剪辑元件的 Z 轴方向。

❖　"重置"按钮：单击该按钮，可以将消失点参数恢复为默认值。

**2. 3D 平移工具**

3D 平移工具 用于将影片剪辑元件在 X 轴、Y 轴、Z 轴方向上进行平移。

选择该工具，再在舞台中的影片剪辑元件上单击，将会出现 3D 平移轴线，如图 1-2-30 所示。将鼠标指针平移到 X 轴线上时，指针会变成 形状，此时拖曳鼠标则影片剪辑元件会沿着 X 轴方向移动；将鼠标指针平移到 Y 轴线上时，指针会变成 形状，此时拖曳鼠标则影片剪辑元件会沿着 Y 轴方向移动；鼠标指针平移到 Z 轴线上时，指针会变成 形状，此时拖曳鼠标则影片剪辑元件会沿着 Z 轴方向移动；将鼠标指针平移到中心黑点时，指针会变成 形状，此时拖曳鼠标会改变影片剪辑 3D 中心点的位置，如图 1-2-31 所示。

图1-2-30

图1-2-31

【高职高专新课程体系规划教材·计算机系列】

## 1.2.5　Deco 装饰性绘画工具的使用

Deco 工具是 Flash CS4 中一种类似"喷涂刷"的填充工具，使用 Deco 工具可以快速完成大量相同元素的绘制，也可以应用该工具制作出很多复杂的动画效果。将其与图形元件和影片剪辑元件配合使用，可以制作出更加丰富的动画效果。

**1. 使用 Deco 工具填充图形**

选择工具箱中的 Deco 工具 后，将光标放置到需要填充的图形处，单击鼠标，即可为其填充图案，填充的图形如图 1-2-32 所示。

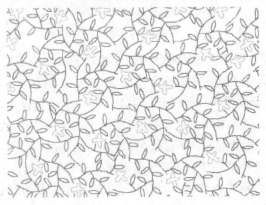

图1-2-32

**2. Deco 工具的属性设置**

选择工具箱中的 Deco 工具 后，在"属性"面板中将出现其相关的属性设置，其中，绘制效果包括"藤蔓式填充"、"网格填充"和"对称刷子"3 种，如图 1-2-33 所示。

（1）藤蔓式填充

在"属性"面板中选择绘制效果为"藤蔓式填充"时，属性面板将出现"藤蔓式填充"的相关参数设置，如图 1-2-34 所示。

❖　叶：用于设置藤蔓式填充的叶子图形，如果在"库"面板中有制作好的元件，则可将其作为叶子的图形。

❖　花：用于设置藤蔓式填充的花图形，如果在"库"面板中有制作好的元件，则可将其作为花的图形。

❖　分支角度：用于设置藤蔓式填充的枝条分支的角度值。

❖　图案缩放：用于设置填充图案的缩放比例的大小。

❖　段长度：用于设置藤蔓式填充中每个枝条的长度。

（2）网格填充

在"属性"面板选择绘制效果为"网格填充"时，"属性"面板中将出现"网格填充"的相关参数设置，如图 1-2-35 所示，填充效果如图 1-2-36 所示。

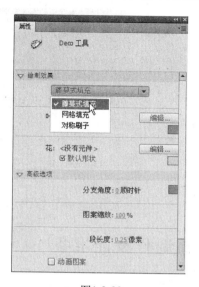

图1-2-33

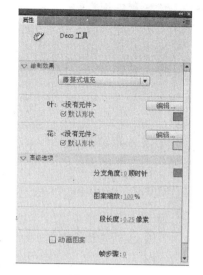

图1-2-34

图1-2-35

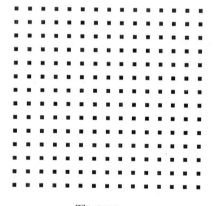

图1-2-36

- ❖ 水平间距：用于设置水平网格之间的距离。
- ❖ 垂直间距：用于设置垂直网格之间的距离。
- ❖ 图案缩放：用于设置填充图案的缩放比例的大小。

（3）对称刷子

在"属性"面板中选择绘制效果为"对称刷子"时，"属性"面板中将出现"对称刷子"的相关参数设置，如图 1-2-37 所示，填充效果如图 1-2-38 所示。

- ❖ 模块：用于设置对称刷子填充效果的图形，如果在"库"面板中有制作好的元件，可以将制作好的元件作为填充的图形。
- ❖ 高级选项：用于设置填充图形的填充模式，包括"跨线反射"、"跨点反射"、"绕点旋转"和"网格平移"4 个选项，如图 1-2-39 所示。

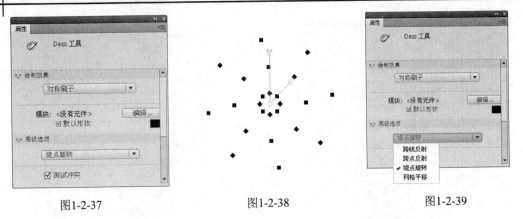

图1-2-37　　　　　　　　　图1-2-38　　　　　　　　　图1-2-39

# 1.3　任务 3——Flash 动画制作技能准备

## 1.3.1　认识时间轴和帧

### 1. 时间轴

在 Flash 软件中，动画的制作是通过"时间轴"面板进行的。时间轴的左侧为层操作区，右侧为帧操作区，如图 1-3-1 所示。时间轴是 Flash 动画制作的核心部分，可以通过执行"窗口"→"时间轴"命令，或按 Ctrl+Alt+T 组合键对其进行隐藏或显示。

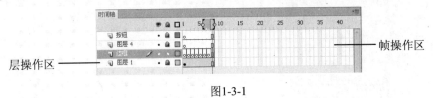

图1-3-1

### 2. 帧操作

制作一个 Flash 动画的过程其实也就是对每帧进行操作的过程，通过在"时间轴"面板右侧的帧操作区进行各项操作，可以制作出丰富多彩的动画效果，其中的每一帧均代表一个画面。

（1）普通帧、关键帧与空白关键帧

在 Flash 中，帧的类型主要有普通帧、关键帧和空白关键帧 3 种。默认情况下，新建的 Flash 文档中包含一个图层和一个空白关键帧。操作者可以根据需要，在时间轴上创建一个或多个普通帧、关键帧和空白关键帧，如图 1-3-2 所示。

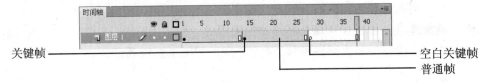

图1-3-2

① 创建普通帧

普通帧，是指在时间轴上能显示实例对象但不能对实例对象进行编辑操作的帧。在 Flash CS4 中，创建普通帧的方法有如下两种。

方法一：选择"插入"→"时间轴"→"帧"命令或按 F5 键，即可插入一个普通帧。

方法二：在"时间轴"面板中需要插入普通帧的地方单击鼠标右键，从弹出的快捷菜单中选择"插入普通帧"命令，即可插入一个普通帧。

② 创建关键帧

顾名思义，关键帧为有关键内容的帧。关键帧可用来定义动画变化和状态更改，即能够对舞台上存在的实例对象进行编辑。在 Flash CS4 中，创建关键帧的方法有如下两种。

方法一：选择"插入"→"时间轴"→"关键帧"命令，或按 F6 键，即可插入一个关键帧。

方法二：在"时间轴"面板中需要插入关键帧的地方单击鼠标右键，从弹出的快捷菜单中选择"插入关键帧"命令，即可插入一个关键帧。

③ 创建空白关键帧

空白关键帧是一种特殊的关键帧，不包含任何实例内容。当用户在舞台中自行加入对象后，该帧将自动转换为关键帧。相反，当用户将关键帧中的对象全部删除后，该帧又会自动转换为空白关键帧。

（2）选择帧

选择帧是对帧进行操作的前提。选择相应操作的帧后，也就选择了该帧在舞台中的对象。在 Flash CS4 动画制作过程中，可以选择同一图层中的单帧或多帧，也可以选择不同图层的单帧或多帧，选中的帧会以蓝色背景显示。选择帧的方法有如下 5 种。

① 选择同一图层中的单帧

在"时间轴"面板右侧的时间线上，单击即可选中单帧，如图 1-3-3 所示。

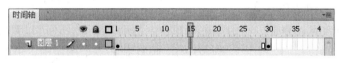

图1-3-3

② 选择同一图层中的相邻多帧

在"时间轴"面板右侧的时间线上，选择单帧，然后在按住 Shift 键的同时再次单击某帧，即可选中两帧之间所有的帧，如图 1-3-4 所示。

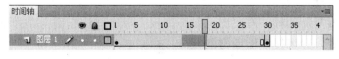

图1-3-4

③ 选择相邻图层的单帧

选择"时间轴"面板上的单帧后，在按住 Shift 键的同时单击不同图层的相同单帧，即可选择这些图层的同一帧，如图 1-3-5 所示。此外，在选择单帧的同时向上或向下拖曳，

【高职高专新课程体系规划教材·计算机系列】

同样可以选择相邻图层的单帧。

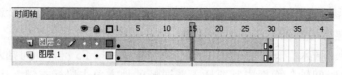

图1-3-5

④ 选择相邻图层的多个相邻帧

选择"时间轴"面板上的单帧后，按住 Shift 键的同时单击相邻图层的不同帧，即可选择不同图层的多个相邻帧，如图 1-3-6 所示。在选择多帧的同时向上或向下拖曳，同样可以选择相邻图层的相邻多帧。

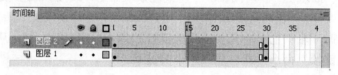

图1-3-6

⑤ 选择不相邻的多帧

在"时间轴"面板右侧时间线上单击，选择单帧，然后按住 Ctrl 键的同时依次单击其他不相邻的帧，即可选中多个不相邻的帧，如图 1-3-7 所示。

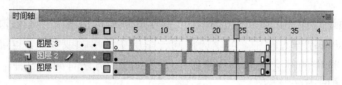

图1-3-7

（3）复制帧、剪切帧和粘贴帧

Flash CS4 中不仅可以复制、剪切和粘贴舞台中的动画对象，还可以复制、剪切和粘贴图层中的动画帧，这样就可以将一个图层中的动画复制到多个图层中，或复制到不同的文档中，从而节省时间，提高工作效率。

复制帧是指将选择的各帧复制到剪贴板中，用于备用。对帧进行复制后，原来的帧仍然存在。复制帧的方法有如下两种。

方法一：选择要复制的帧，选择"编辑"→"时间轴"→"复制帧"命令，或者按 Ctrl+Alt+C 组合键，即可复制所选择的帧。

方法二：选择要复制的帧，在"时间轴"面板上单击鼠标右键，在弹出的快捷菜单中选择"复制帧"命令，即可复制所选择的帧。

剪切帧是指将选择的各帧剪切到剪贴板中，用于备用。与复制帧不同的是，剪切后原来的帧不见了。剪切帧的方法有如下两种。

方法一：选择要剪切的帧，选择"编辑"→"时间轴"→"剪切帧"命令，或者按 Ctrl+Alt+X 组合键，即可剪切所选择的帧。

方法二：选择要剪切的帧，在"时间轴"面板上单击鼠标右键，在弹出的快捷菜单中选择"剪切帧"命令，即可剪切所选择的帧。

粘贴帧是指将复制或剪切的帧进行粘贴操作。粘贴帧的方法有如下两种。

方法一：将鼠标指针置于"时间轴"面板上需要粘贴帧处，然后选择"编辑"→"时间轴"→"粘贴帧"命令，或者按 Ctrl+Alt+V 组合键，即可将复制或剪切的帧粘贴到此处。

方法二：将鼠标指针放置在"时间轴"面板上需要粘贴帧处，然后单击鼠标右键，在弹出的快捷菜单中选择"粘贴帧"命令，即可将复制或剪切的帧粘贴到此处。

（4）翻转帧

翻转帧指的是将一些连续帧的头尾进行翻转，也就是把第一帧与最后一帧翻转，第二帧与倒数第二帧翻转，以此类推，直到将所有帧都翻转过为止。翻转帧只对连续的帧起作用，对于单帧是不起作用的。翻转帧的方法有如下两种。

方法一：选择一些连续的帧，然后选择"修改"→"时间轴"→"翻转帧"命令。

方法二：选择一些连续的帧，在"时间轴"面板上单击鼠标右键，从弹出的快捷菜单中选择"翻转帧"命令。

（5）移动帧

移动帧的操作方法如下：选择要移动的帧，按住鼠标左键将它们拖放至合适的位置后释放鼠标即可。

（6）删除帧

在制作 Flash 动画的过程中，难免会出现错误。如果出现错误或有多余的帧，就需要将其删除。删除帧的方法有如下两种。

方法一：选择要删除的帧，单击鼠标右键，从弹出的快捷菜单中选择"删除帧"命令。

方法二：选择要删除的帧，按 Shift+F5 组合键。

## 1.3.2　图层的应用

Flash 中，图层就好比很多张透明的纸，用户在这些纸上画画，然后按一定的顺序将它们叠加起来，就可形成一幅动画。各图层之间可以独立地进行操作，不会影响到其他的图层。

Flash CS4 中，图层位于时间轴的左侧，如图 1-3-8 所示。

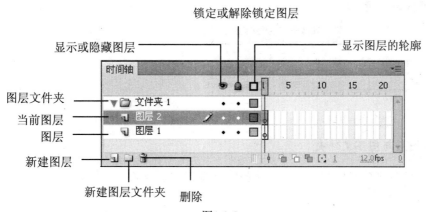

图1-3-8

### 1. 创建图层与图层文件夹

**（1）通过按钮创建**

单击图层区域中的"新建图层"按钮 🔲，可以新建一个图层，如图 1-3-9 所示。单击 "新建文件夹"按钮 🔲，可以新建一个图层文件夹，如图 1-3-10 所示。

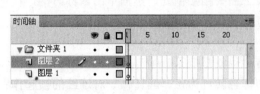

图1-3-9

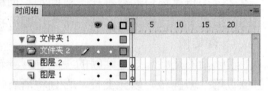

图1-3-10

**（2）通过菜单创建**

选择"插入"→"时间轴"→"图层"或"图层文件夹"命令，同样可以新建一个图层或图层文件夹。

**（3）通过右键菜单创建**

在"时间轴"面板左侧的图层处单击鼠标右键，在弹出的快捷菜单中选择"插入图层"或"插入文件夹"命令，也可新建一个图层或图层文件夹，如图 1-3-11 所示。

### 2. 重命名图层与图层文件夹

新建图层或图层文件夹之后，系统会默认其名称为"图层 1"、"图层 2"、……"文件夹 1"、"文件夹 2"、……为了方便管理，用户可以根据自己的需要重新命名它们。方法如下：双击某一图层，使其进入编辑状态，输入图层的名字即可。也可以在图层上单击鼠标右键，选择"属性"命令，在打开的"图层属性"对话框（见图 1-3-12）中输入图层名称。

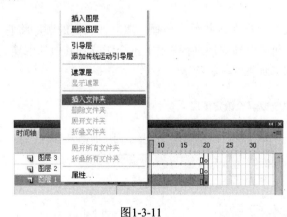

图1-3-11                    图1-3-12

### 3. 选择图层与图层文件夹

在对某一图层进行操作前，必须先选择它。选择图层及图层文件夹的方法相同，下面以图层为例进行介绍。

（1）选择单个图层

直接使用鼠标单击图层，即可选中该图层。

（2）选择多个连续的图层

单击选择一个图层，然后按住 Shift 键的同时单击另一图层，即可选中两个图层之间的所有图层，如图 1-3-13 所示。

（3）选择多个不连续的图层

单击选择一个图层，然后按住 Ctrl 键的同时依次单击其他需要选择的图层，即可选择多个不连续的图层，如图 1-3-14 所示。

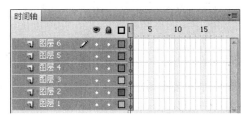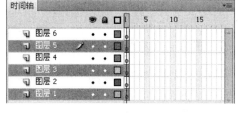

图1-3-13　　　　　　　　　　　　　　图1-3-14

**4. 调整图层与图层文件夹的顺序**

在 Flash CS4 中建立图层时，系统会按自下向上的顺序依次添加图层或图层文件夹。但在制作动画时，用户可以根据需要调整图层的顺序，方法如下：选择要更改顺序的图层，按住鼠标左键上下拖动，移动到合适的位置后释放鼠标即可。

**5. 显示或隐藏图层**

（1）显示或隐藏全部图层

默认情况下，所有图层都是显示的。单击图层控制区第一行中的 ● 图标，可隐藏所有图层（此时所有图层后都将出现 ✖ 标记）。再次单击 ● 图标可显示所有图层，如图 1-3-15 所示。

图1-3-15

（2）显示或隐藏单个图层

单击某图层内 ● 图标下方的 • 图标，使之变为 ✖，表示已隐藏该图层。如果想显示该图层，再次单击使 ✖ 变为 • 即可。

（3）显示或隐藏连续多个图层

单击某图层内 ● 图标下方的 • 图标，使之变为 ✖，然后按住鼠标左键垂直拖动至某图层后释放鼠标，即可隐藏鼠标所经过的所有图层。

**6. 锁定与解锁图层**

在编辑窗口中修改单个图层中的对象时，若要在其他图层显示状态下对其进行修改，可先将其他图层锁定，然后再选定需要修改的对象进行修改。

锁定与解锁图层的方法和显示与隐藏图层方法相似。新创建的图层处于解锁状态。

（1）锁定或解锁所有图层

单击图层控制区第一行的🔒图标，可锁定所有图层。再次单击🔒图标，可解锁所有图层。

（2）锁定或解锁单个图层

单击某图层内🔒图标下方的 • 图标，使之变为🔒，表示已锁定该图层。如果想取消锁定，再次单击使🔒变为 • 即可解锁该图层。

**7. 图层与图层文件夹对象轮廓显示**

系统默认创建的动画为实体显示状态，如果想使图层或图层文件夹中的对象呈轮廓显示状态，方法如下。

（1）将全部图层显示为轮廓

单击图层控制区第一行的☐图标，可将所有图层与图层文件夹中的对象显示为轮廓。

（2）单个图层的对象轮廓显示

单击某图层右边的☐图标，当其显示为▣时，表示将当前图层的对象显示为轮廓。

**8. 删除图层与图层文件夹**

在 Flash 制作过程中，若发现某个图层或图层文件夹无任何意义，可将其删除。

方法一：选择不需要的图层，然后单击图层区域中的🗑图标，即可删除该图层。

方法二：将光标移动到需要删除的图层上方，按住鼠标左键不放，将其拖动到🗑图标上，释放鼠标，即可删除该图层。

# 1.3.3 元件的使用

元件是一种可重复使用的对象，且重复使用时不会增加文件的大小。一个元件被重新编辑后，应用该元件的所有实例都会被相应地更新。

**1. 元件类型**

（1）图形元件🖼️，可以是矢量图形、图像、声音或动画等。通常用来制作电影中的静态图像，不具有交互性。声音元件是图形元件中的一种特殊元件，有自己特殊的图标。

（2）影片剪辑元件🎬，是主影片中的一段影片剪辑，用来制作独立于主影片时间轴的动画。该元件可以包括交互性控制、声音甚至其他影片剪辑实例，也可以将影片剪辑元件放在按钮元件的时间轴内，以创建动画按钮。

（3）按钮元件🔘，用于创建交互式按钮。按钮有不同的状态，每种状态都可以通过图形、元件及声音来定义。一旦创建了按钮，就可以为其影片或影片片段中的实例赋予动作。

### 2．创建元件

选择"插入"→"新建元件"命令或单击"库"面板内的"新建元件"按钮，弹出"创建新元件"对话框，如图 1-3-16 所示。在"名称"文本框中输入元件名称，在"类型"下拉列表框中选择元件类型，单击"确定"按钮即可创建一个空白元件。

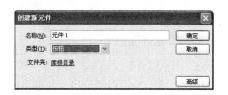

图1-3-16

### 3．编辑元件

创建了若干个元件实例后，可能需要修改。元件经过编辑后，Flash CS4 会自动更新影片中所有由该元件生成的实例。编辑元件的方法有如下 3 种。

（1）右键单击要编辑的对象，从弹出的快捷菜单中选择"在当前位置编辑"命令，即可在当前工作区中编辑元件。此时，其他对象以灰显方式出现，从而与正在编辑的元件区别开。所编辑元件的名称显示在工作区上方的编辑栏内，位于当前场景名称的右侧。

（2）右键单击要编辑的对象，从弹出的快捷菜单中选择"在新窗口中编辑"命令，即可在一个单独的窗口中编辑元件。此时，编辑窗口中可以看到元件和主时间轴。所编辑元件的名称显示在工作区上方的编辑栏内。

（3）双击工作区中的元件，进入其编辑模式。此时，所编辑元件的名称会显示在工作区上方的编辑栏内，且位于当前场景名称的右侧。

## 1.3.4 库资源的使用

### 1．库的分类

制作动画时，有些对象会在舞台中多处出现。如果每个对象都分别制作一次，既费时费力又增大动画文件。因此 Flash CS4 里设置了库，用来存放各种元件。库有两种，一种是用户库，也叫"库"面板，用来存放用户在制作动画过程中创建的元件，如图 1-3-17 所示。另一种是 Flash CS4 提供的公用库，用来存放系统提供的元件，公用库中的元件分为声音、按钮和类 3 类，可通过"窗口"→"公用库"命令调用。例如，选择"窗口"→"公用库"→"声音"命令，可以打开"库-SOUNDS.FLA"面板，如图 1-3-18 所示，从中可以选择一些 Flash 动画中经常用到的声效，如人声、动物声、环境声等。

### 2．"库"面板

❖ 右键菜单：单击该处，可以弹出一个用于各项操作的右键菜单。

❖ 打开的文档：单击该处，可以显示当前打开的所有的文档，通过选择可以快速查看所选择文档的"库"面板。

❖ "固定当前库"按钮：单击该按钮，原来的 图标变为 图标，从而固定当前"库"面板。在文件切换时都会显示固定库的内容，而不会更新切换文件的"库"面板内容。

【高职高专新课程体系规划教材·计算机系列】

图1-3-17 图1-3-18

❖ "新建库面板"按钮：单击该按钮，可以创建一个与当前文档相同的"库"面板。
❖ 预览窗口：用于预览显示当前在"库"面板中所选的元素。
❖ "搜索"文本框：通过在此处输入要搜索的关键字可进行元件名称的搜索，从而达到快速查找元件的目的。
❖ "新建元件"按钮：单击该按钮，会弹出如图 1-3-16 所示的"创建新元件"对话框。通过此框可以新建元件。
❖ "新建文件夹"按钮：单击该按钮，可以创建新的文件夹。
❖ "属性"按钮：单击该按钮，可以在如图 1-3-19 所示的对话框中设置元件属性。
❖ "删除"按钮：单击该按钮，可以删除所选中的对象。

图1-3-19

# 项目 2

# Flash CS4 基础动画制作

本项目将通过 5 个典型实例讲解 Flash 中几种常见的动画类型。其中，有 3 种最基本的动画表现形式，即逐帧动画、传统补间动画和形状补间动画。几乎所有的 Flash 动画都可以通过这 3 种方法制作完成。

## 2.1 任务 1——逐帧动画的制作

逐帧动画是把每个画面的运动过程附加在各个帧上，当影片快速播放的时候，利用人的视觉残留现象，形成流畅的动画效果。对于逐帧动画中的每个画面（即单帧画面），都需要单独进行制作与设计，虽然制作单帧画面的过程比较麻烦，但是逐帧动画所形成的动画效果比较优美、细腻和灵活。

### 2.1.1 实例效果预览

本节实例效果如图 2-1-1 所示。

图2-1-1

## 2.1.2　技能应用分析

1. 导入素材及整合场景。
2. 创建影片剪辑元件，制作马跑逐帧动画。
3. 创建传统补间，制作出马从左跑到右的运动画面。
4. 通过修改元件的大小、透明度、色调等属性，制作马的影子。

## 2.1.3　制作步骤解析

（1）创建文档。选择"文件"→"新建"命令，在弹出的"新建文档"对话框中选择"Flash 文件（ActionScript 3.0）"选项，单击"确定"按钮创建一个新的空白文档，文档的属性为默认值，如图 2-1-2 所示。

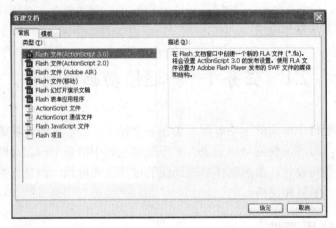

图2-1-2

（2）保存文档。选择"文件"→"保存"命令，弹出"另存为"对话框，在"文件名"文本框中输入"骏马奔跑"，然后单击"保存"按钮，如图 2-1-3 所示。

（3）导入素材。选择"文件"→"导入"→"导入到库"命令，在弹出的"导入到库"对话框中选择素材文件夹中的"马 1.png"～"马 8.png"、"背景.psd"，然后单击"确定"按钮，把所有图片素材导入到"库"面板中，如图 2-1-4 所示。

（4）创建图层并为图层命名。在主场景的"时间轴"面板中，连续单击 3 次"插入图层"按钮，创建 3 个新的图层，如图 2-1-5 所示。分别双击图层的名称并分别命名为"树"、"马跑动画"、"马跑动画阴影"和"背景"，如图 2-1-6 所示。

（5）单击"背景"图层，然后在"库"面板中选择"背景"元件并拖入主场景中，如图 2-1-7 所示。按 Ctrl+K 组合键，打开"对齐"面板，依次单击"相对于舞台"、"水平中齐"和"垂直中齐"按钮，如图 2-1-8 所示，使背景图片位于整个场景的正中心位置。

（6）使用相同的方法，把"库"面板中的"树"元件拖入"树"图层，并调整其位置至场景的左下方，如图 2-1-9 所示。

图2-1-3　　　　　　　　　　　　　　　　图2-1-4

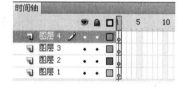

图2-1-5　　　　　　　　　　　　图2-1-6

图2-1-7　　　　　　　图2-1-8　　　　　　　图2-1-9

（7）选择"插入"→"新建元件"命令，在弹出的"创建新元件"对话框中，输入名称为"马跑动画"，选择类型为"影片剪辑"，如图 2-1-10 所示。单击"确定"按钮，即可创建一个新的"马跑动画"影片剪辑元件。

（8）在"马跑动画"影片剪辑元件场景的"图层 1"中，利用选择工具选择 8 个帧，再按 F7 键插入 8 个空白关键帧，如图 2-1-11 所示。

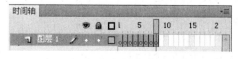

图2-1-10　　　　　　　　　　　　图2-1-11

（9）在"图层 1"中单击第 1 帧，从"库"面板中将"马 1.png"拖动到主场景中，使用相同的方法把"马 2.png"～"马 8.png"分别拖入第 2～8 帧的场景中，如图 2-1-12 所示。

（10）调整素材图片的位置。在"马跑动画"影片剪辑元件的"图层 1"中，单击第 1 帧上的图片，按 Ctrl+K 组合键打开"对齐"面板，依次单击"相对于舞台"、"水平中齐"、"底对齐"按钮，使该帧上的图片完全底部对齐，如图 2-1-13 所示。使用相同的方法，把第 2～8 帧中的图片也设置为完全底部对齐。

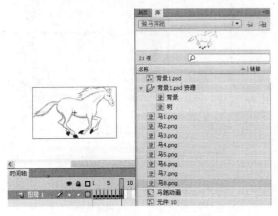

图2-1-12

图2-1-13

（11）按 Enter 键播放当前时间轴上的动画，则这 8 帧上的图片会按照当前帧的顺序自动进行连续播放，形成骏马奔跑的逐帧动画效果。

（12）拖动"马跑动画"剪辑元件到主场景。单击工作区中的"场景 1"按钮，切换到主场景，单击"马跑动画"图层的第 1 帧，从"库"面板中拖动"马跑动画"影片剪辑元件到舞台中，然后利用选择工具将其放置在场景的左下角位置，如图 2-1-14 所示。

图2-1-14

（13）在主场景中制作"马跑动画"效果。单击"马跑动画"图层的第 50 帧，按 F6 键插入关键帧，利用选择工具移动"马跑动画"剪辑元件到主场景的右下角位置,如图 2-1-15 所示。

（14）在"马跑动画"图层的第 1～50 帧之间的任意帧上单击鼠标右键，在弹出的快捷菜单中选择"创建传统补间"命令，如图 2-1-16 所示。然后分别单击"树"图层、"背景"图层的第 50 帧位置，按 F5 键插入普通帧，如图 2-1-17 所示。

图2-1-15

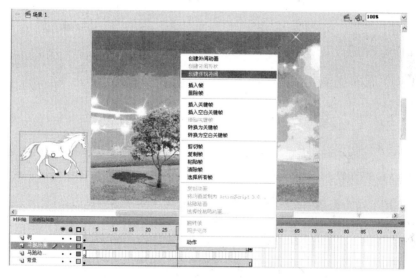

图2-1-16

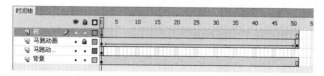

图2-1-17

【高职高专新课程体系规划教材·计算机系列】

　　（15）制作"马跑动画阴影"效果。在主场景中单击"马跑动画阴影"图层的第 1 帧，从"库"面板中将"马跑动画"影片剪辑元件拖入并放置到场景的左下角位置，然后单击任意变形工具，移动控制中心点到变形框底部，再按 Ctrl+T 组合键打开"变形"面板，设置纵向缩放为 30%、水平倾斜角度为-60，如图 2-1-18 所示。

　　（16）调整亮度并制作阴影动画。选择"马跑动画"剪辑元件，在"属性"面板的"色彩效果"选项中设置"样式"为 Alpha，其值为 40%，如图 2-1-19 所示；再选择样式为"色调"，参数设置如图 2-1-20 所示。

2-1-18

图2-1-19

图2-1-20

（17）单击"马跑动画阴影"图层的第 50 帧，按 F6 键插入关键帧，利用选择工具移动"马跑动画"剪辑元件到场景的右下角，如图 2-1-21 所示。

图2-1-21

（18）在"马跑动画阴影"图层的第 1～50 帧之间任意位置单击鼠标右键，在弹出的快捷菜单中选择"创建传统补间"命令，完成后的时间轴效果如图 2-1-22 所示。

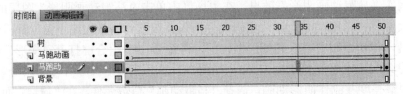

图2-1-22

（19）按 Ctrl+S 组合键保存当前的文档，然后选择"控制"→"测试影片"命令或按 Ctrl+Enter 组合键测试动画的最终效果。

### 2.1.4　知识点总结

本实例主要介绍了元件的创建方法与逐帧动画的制作过程。Flash 中，元件分为 3 类，分别是影片剪辑、按钮和图形。影片剪辑元件本身就是一个小动画，其播放不受主时间轴的影响；按钮元件的作用与网页中的超链接类似，用于实现用户的单击响应动作；图形元件也是一个小型动画，但其播放与主时间轴是同步的。因此，在制作马的逐帧动画时要创建的是影片剪辑元件。

逐帧动画是一种常见的动画形式，其原理是在连续的关键帧中分解动画动作，也就是在时间轴上逐帧绘制不同的内容，使其连续播放从而形成动画。逐帧动画的帧序列内容不一样，因此制作成本非常高，且最终输出的文件很大。但其优势也很明显，逐帧动画具有非常大的灵活性，几乎可以表现任何想表现的内容，类似于电影的播放模式，很适合于那些需要表现细腻的动画，如人物或动物的转身、头发及衣服的飘动、走路、说话以及精致的 3D 效果等。

在"马跑动画"影片剪辑元件中制作马跑的逐帧动画时，一定要对将不同帧上的奔马图片进行对齐，这样才能保证马奔跑的效果比较流畅。

## 2.2　任务 2——形状变形动画的制作

形状变形动画是矢量文字或矢量图形通过形态变形后形成的动画。在 Flash 软件中输入的文字，必须先按 Ctrl+B 组合键将其彻底打散，而后才能进行形状变形；而在 Flash 软件中绘制的图形，由于其本身就是矢量图形，因此可以直接进行形状变形。

### 2.2.1　实例效果预览

本节实例效果如图 2-2-1 所示。

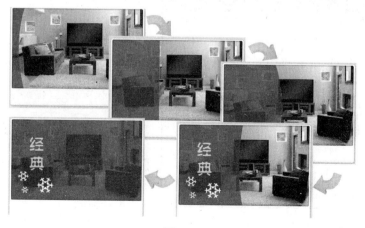

图2-2-1

高职高专新课程体系规划教材·计算机系列

## 2.2.2 技能应用分析

1．运用形状补间动画制作出红色背景弹出的动画效果。
2．运用动作补间动画制作出家居的渐现效果。
3．运用动作补间动画制作出文字动画。

## 2.2.3 制作步骤解析

（1）创建文档。选择"文件"→"新建"命令，打开"新建文档"对话框，选择"Flash 文件（ActionScript 3.0）"选项，单击"确定"按钮创建一个新的空白文档。

（2）在"属性"面板中单击"大小"后面的"编辑"按钮，如图 2-2-2 所示，打开"文档属性"对话框，设置文档大小为"630×480 像素"，舞台背景颜色为灰色（#E3DED1），如图 2-2-3 所示。

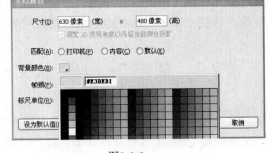

图2-2-2                    图2-2-3

（3）单击"时间轴"面板中"图层 1"的第 1 帧，选择"文件"→"导入"→"导入到舞台"命令，打开"导入"对话框，选择素材文件 bian.png，单击"打开"按钮，如图 2-2-4 所示，将素材文件导入到舞台，导入后的效果如图 2-2-5 所示。

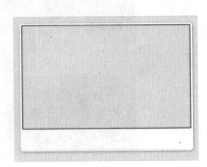

图2-2-4                    图2-2-5

（4）选择"修改"→"转换为元件"命令，打开"转换为元件"对话框。单击"确定"按钮，创建一个名称为"元件 1"、类型为"图形"的元件，如图 2-2-6 所示。

图2-2-6

（5）单击"图层 1"的第 20 帧，按 F6 键插入关键帧。单击"图层 1"的第 1 帧，用选择工具选中"元件 1"实例，在"属性"面板中设置其色彩效果的 Alpha 属性值为 0%，如图 2-2-7 所示。

（6）在"图层 1"的第 1～20 帧之间任意位置单击鼠标右键，在弹出的快捷菜单中选择"创建传统补间"命令。然后，单击"图层 1"的第 100 帧，按 F5 键插入帧。

（7）在时间轴面板上单击"新建图层"按钮，新建"图层 2"，并将"图层 2"拖到"图层 1"的下方。单击"图层 2"的第 20 帧，按 F6 键插入关键帧，选择"文件"→"导入"→"导入到舞台"命令，将素材文件 jiaju.jpg 导入到舞台，选择任意变形工具将图片缩小至合适大小，按 Ctrl+K 组合键打开"对齐"面板，将图片基于舞台进行对齐，如图 2-2-8 所示。

图2-2-7

图2-2-8

（8）使用选择工具选中"图层 2"第 20 帧处的图片，选择"修改"→"转换为元件"命令，将图片转换为名称为"元件 2"的图形元件。单击"图层 2"的第 40 帧，按 F6 键插入关键帧，选择"图层 2"的第 20 帧，在"属性"面板中设置色彩效果中 Alpha 值为 0%。

（9）在"图层 2"的第 20～40 帧之间的任意一帧处单击鼠标右键，在打开的快捷菜单中选择"创建传统补间"命令，创建动画。单击第 100 帧，按 F5 键插入帧。

（10）在"图层 2"上方新建"图层 3"，单击"图层 3"的第 40 帧，按 F6 键插入关键帧，选择矩形工具，将笔触设置为透明，填充颜色设置为红色，Alpha 值设置为 90%，绘制一个矩形，使用选择工具将矩形的右侧边缘进行变形，如图 2-2-9 所示。

（11）单击"图层 3"的第 50 帧，按 F6 键插入关键帧，使用选择工具将红色图形向

高职高专新课程体系规划教材·计算机系列

右边移动，并对其边缘进行变形，然后使用任意变形工具将形状拉宽，如图 2-2-10 所示。

图2-2-9　　　　　　　　　　　　　　　　　图2-2-10

（12）单击"图层 3"第 55 帧，按 F6 键插入关键帧，使用选择工具和任意变形工具对红色图形进行变形，如图 2-2-11 所示。

（13）单击"图层 3"第 70 帧，按 F6 键插入关键帧，使用选择工具和任意变形工具对红色图形进行变形，如图 2-2-12 所示。

图2-2-11　　　　　　　　　　　　　　　　图2-2-12

（14）分别单击"图层 3"的第 76 帧、第 82 帧和第 88 帧，对红色图形进行变形，如图 2-2-13 所示。

图2-2-13

（15）单击"图层 3"的第 100 帧，按 F5 键插入帧。在"图层 3"的第 40～50 帧之间任意一帧处单击鼠标右键，在弹出的快捷菜单中选择"创建补间形状"命令（见图 2-2-14），创建一个形状补间动画。

图2-2-14

（16）用同样的方法，在"图层 3"的第 50～55 帧、第 70～76 帧、第 76～82 帧和第 82～88 帧之间分别创建补间形状，创建完成后的"时间轴"面板如图 2-2-15 所示。

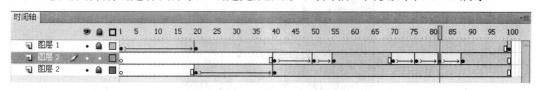

图2-2-15

（17）在"图层 3"上方新建"图层 4"，单击"图层 4"的第 55 帧，按 F6 键插入关键帧，选择文字工具，输入"经"字，在"属性"面板中设置文字属性，如图 2-2-16 所示。

（18）选择"修改"→"转换为元件"命令，将文字转换为名称为"元件 3"的图形元件。单击"图层 4"的第 70 帧，按 F6 键插入关键帧，使用选择工具将文字向右移动一点，使其处在红色图形的水平居中位置。

（19）单击第 55 帧，选择文字对象，在"属性"面板中将"色彩效果"选项中的 Alpha 值设置为 0%。

（20）右键单击第 55～70 帧之间的任意一帧，在弹出的快捷菜单中选择"创建传统补间"命令。

（21）在"图层 4"的上方新建"图层 5"，使用同样的方法制作文字"典"的动画，如图 2-2-17 所示。此时的"时间轴"面板如图 2-2-18 所示。

图2-2-16

图2-2-17

（22）在"图层 5"的上方新建"图层 6"，选择"文件"→"导入"→"导入到库"命令，将素材文件 xuehua.swf 文件导入到"库"面板，单击"图层 6"的第 55 帧，按 F6 键插入关键帧，将"库"面板中 xuehua.swf 文件向舞台中拖动 3 次，并调整其大小与位置，

【高职高专新课程体系规划教材·计算机系列】

如图 2-2-19 所示。

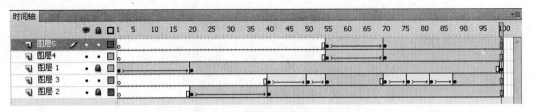

图2-2-18

图2-2-19

（23）单击"图层 6"的第 70 帧，按 F6 键插入关键帧。单击第 55 帧，选择"雪花"对象，在"属性"面板中，将雪花的 Alpha 属性设置为 0%。在"图层 6"的第 55～70 帧之间任意一帧处单击鼠标右键，选择"创建传统补间"命令。此时的"时间轴"面板如图 2-2-20 所示。

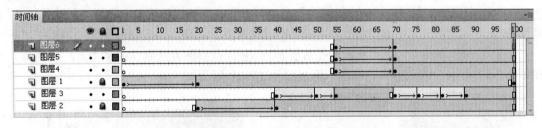

图2-2-20

24．按 Ctrl+Enter 组合键测试影片，测试完成后按 Ctrl+S 组合键保存文件。

## 2.2.4  知识点总结

本实例中红色背景的弹出效果是通过形状补间动画制作的。在制作形状补间动画时，动画对象必须是可编辑的图形。其他类型的对象如元件的实例、文字、位图等，则是不可编辑的。使用这些对象制作形状补间动画时，可以通过"修改分离"命令将对象先打散为可编辑的图形。

制作形状补间动画时，必须具备以下条件。

（1）在一个形状补间动画中至少有两个关键帧。

（2）这两个关键帧中的对象必须是可编辑的图形。

（3）这两个关键帧中的图形，必须有一些变化，否则制作的动画将没有动的效果。

当创建了形状补间动画后，在两个关键帧之间会有一个浅绿色背景的实线箭头，如图 2-2-21 所示，表示该形状补间动画创建成功。如果两个关键帧之间是一条虚线，如图 2-2-22 所示，则说明形状补间动画没有创建成功，原因可能是动画对象不是可编辑的图形。此时，需要先将其转化为可编辑的图形。

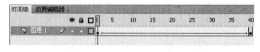 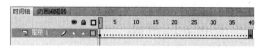

图2-2-21　　　　　　　　　　　　　图2-2-22

# 2.3　任务 3——补间动画的制作

补间动画是指物体通过位置移动、旋转、缩放等一系列变换过程形成的动画。该动画可以真实地记录下物体的各种变换状态。

## 2.3.1　实例效果预览

本节实例效果如图 2-3-1 所示。

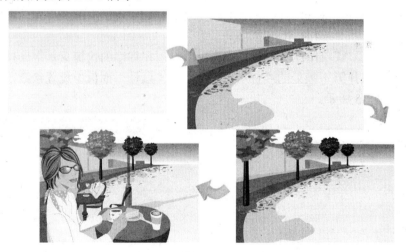

图2-3-1

## 2.3.2　技能应用分析

1．使用传统补间动画制作背景的渐变效果。

2．使用遮罩动画制作小路的动画效果。

3．通过修改元件实例的属性，制作树、人物等的传统补间动画效果。

【高职高专新课程体系规划教材·计算机系列】

### 2.3.3　制作步骤解析

（1）创建一个新文档，在舞台中单击鼠标右键，在弹出的快捷菜单中选择"文档属性"命令，打开"文档属性"对话框，设置宽为 579 像素，高为 354 像素，背景颜色为白色，帧频为 35fps。

（2）选择"文件"→"导入"→"导入到舞台"命令，将素材文件 bg.swf 导入到舞台中，如图 2-3-2 所示。

（3）选择文件 bg.swf，选择"修改"→"转换为元件"命令，打开"转换为元件"对话框，在"名称"文本框中输入"背景"，在"类型"下拉列表框中选择"图形"，如图 2-3-3 所示。

图2-3-2　　　　　　　　　　　　图2-3-3

（4）单击"确定"按钮，将 bg.swf 转换为名称为"背景"的图形元件，同时保存到"库"面板中，如图 2-3-4 所示。

（5）在"图层 1"的第 15 帧处单击鼠标右键，在弹出的快捷菜单中选择"插入关键帧"命令，然后选择第 1 帧处的"背景"元件，在"属性"面板中设置参数，对其大小进行调整，如图 2-3-5 所示。

图2-3-4　　　　　　　　　　　　图2-3-5

（6）选择"图层 1"第 1～15 帧之间的任意一帧，单击鼠标右键，在弹出的快捷菜单中选择"创建补间动画"命令，创建出动作补间动画。

（7）选择"图层 1"第 1 帧处的"背景"元件，在"属性"面板中展开"色彩效果"选项，在"样式"下拉列表框中选择 Alpha 选项，如图 2-3-6 所示，然后将其值设置为 0%，如图 2-3-7 所示。

图2-3-6 　　　　　　　　　　　　　　图2-3-7

（8）选择"图层 1"的第 120 帧，按 F5 键插入帧，让动画的播放时间为 120 帧。

（9）单击"新建图层"按钮，在"图层 1"之上创建一个新图层，名称为"图层 2"，如图 2-3-8 所示。

（10）选择"图层 2"，选择"文件"→"导入"→"导入到舞台"命令，将素材文件 bg2.swf 导入到舞台中，如图 2-3-9 所示。

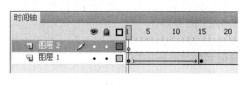

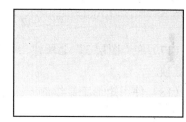

图2-3-8 　　　　　　　　　　　　　　图2-3-9

（11）选择文件 bg2.swf，选择"修改"→"转换为元件"命令，打开"转换为元件"对话框，在"名称"文本框中输入"背景 2"，在"类型"下拉列表框中选择"图形"选项，然后单击"确定"按钮，将 bg2.swf 转换为名称为"背景 2"的图形元件，并保存到"库"面板中。

（12）选择"图层 2"第 1 帧处的"背景 2"元件，在"属性"面板中设置参数，如图 2-3-10 所示。

（13）在"图层 2"的第 15 帧处按 F6 键插入关键帧。选择第 1～15 帧之间的任意一帧，单击鼠标右键，在弹出的快捷菜单中选择"创建补间动画"命令，创建出动作补间动画。此时的时间轴状态如图 2-3-11 所示。

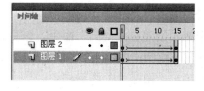

图2-3-10 　　　　　　　　　　　　　　图2-3-11

（14）在"图层 2"之上新建一个图层，名称为"图层 3"。

【高职高专新课程体系规划教材·计算机系列】

（15）选择"文件"→"导入"→"导入到舞台"命令，将素材文件 lu.swf 导入到舞台中，如图 2-3-12 所示。

（16）选择"图层 3"的第 1 帧，按住鼠标将其向时间轴右侧拖动至第 15 帧处，然后选择导入的 lu.swf 元件，在"属性"面板中设置其参数，如图 2-3-13 所示。

图2-3-12　　　　　　　　　　　　　　　　　图2-3-13

（17）在"图层 3"上新建一个图层，名称为"图层 4"，并在其第 15 帧处按 F6 键插入关键帧。

（18）使用矩形工具绘制一个矩形，然后选择绘制的矩形，调整其大小，以遮住舞台为宜。

（19）选择绘制的矩形，选择"修改"→"转换为元件"命令，打开"转换为元件"对话框，在"名称"文本框中输入"ball"，在"类型"下拉列表框中选择"图形"选项，将"注册"点设置到中心位置，如图 2-3-14 所示。

图2-3-14

（20）单击"确定"按钮，将矩形转换为名称为 ball 的图形元件，并保存到"库"面板中。

（21）在"图层 4"的第 33 帧处按 F6 键插入关键帧。

（22）选择"图层 4"第 15 帧中的 ball 图形元件，按住 Alt 键的同时使用任意变形工具将其缩小，如图 2-3-15 所示。

（23）选择"图层 4"第 15~33 帧之间的任意一帧，单击鼠标右键，在弹出的快捷菜单中选择"创建补间动画"命令，创建出动作补间动画。

（24）选择"图层 4"并单击鼠标右键，在弹出的快捷菜单中选择"遮罩层"命令（见图 2-3-16），创建一个遮罩动画。

（25）在"图层 4"上新建一个图层，名称为"图层 5"，并在第 33 帧处插入关键帧。

（26）选择"文件"→"导入"→"导入到舞台"命令，将素材文件 tree1.swf 导入到舞台中。

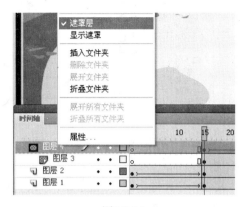

图2-3-15          图2-3-16

（27）选择文件 tree1.swf，执行"修改"→"转换为元件"命令，将其转换为名称为"元件 3"的图形元件。

（28）选择"图层 5"第 33 帧处的"元件 3"对象，对其位置和大小进行调整，如图 2-3-17 所示。

（29）在"图层 5"的第 43 帧处按 F6 键插入关键帧，然后选择第 33～43 帧之间的任意一帧，单击鼠标右键，在弹出的快捷菜单中选择"创建补间动画"命令，创建出动作补间动画。

（30）继续选择"图层 5"第 33 帧处的"元件 3"对象，在"属性"面板的"色彩效果"选项中，设置"样式"为 Alpha，并设置其值为 0%。

（31）按照同样的方法，在"图层 5"上再新建"图层 6"、"图层 7"和"图层 8"，并分别在这 3 个图层的第 37 帧、第 42 帧、第 47 帧处插入关键帧。将素材文件 tree2.swf、tree3.swf 和 tree4.swf 导入到舞台中，然后将它们转换为图形元件"元件 4"、"元件 5"和"元件 6"。以"元件 3"对象为参照物，摆放"元件 4"、"元件 5"和"元件 6"对象，如图 2-3-18 所示。

图2-3-17          图2-3-18

（32）按照制作"元件 3"对象的方法，制作其他几棵树的动画，此时的时间轴状态如图 2-3-19 所示。

【高职高专新课程体系规划教材·计算机系列】

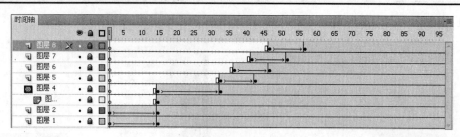

图2-3-19

（33）在"图层 8"上新建一个图层，名称为"图层 9"，在第 57 帧处按 F6 键插入关键帧。

（34）将素材文件 women.swf 导入到舞台中，并将其转换为"元件 7"。

（35）选择"图层 9"第 57 帧处的"元件 7"，对其位置进行调整，如图 2-3-20 所示。

（36）在第 66 帧处插入关键帧，然后选择第 57～66 帧之间的任意一帧，单击鼠标右键，在弹出的快捷菜单中选择"创建传统补间"命令，创建出补间动画。

（37）选择第 57 帧处的"元件 7"对象，在"属性"面板的"色彩效果"选项中设置"样式"为 Alpha，并设置其值为 0%。

（38）在"图层 8"上新建"图层 10"和"图层 11"，并分别在这两个图层的第 66帧和第 76 帧处插入关键帧。将素材文件 men.swf 和 line.swf 导入到"舞台"中，然后分别转换为图形元件"元件 8"和"元件 9"。

（39）以"元件 7"对象为参照物，摆放"元件 8"和"元件 9"对象，如图 2-3-21 所示。

图2-3-20          图2-3-21

（40）按照制作"元件 7"对象的方法，制作出男士和电线杆动画，此时的时间轴状态如图 2-3-22 所示。

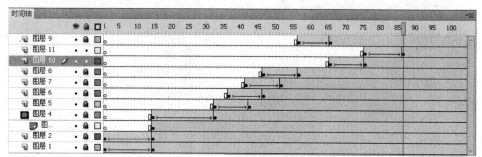

图2-3-22

（41）按 Ctrl+Enter 组合键测试影片，并按 Ctrl+S 组合键保存文件。

## 2.3.4　知识点总结

动作补间动画是 Flash 中最常使用的一种动画形式，可以制作出对象位移、放大、缩小、变形、色彩、透明度、颜色亮度、旋转等变化的动画效果。

制作动作补间动画时，需要满足以下条件。

（1）在一个动作补间动画中至少要有两个关键帧。

（2）在一个动作补间动画中，两个关键帧中的对象必须是同一个对象。

（3）两个关键帧中的对象必须有一些变化，否则制作的动画将没有动作变化的效果。

成功创建动作补间动画后，两个关键帧之间会形成一个具有浅蓝色背景的实线箭头。如果两个关键帧之间形成的是一条虚线，则说明动作补间动画没有创建成功，原因可能是两个关键帧中的动画对象不是同一个对象，也可能是动画对象的类型不对，需要调整后再重新创建。

# 2.4　任务 4——遮罩动画的制作

遮罩动画是利用 Flash 的遮罩层功能制作出的动画效果。遮罩层是一种特殊的图层，位于遮罩层下方的图层内容会根据当前遮罩层上的图形及文字内容进行相应的遮罩，从而实现类似于挡板或镂空的效果。

## 2.4.1　实例效果预览

本节实例效果如图 2-4-1 所示。

图2-4-1

【高职高专新课程体系规划教材·计算机系列】

## 2.4.2　技能应用分析

1. 使用几个图片来制作遮罩动画的背景，bg4 素材用来制作文字的"材质流动"动画效果。

2. 制作"遮罩"、"百叶窗遮罩"和"材质流动"3 个影片剪辑元件。其中，"百叶窗遮罩"元件是通过"遮罩"剪辑元件制作的。

## 2.4.3　制作步骤解析

（1）创建并保存文档。选择"文件"→"新建"命令，打开"新建文档"对话框，选择"Flash 文件（ActionScript 3.0）"选项，单击"确定"按钮创建一个新的空白文档。设置文档的尺寸大小为 536×372 像素。接着选择"文件"→"保存"命令，打开"另存为"对话框，设置文件名称为"百叶窗遮罩动画"，然后单击"保存"按钮。

（2）选择"文件"→"导入"→"导入到库"命令，在弹出的"导入到库"对话框中选择 5 张素材图片，单击"确定"按钮，把图片素材全部导入到"库"面板之中。

（3）选择"插入"→"新建元件"命令，打开"创建新元件"对话框，设置元件名称为"遮罩"，类型为"影片剪辑"，单击"确定"按钮，创建一个"遮罩"影片剪辑元件。

（4）在"遮罩"影片剪辑元件的编辑场景中，使用矩形工具绘制一个矩形，在"属性"面板中设置笔触颜色为"无"，填充色为"黑色"，宽为 580，高为 49，如图 2-4-2 所示。

（5）单击"图层 1"的第 25 帧，按 F6 键插入关键帧，在"变形"面板上将矩形的高度设置为 0%，如图 2-4-3 所示。

图2-4-2

图2-4-3

（6）在"图层 1"的第 1 帧上单击鼠标右键，在弹出的快捷菜单中选择"创建补间形状"命令，创建形状补间动画。在"图层 1"的第 30 帧处按 F5 键插入帧，如图 2-4-4 所示。

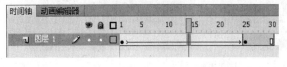

图2-4-4

高职高专新课程体系规划教材·计算机系列

（7）选择"插入"→"新建元件"命令，打开"创建新元件"对话框，设置元件名称为"百叶窗遮罩"，类型为"影片剪辑"，单击"确定"按钮。

（8）在新建的"百叶窗遮罩"影片剪辑元件编辑场景中，单击"图层 1"的第 1 帧，然后在"库"面板中拖动"遮罩"元件到当前的影片剪辑元件场景中，并在"属性"面板中定义其 X 坐标值为 0 像素，Y 坐标值为-356.0 像素，如图 2-4-5 所示。

（9）选择"遮罩"元件，按住 Alt 键，在垂直方向上复制出 15 个相同的"遮罩"元件，形成百叶窗遮罩效果，如图 2-4-6 所示。

（10）选择所有已复制好的"遮罩"元件，打开"对齐"面板，依次单击"水平中齐"、"垂直平均间隔"按钮，完成后的效果如图 2-4-7 所示。

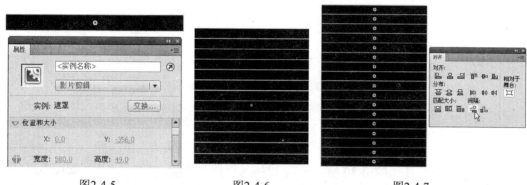

图2-4-5　　　　　　　图2-4-6　　　　　　　图2-4-7

（11）选择"插入"→"新建元件"命令，在弹出的"创建新元件"对话框中，设置元件名称为"材质流动"，类型为"影片剪辑"，单击"确定"按钮。

（12）在"材质流动"剪辑场景中，连续单击两次"插入图层"按钮，创建两个新的图层，并分别命名为"图片"和"文本"。单击"文本"图层的第 1 帧，使用文本工具在当前场景中输入"济源职业技术学院风光"文字，并打开"属性"面板，设置字体为"方正舒体"，字体大小为 28，颜色为"黑色"。最后，在"文本"图层的第 60 帧处，按 F5 键插入帧。

（13）单击"图片"图层的第 1 帧，从"库"面板中将 bg4 图片拖入场景中，按 Ctrl+K 组合键打开"对齐"面板，单击"相对于舞台"、"水平中齐"、"垂直中齐"按钮，并移动"文本"至图片的最底端位置，如图 2-4-8 所示。

（14）在"图片"图层的第 60 帧处按 F6 键插入关键帧，并在场景中用选择工具移动图片至最右边，如图 2-4-9 所示。

（15）在"图片"图层第 1~60 帧之间任意一帧上单击鼠标右键，在弹出的快捷菜单中选择"创建传统补间"命令，创建补间动画。

（16）选择"文本"图层，单击鼠标右键，在弹出的快捷菜单中选择"遮罩层"命令，创建遮罩，如图 2-4-10 所示。

（17）单击"场景 1"，返回到主场景中。连续单击 7 次"插入图层"按钮，创建 7 个新的图层，并分别命名为 bg3、bg2、"百叶窗遮罩 2"、bg2、bg3、"百叶窗遮罩 1"、bg1 和"材质流动"，如图 2-4-11 所示。

【高职高专新课程体系规划教材·计算机系列】

图2-4-8　　　　　　　　　　　　　　　　图2-4-9

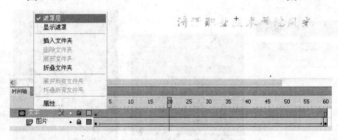

图2-4-10

（18）单击 bg3 图层的第 30 帧，按 F7 键插入空白关键帧，然后从"库"面板中将 bg3 图片拖入。按 Ctrl+K 组合键打开"对齐"面板，使 bg3 图片位于整个场景的正中心位置，最后在第 60 帧处按 F5 键插入帧，如图 2-4-12 所示。

图2-4-11　　　　　　　　　　　　　　图2-4-12

（19）单击 bg2 图层的第 30 帧，按 F7 键插入空白关键帧，然后从"库"面板中将 bg2 图片拖入，并在第 60 帧处按 F5 键插入帧，如图 2-4-13 所示。

（20）单击"百叶窗遮罩 2"图层的第 30 帧，按 F7 键插入空白关键帧，然后从"库"面板中将"百叶窗遮罩"元件拖入。选择任意变形工具，对"百叶窗遮罩"元件进行旋转，如图 2-4-14 所示，最后在第 60 帧处按 F5 键插入帧。

（21）选择"百叶窗遮罩 2"图层，单击鼠标右键，在弹出的快捷菜单中选择"遮罩层"命令，创建一个遮罩。此时的时间轴状态如图 2-4-15 所示。

（22）在主场景中，分别单击 bg2、bg3 图层的第 1 帧，然后从"库"面板中依次单击 bg2、bg3 图片，将其拖入主场景中，并利用"对齐"面板，使图片位于整个场景的正中心

【高职高专新课程体系规划教材·计算机系列】

位置，最后在第 30 帧处按 F5 键插入帧。

图2-4-13

图2-4-14

（23）单击"百叶窗遮罩 1"图层的第 1 帧，从"库"面板中将"百叶窗遮罩"元件拖入，然后按 Ctrl+K 组合键打开"对齐"面板，依次单击"相对于舞台"、"水平中齐"、"垂直中齐"按钮，使"百叶窗遮罩"元件位于场景的正中心位置，最后在第 30 帧处按 F5 键插入帧，如图 2-4-16 所示。

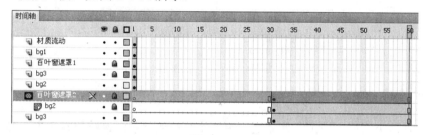
图2-4-15

图2-4-16

（24）选择"百叶窗遮罩 1"图层，单击鼠标右键，在弹出的快捷菜单中选择"遮罩层"命令，创建遮罩后的时间轴状态如图 2-4-17 所示。

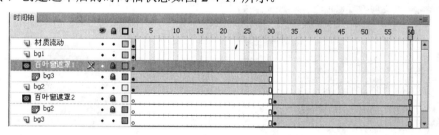
图2-4-17

（25）单击 bg1 图层，从"库"面板中将"bg1"图片、"小草"图片拖入主场景中，并保证 bg1 图片位于整个场景的正中心位置，然后在第 60 帧处按 F5 键插入帧，如图 2-4-18 所示。

（26）单击"材质流动"图层，从"库"面板中将"材质流动"影片剪辑元件拖入场景中 bg1 图片最底端的中心位置，如图 2-4-19 所示。在"材质流动"图层的第 60 帧处按 F5 键插入帧，如图 2-4-20 所示。至此，动画制作完成。

（27）按 Ctrl+S 组合键保存当前文档，然后按 Ctrl+Enter 组合键测试动画。

【高职高专新课程体系规划教材·计算机系列】

图2-4-18

图2-4-19

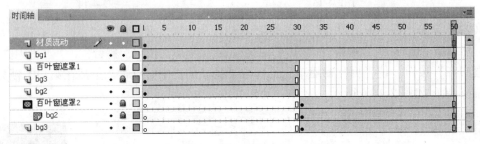

图2-4-20

### 2.4.4　知识点总结

遮罩动画需要具备两个图层，一个是遮罩层，另一个是被遮罩层，遮罩层在上方，被遮罩层在下方，遮罩层就像是一个镂空的图层，镂空的形状就是遮罩层中的动画对象形状，在这个镂空的位置可以显示出被遮罩层的对象，如图 2-4-21 所示。

图2-4-21

从图 2-4-21 中可以看出，当图层中的图形作为一个遮罩层时，在被遮罩层中只可以显示出遮罩层中图形所在位置的图形。在遮罩层与被遮罩层中不仅可以显示图形，还可以显示动画。当遮罩层或被遮罩层是动画时，此时的动画就会显示出一种特殊的遮罩效果。

## 2.5　任务 5——引导动画的制作

　　引导动画即路径动画，是指物体沿着指定的路径进行位移变换的过程。制作引导动画的过程中，首先需要创建物体元件，并制作成移动动画；然后在该图层上再创建引导层，并在引导层中绘制相应的线条作为元件运动的路径；最后，调整元件的运动起始位置和运动结束位置，使它们分别与路径的两个端点重合。

### 2.5.1　实例效果预览

　　本节实例效果如图 2-5-1 所示。

图2-5-1

### 2.5.2　技能应用分析

　　1．利用遮罩层制作出水波效果。
　　2．使用多个色标放射状渐变填充制作水泡，并使用引导线制作水泡动画。
　　3．使用引导线制作游鱼动画。

### 2.5.3　制作步骤解析

　　（1）新建一个名称为"海底世界"的 Flash 文档，设置舞台工作区的宽度为 450 像素，高为 300 像素，背景为蓝色。
　　（2）选择"插入"→"新建元件"命令，创建一个名称为"水波效果"、类型为"影片剪辑"的元件。
　　（3）将素材文件"海底.bmp"导入到"库"面板中，然后在"水波效果"影片剪辑元

高职高专新课程体系规划教材·计算机系列

件的编辑场景中，选择"图层 1"的第 1 帧，将"海底"元件插入，如图 2-5-2 所示。按 Ctrl+K 组合键，对图片进行居中对齐，并在第 100 帧处按 F5 键插入帧，使其播放时间为 100 帧。

（4）在"图层 1"上新建一个图层，名称为"图层 2"。在"图层 1"的第 1 帧处单击鼠标右键，在弹出的快捷菜单中选择"复制帧"命令，然后在"图层 2"的第 1 帧处单击鼠标右键，在弹出的快捷菜单中选择"粘贴帧"命令，将"图层 1"中的画面粘贴至"图层 2"中。使用移动工具将图片稍微移动一点位置，然后在"图层 2"的第 100 帧处按 F5 键插入帧，使其播放时间为 100 帧。

（5）在"图层 2"上新建"图层 3"，使用矩形工具绘制出若干个小矩形，然后选中所有的矩形，选择"修改"→"转换为元件"命令，将矩形转换为名称为"遮罩矩形"的图形元件，如图 2-5-3 所示。

（6）在"图层 3"的第 100 帧处，按 F6 键插入关键帧，使用移动工具将矩形元件向下移动，位置如图 2-5-4 所示。

图2-5-2 图2-5-3 图2-5-4

（7）右键单击"图层 3"，在弹出的快捷菜单中选择"遮罩层"命令，将"图层 3"设置为遮罩层，如图 2-5-5 所示。至此，"水波效果"影片剪辑元件制作完成。

（8）接下来制作"气泡"元件。选择"插入"→"新建元件"命令，创建一个名称为"气泡"的图形元件，在工作区中绘制一个无轮廓的圆形，填充为"白色→白色（15%）→白色（5%）→白色（5%）→白色（15%）→白色（92%）"的放射状渐变。"颜色"面板设置如图 2-5-6 所示，绘制的气泡如图 2-5-7 所示。

 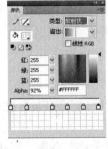 

图2-5-5 图2-5-6 图2-5-7

（9）制作"气泡及引导线"影片剪辑元件。选择"插入"→"新建元件"命令，创建一个名称为"气泡及引导线"的影片剪辑元件，在"图层1"的第1帧处插入"气泡"元件。

（10）右键单击"图层1"，在弹出的快捷菜单中选择"添加传统运动引导层"命令，在"图层1"上方创建一个引导层，如图2-5-8所示。

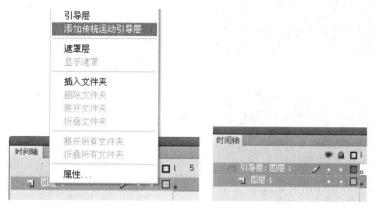

图2-5-8

（11）在"引导层"中使用钢笔工具绘制一条曲线，然后单击"图层1"的第1帧，将气泡拖到引导线的下端，并使气泡的中心点与引导线的下端点完全重合，如图2-5-9所示。

（12）单击"图层1"的第60帧，按F6键插入关键帧，使用任意变形工具将气泡缩小，并将气泡的中心点拖至与引导线的上端点重合，如图2-5-10所示。

（13）选择"图层1"的第1～60帧之间的任意一帧，单击鼠标右键，在弹出的快捷菜单中选择"创建传统补间"命令，创建出补间动画。至此，气泡动画制作完成。

（14）制作"成堆气泡"影片剪辑元件。选择"插入"→"新建元件"命令，创建一个名称为"成堆气泡"的影片剪辑元件，将"库"面板中的"气泡及引导线"元件拖入舞台中5次，并使用任意变形工具及选择工具调整气泡的大小和位置，最终效果如图2-5-11所示。

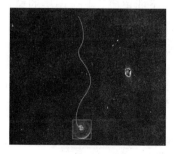
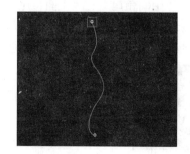
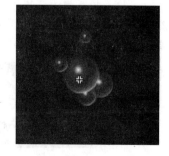

图2-5-9　　　　　　　　　　图2-5-10　　　　　　　　　　图2-5-11

（15）创建一个名称为"游鱼"的影片剪辑元件，使用椭圆工具及钢笔工具绘制鱼头部分，用颜料桶工具填充放射状渐变，最后绘制鱼尾部分，绘制完毕的游鱼效果及图层面板如图2-5-12所示。

（16）依次单击"鱼头"、"中间鱼尾"、"上面鱼尾"、"下面鱼尾"4个图层的第7帧，按F6键插入关键帧，然后调整鱼头及鱼尾的位置和形状，调整后的游鱼形态如图2-5-13

高职高专新课程体系规划教材·计算机系列

所示。最后在 4 个图层中分别创建形状补间动画，此时的时间轴状态如图 2-5-14 所示。

图2-5-12

图2-5-13　　　　　　　　　　图2-5-14

（17）依次单击"鱼头"、"中间鱼尾"、"上面鱼尾"、"下面鱼尾" 4 个图层的第 14 帧，按 F6 键插入关键帧，然后调整鱼头及鱼尾的位置和形状，调整后的游鱼形态如图 2-5-15 所示。最后在 4 个图层中分别创建形状补间动画，此时的时间轴状态如图 2-5-16 所示。

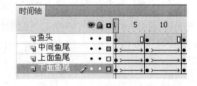

图2-5-15　　　　　　　　　　图2-5-16

（18）依次单击"鱼头"、"中间鱼尾"、"上面鱼尾"、"下面鱼尾" 4 个图层的第 21 帧，按 F6 键插入关键帧，然后调整鱼头及鱼尾的位置和形状，调整后的游鱼形态如图 2-5-17 所示。最后在 4 个图层中分别创建形状补间动画，此时的时间轴状态如图 2-5-18 所示。

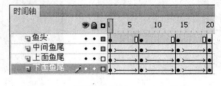

图2-5-17　　　　　　　　　　图2-5-18

（19）选择"插入"→"新建元件"命令，创建一个名称为"鱼及引导线"的影片剪辑元件。单击"图层 1"的第 1 帧，将"游鱼"元件插入，右键单击"图层 1"，在弹出的快捷菜单中选择"添加运动引导层"命令，在"图层 1"上方创建一个运动引导层。

（20）选择"运动引导层"，使用钢笔工具绘制一条曲线，如图 2-5-19 所示。

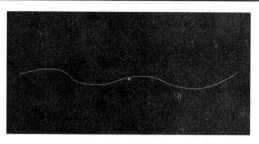

图2-5-19

（21）单击"图层 1"的第 1 帧，将"游鱼"元件拖到引导线的右端，并使游鱼的中心点与引导线的右端点完全重合，如图 2-5-20 所示。

（22）单击"图层 1"的第 100 帧，按 F6 键插入关键帧，将"游鱼"元件拖至引导线的左端，并使用游鱼的中心点与引导线的左端点重合，如图 2-5-21 所示。

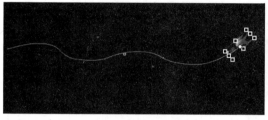

图2-5-20                                   图2-5-21

（23）在"图层 1"的第 1～100 帧之间任意一点单击鼠标右键，在弹出的快捷菜单中选择"创建传统补间"命令，创建一个补间动画。

（24）单击"场景 1"，回到主场景中。双击"图层 1"，将其重命名为"背景"，然后单击第 1 帧，将"库"面板中的"水波效果"影片剪辑元件拖入舞台中。按 Ctrl+K 组合键打开"对齐"面板，相对于舞台中心进行对齐。最后，单击"背景"图层的第 135 帧，按 F5 键插入帧。

（25）新建图层，命名为"气泡"。单击"气泡"图层的第 1 帧，将"库"面板中的"成堆气泡"影片剪辑元件拖入舞台中两次，并适当调整其大小和位置，如图 2-5-22 所示。

（26）单击"水泡"图层的第 30 帧，按 F6 键插入关键帧，再拖入 1 次"成堆气泡"影片剪辑元件，如图 2-5-23 所示。单击该图层的第 135 帧，按 F5 键插入帧。

图2-5-22

图2-5-23

【高职高专新课程体系规划教材·计算机系列】

（27）新建图层，命名为"鱼"，将"库"面板中的"鱼及引导线"影片剪辑元件拖入舞台中两次，调整其大小和位置，如图 2-5-24 所示。单击"鱼"图层的第 135 帧，按 F5 键插入帧。

（28）选择"文件"→"导入"→"导入到库"命令，将素材文件"流水声.mp3"导入到库中。然后新建一个图层，命名为"声音"，并单击该图层的第 1 帧，在其"属性"面板的"声音"选项中，设置"名称"为"流水声.mp3"，设置"同步"为"事件"、"重复"，并将重复的次数设置为 2，如图 2-5-25 所示。

图2-5-24

图2-5-25

（29）至此，动画制作完成，最终的时间轴面板如图 2-5-26 所示。按 Ctrl+Enter 组合键测试影片，按 Ctrl+S 组合键保存文件。

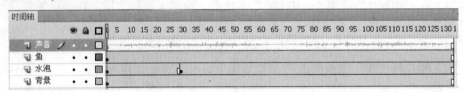

图2-5-26

## 2.5.4　知识点总结

本任务中，气泡和游鱼动画采用的都是引导线动画。在制作引导线动画时，需要注意以下几个方面。

（1）通过"添加运动引导层"命令创建引导层时，会自动将引导层下方的图层转换为被引导层，而只有具备了引导层与被引导层才能制作出引导动画。如果通过图层属性来创建引导层，可以看出引导层前面的图标是 ，这说明引导层下方没有被引导层，因此需要将其下方的图层先转换为被引导层才能做出引导动画。如图 2-5-27 所示，在"图层 1"上方添加引导层后，"图层 1"自动转换为被引导层（比普通图层向里缩进了一部分）。而图 2-5-28 中，"图层 2"虽然也被转换成了引导层，但"图层 1"仍然是普通图层，并没有自动转换为被引导层。

图2-5-27

图2-5-28

（2）在被引导层中，必须将用于引导线运动的动画对象的中心点贴到引导线上。为了能让动画对象紧贴在引导线上，可以先单击"选择工具"按钮，再单击"对齐对象"按钮，将其按下并激活"对齐对象"功能，此时，动画对象的中心点将自动贴紧到引导线上。

【高职高专新课程体系规划教材·计算机系列】

# 电子贺卡制作

Flash 电子贺卡是由动画、图形、文字和音乐等元素组合而成的特殊艺术品。与传统的纸质贺卡相比，电子贺卡不仅经济、环保，而且方便、快捷。电子贺卡的种类很多，除了生日贺卡、新年贺卡以外，还有元宵卡、中秋卡、情人卡、儿童卡等。本项目通过生日贺卡、新年贺卡、母亲节贺卡的制作介绍了电子贺卡的制作方法和制作流程，读者在熟练掌握的基础上举一反三，即可制作出花样繁多、独具个性的电子贺卡。

## 3.1  任务 1——制作生日贺卡

制作 Flash 贺卡时，要根据赠送对象来确定贺卡的主色调、内容和表现形式。本任务制作的是一个卡通生日贺卡，主色调为温馨的粉色，主人公是一只可爱的小猪，再搭配上动听的"生日歌"，成功营造出一种快乐的氛围。在动画的制作过程中主要使用了元件、传统补间动画等基本知识。

### 3.1.1  实例效果预览

本书实例效果如图 3-1-1 所示。

图3-1-1

## 3.1.2　技能应用分析

1．使用绘图工具，绘制取景黑框。
2．多次使用元件，绘制出场景中的星星效果。
3．使用传统补间动画，完成小猪走动的动画效果。
4．将多个礼物分层放置，调整补间动画的先后顺序，产生礼物随机掉落的动画效果。

## 3.1.3　制作步骤解析

（1）打开"生日贺卡动画素材.fla"文件，库中放置了部分制作生日贺卡的素材，然后将其保存到指定的文件夹中，命名为"生日贺卡"。

（2）新建"黑框"图层，绘制一个比舞台大的黑色矩形，然后在黑色矩形旁边绘制一个 550×400 像素的白色矩形，并在"属性"面板中将其位置设置为"X：0，Y：0"。利用"同色相焊接，异色相剪切"的属性，删除白色矩形，得到像窗户口一样的黑框，如图 3-1-2 所示。将该图层的显示方式设置为轮廓显示，如图 3-1-3 所示。

图3-1-2

图3-1-3

（3）选择"插入"→"新建元件"命令，插入一个名为"五角星形"的影片剪辑元件。在该影片剪辑编辑的窗口中，插入两个新的图层，并分别命名为"吊链"和"五角星"。

（4）单击"吊链"图层，打开"库"面板，选择"星星素材"文件夹，将图片"星1"、"星2"拖入，并将其组合。单击"五角星"图层，从"库"面板中将图片"星3"拖入，并调整到合适的位置。此时效果如图 3-1-4 所示。

（5）在"吊链"图层的第 30 帧处按 F5 键插入帧，在"五角星"图层的第 15 帧、第 30 帧处按 F6 键插入关键帧，如图 3-1-5 所示。在"五角星"图层的第 15 帧处，利用任意变形工具将"星3"旋转一定的角度，如图 3-1-6 所示，然后右键单击该图层，在弹出的快捷菜单中选择"创建传统补间"命令。

（6）选择"插入"→"新建元件"命令，插入一个名称为"动画样式1"的图形元件，拖入 6 个"五角星形"元件，如图 3-1-7 所示进行排列。再次选择"插入"→"新建元件"命令，插入一个名为"动画样式2"的图形元件，拖入 5 个"五角星形"元件，如图 3-1-8 所示进行排列。

（7）选择"插入"→"新建元件"命令，插入一个名为"五角星形动画"的影片剪辑元件。在该影片剪辑的编辑窗口中，插入两个新的图层，并分别命名为"动画样式 1"和

【高职高专新课程体系规划教材·计算机系列】

"动画样式 2"。

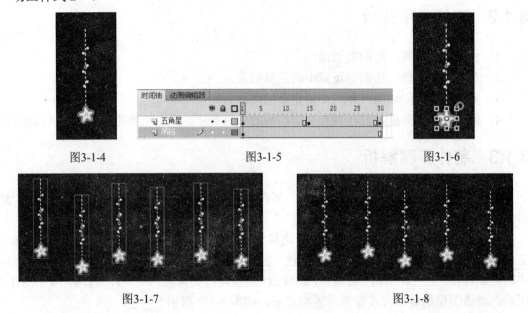

图3-1-4　　　　　　　图3-1-5　　　　　　　图3-1-6

图3-1-7　　　　　　　　　图3-1-8

（8）依次单击"动画样式 1"、"动画样式 2"图层，打开"库"面板，将图形元件"动画样式 1"和"动画样式 2"分别拖放到相应的图层，并摆放好相对位置，如图 3-1-9 所示。

（9）依次单击"动画样式 1"、"动画样式 2"两个图层的第 40 帧和第 80 帧，按 F6 插入关键帧。单击"动画样式 1"的第 40 帧，利用方向键将其中元件向上移动；单击"动画样式 2"的第 40 帧，利用方向键将其中元件向下移动，最终效果如图 3-1-10 所示。

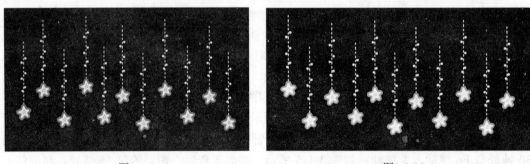

图3-1-9　　　　　　　　　　　　　图3-1-10

（10）依次在"动画样式 1"、"动画样式 2"图层上单击鼠标右键，在弹出的快捷菜单中选择"创建传统补间"命令。此时的时间轴状态如图 3-1-11 所示。

图3-1-11

高职高专新课程体系规划教材·计算机系列

（11）选择"插入"→"新建元件"命令，插入一个名称为"烛光动画 2"的影片剪辑元件。在该影片剪辑的编辑场景中，插入两个新的图层，并分别命名为"蛋糕"和"烛光"。

（12）单击"蛋糕"图层的第 1 帧，打开"库"面板，选择"动画素材"文件夹，将"蛋糕"图形元件拖入。单击"烛光"图层的第 1 帧，从"库"面板中将"烛光动画"影片剪辑元件拖入，并利用选择工具将其调整到合适的位置，如图 3-1-12 所示。

（13）在"烛光动画"影片剪辑元件中，双击"烛光"切换到该影片剪辑的编辑场景中，可以看到有"蜡底"、"蜡根"、"火焰"、"黄光"、"光圈"5 个图层。在"蜡底"、"蜡根"图层的第 20 帧处按 F5 键插入帧，在"火焰"、"黄光"、"光圈"图层的第 20 帧处按 F6 插入关键帧，此时的时间轴状态如图 3-1-13 所示。

（14）在"光圈"和"火焰"图层的第 10 帧处按 F6 插入关键帧，然后利用任意变形工具将"光圈"和"火焰"缩小。在图层的第 1～10 帧之间任意一帧上单击鼠标右键，在弹出的快捷菜单中选择"创建传统补间"命令，如图 3-1-14 所示。

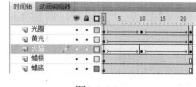

图3-1-12　　　　　　图3-1-13　　　　　　　　　图3-1-14

（15）选择"插入"→"新建元件"命令，插入一个名为"小猪动画"的影片剪辑元件。在该影片剪辑的编辑窗口中，插入 3 个新的图层，然后将 4 个图层分别命名为"猪头"、"左脚"、"身体"和"右脚"。打开"库"面板，选择"动画素材"文件夹，将图片"猪头"、"左脚"、"身体"、"右脚"分别拖入到相应的图层，效果如图 3-1-15 所示。

（16）在"猪头"、"左脚"、"右脚"3 个图层的第 5 帧处按 F6 键插入关键帧，在"身体"图层的第 5 帧处按 F5 键插入帧，如图 3-1-16 所示。

图3-1-15　　　　　　　　　　图3-1-16

（17）单击"右脚"图层的第 1 帧，利用任意变形工具调整"右脚"控制中心点至"右脚"靠上的位置，如图 3-1-17 所示。在该图层的第 5 帧处，选择"变形工具"将"右脚"向右进行旋转，如图 3-1-18 所示。选择该图层，单击鼠标右键，在弹出的快捷菜单中选择

"创建传统补间"命令。

（18）单击"左脚"图层的第 1 帧，利用任意变形工具调整"左脚"控制中心点至"左脚"靠上的位置，如图 3-1-19 所示。在该图层的第 5 帧处，利用变形工具将"左脚"向左进行旋转。右键单击"左脚"图层，在弹出的快捷菜单中选择"创建传统补间"命令。

图3-1-17

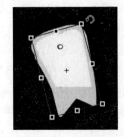
图3-1-18

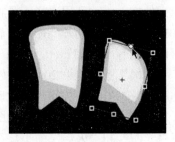
图3-1-19

（19）在"猪头"的第 3 帧处按 F6 键插入关键帧，然后利用选择工具将其中元件向下移动。右键单击"猪头"图层，在弹出的快捷菜单中选择"创建补间动画"命令，形成"小猪"点头的动画效果，如图 3-1-20 所示。

（20）返回主场景，新建 13 个图层，分别重命名为"背景"、"小星星动画"、"五角星形动画"、"小猪动画"、"烛光动画"、"礼物 4"、"礼物 3"、"礼物 2"、"礼物 1"、"贺词"、"天使 2"、"天使 1"、"音乐"。此时，主场景中共有 14 个图层，排列顺序如图 3-1-21 所示。

图3-1-20

图3-1-21

（21）依次单击"背景"、"礼物 4"、"礼物 3"、"礼物 2"、"礼物 1"5 个图层，从"库"面板中分别将图片"背景"、"礼物 4"、"礼物 3"、"礼物 2"、"礼物 1"拖入，然后按 F8 键将图片"礼物 1"～"礼物 4"转换为图形元件。依次单击"小星星动画"、"五角星形动画"图层，从"库"面板中将"小星星动画"、"五角星形动画"元件拖入。在上述 7 个图层及"黑框"图层的第 165 帧处按 F5 键插入帧，如图 3-1-22 所示。

（22）单击"礼物 1"图层的第 35 帧，按 F6 键插入关键帧，然后在该帧上使用方向键将"礼物 1"元件移至场景左下方。然后按照同样的方法，将"礼物 4"、"礼物 3"、

"礼物 2"元件也分别移至场景左下方，如图 3-1-23 所示。

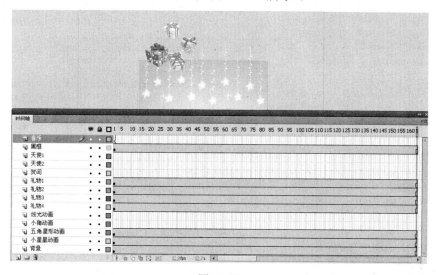

图3-1-22

图3-1-23

（23）右键单击"礼物 1"图层第 1～35 帧之间的任意一帧，在弹出的快捷菜单中选择"创建传统补间"命令，制作出礼物下落的动画过程。按照同样的方法，制作出"礼物 4"、"礼物 3"、"礼物 2"下落的动画效果。选择"礼物 1"图层的第 1～35 帧，按住 Shift 键将其向后拖至第 9～43 帧；选择"礼物 2"图层的第 1～35 帧，按住 Shift 键将其向后拖至第 6～40 帧；选择"礼物 3"图层的第 1～35 帧，按住 Shift 键将其向后拖至第 3～37 帧的位置；此时的时间轴状态如图 3-1-24 所示。

【高职高专新课程体系规划教材·计算机系列】

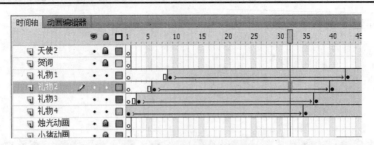

图3-1-24

（24）单击"小猪动画"和"烛光动画"图层的第 45 帧，按 F7 插入空白关键帧，然后从"库"面板中分别将"小猪动画"、"烛光动画"元件拖放至场景的右边，如图 3-1-25 所示。

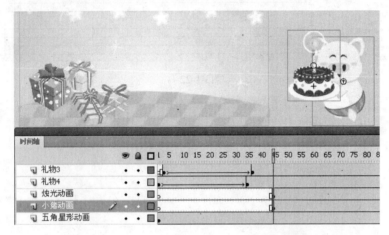

图3-1-25

（25）单击"小猪动画"和"烛光动画"图层的第 165 帧，按 F5 键插入帧，在这两个图层的第 85 帧处插入关键帧，并将"小猪动画"、"烛光动画"拖入场景中，将"小猪动画"元件实例命名为"xz"。然后分别单击这两个图层的第 45 帧，再单击鼠标右键，在弹出的快捷菜单中选择"创建传统补间"命令，制作出小猪捧着蛋糕从场景右边走向场景中的动画效果，如图 3-1-26 所示。

（26）单击"贺词"、"天使 1"、"天使 2"图层的第 90 帧，按 F7 键插入空白关键帧。在"贺词"图层中，使用文本工具在场景上方输入文字"Happy Birthday to you"，然后在"属性"面板中设置字体和大小，并将其转换为图形元件"贺词"，如图 3-1-27 所示。

（27）单击"天使 1"图层的第 90 帧，从"库"面板中将"天使"元件拖入至贺词的左边。单击"天使 2"图层的第 90 帧，从"库"面板中将"天使"元件拖入至贺词的右边，并利用变形工具对其进行水平翻转，效果如图 3-1-28 所示。

（28）在"天使 1"、"天使 2"图层的第 125、130、165 帧处按 F6 键插入关键帧，在"贺词"图层的第 125 帧处按 F6 键插入关键帧。

图3-1-26

图3-1-27

图3-1-28

（29）分别单击"天使1"、"天使2"、"贺词"图层的第90帧，将其中的元件移动至场景外的适当位置，如图3-1-29所示。

（30）分别单击"天使1"、"天使2"图层的第165帧，将其移动至场景外的适当位置，在"贺词"图层的第165帧插入帧，如图3-1-30所示。

（31）在"天使1"、"天使2"、"贺词"图层的第90帧处单击鼠标右键，在弹出的快捷菜单中选择"创建传统补间"命令。在"天使1"、"天使2"图层的第125帧处单击鼠标右键，在弹出的快捷菜单中选择"创建传统补间"命令。此时的时间轴状态如图3-1-31所示。

（32）单击"音乐"图层，打开"库"面板，从库中拖出"声音"元件，在"属性"面板的"同步"选项里选择"数据流"，并在该图层的第165帧插入关键帧，在该帧加入动作脚本"stop();"。

高职高专新课程体系规划教材·计算机系列

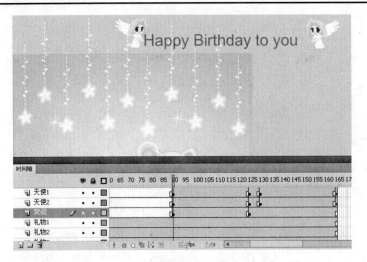

图3-1-29

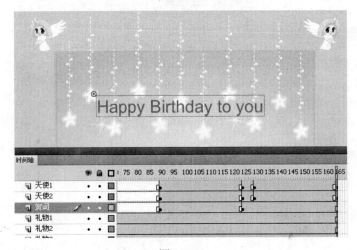

图3-1-30

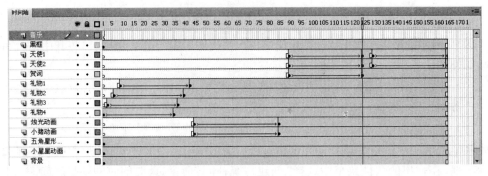

图3-1-31

（33）新建"Actions"图层，在第 85 帧插入关键帧，并在该帧中加入动作脚本"xz.stop();"，让小猪停止走动。

（34）选择"控制"→"测试影片"命令，测试动画的最终效果，然后将其保存。

### 3.1.4　知识点总结

在本节动画效果的制作中，多次应用到了元件。元件是存储在"库"面板中可重复使用的资源，包含影片剪辑、图形和按钮 3 种类型，通常被用于制作特效、动画和交互性。在本节实例中制作了"五角星形"影片剪辑，在后面编辑场景中多次使用这个影片剪辑，完成"五角星形动画"效果直接使用在主场景中。动画中的"天使"元件也一样，库中只存放了一个"天使"元件，在主场景中却添加了两个天使。

## 3.2　任务 2——制作新年贺卡

本任务中的新年贺卡选用喜庆的红色作为主色调，多处使用剪纸、灯笼、十二生肖等具有传统风格的元素，在十二生肖元素滚动出现的最后，龙的形象逐渐变大，突出"龙"年的主题。在该任务的制作过程中，主要使用了传统补间动画、元件的属性设置等相关知识。

### 3.2.1　实例效果预览

本节实例效果如图 3-2-1 所示。

图3-2-1

### 3.2.2　技能应用分析

在本任务的制作过程中，将导入的位图作为影片里的窗户纸，然后绘制出各种图形并使用导入的位图填充各图形间的空隙，再编辑完成各种动画。

1. 利用剪纸风格的图形和新年音乐，展现新春佳节的喜庆气氛。
2. 对绘制的图形做精细编辑处理，使其与背景能更好地融合，并编辑出细致、活泼的

【高职高专新课程体系规划教材·计算机系列】

剪纸动画效果。

3．设计此类贺卡时，要善于利用吉祥的主题文字，并在图形效果上保持传统的画面风格，让庆祝新年的气氛热烈洋溢。

### 3.2.3 制作步骤解析

（1）创建一个空白的 Flash 文档（ActionScript 3.0），然后将其保存到指定的文件夹中。

（2）根据电子贺卡的制作要求，将影片的尺寸改为宽 500 像素、高 400 像素。

（3）将"图层 1"重命名为"黑框"，延长该图层的显示帧到第 500 帧。在图层中绘制出一个只显示舞台的大黑框，然后将图层设置为轮廓显示方式并锁定该图层。

（4）选择"文件"→"导入"→"导入到库"命令，将素材文件夹中的声音文件和位图文件导入到影片的元件库中。

（5）在"黑框"图层下方插入一个新图层，名称为"窗纸"，从"库"面板中将位图"photo01"拖入场景中，调整其大小和位置，使其正好能覆盖住舞台，如图 3-2-2 所示。这样在最后完成的影片中，就会产生图形在窗纸上运动的效果。

图3-2-2

（6）在"窗纸"图层中创建一个新的组合，在该组合中配合使用各种工具编辑出红色的花边。回到主场景中，将其转换为影片剪辑元件"边花"，如图 3-2-3 所示。

（7）在"窗纸"图层的第 45 帧、第 60 帧处插入关键帧，将第 60 帧中"窗花"元件的 Alpha 值设置为 0，然后在第 45～60 帧之间创建传统补间动画，制作出边花淡出的动画效果。

（8）新建图层"福"，从"库"面板中将"福.psd"拖入舞台，并将其转换为影片剪辑元件"福字"。双击进入该元件的编辑窗口中，将"福字"的图案再次转换为一个影片剪辑元件，并命名为"福"。最后，依次将"福"图层的第 10、22、66 帧转换为关键帧。

（9）选中"福"图层第 1 帧中的影片剪辑元件"福字"，修改其大小为原来的 10%，然后创建动画补间动画，得到图案逐渐放大的动画效果。

（10）选中第 22 帧，为其添加传统补间动画，设置"缓动"为-100，"旋转"为"顺时针 100 次"，如图 3-2-4 所示。

（11）选中第 66 帧中的影片剪辑，通过"属性"面板为其添加模糊滤镜，设置"模糊"为 30，并修改其透明度为 0%。在第 46 帧处插入一个关键帧，修改其透明度为 100%。这样，就得到了影片剪辑元件"福字"旋转模糊淡出的动画效果。

（12）插入一个新图层，命名为"太阳"。在该图层的第 46 帧中，对照下方的图案绘制出一个太阳的图形，然后将其转换为影片剪辑元件"太阳"，如图 3-2-5 所示。

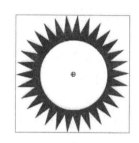

图3-2-3　　　　　　　　　　图3-2-4　　　　　　　　　　图3-2-5

（13）进入影片剪辑"太阳"的编辑窗口，将第 2 帧转换为关键帧，并将其中的图形旋转 6°，这样在影片播放时，就得到了太阳不停旋转的动画效果。

（14）回到影片剪辑"福"的编辑窗口中，编辑出影片剪辑"太阳"淡入的动画，然后通过动作面板为第 66 帧添加如下动作代码。

```
stop();          //该元件停止播放
```

（15）回到主场景中，将"福"图层的影片剪辑拖动到第 25 帧，将第 90 帧、第 100 帧转换为关键帧，然后将第 100 帧中的影片剪辑移动到舞台的左上角，并缩放至 30%。然后在第 90～100 帧之间创建传统补间动画。

（16）新建"十二生肖"图层，将素材文件"十二生肖.psd"导入库中，注意将所有的图层都导入，并在导入时选中"为此图层创建影片剪辑"复选框，如图 3-2-6 所示。

（17）在"十二生肖"图层第 100 帧处插入关键帧，将库中的"子鼠"拖入场景中，如图 3-2-7 所示，然后单击鼠标右键将其转换为影片剪辑元件"横向移动"。双击进入该元件编辑窗口，配合使用对齐工具，将十二生肖动物按照如图 3-2-8 所示的顺序依次排列。

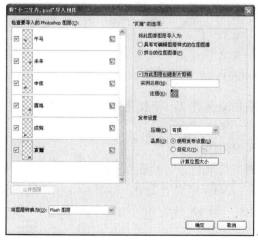

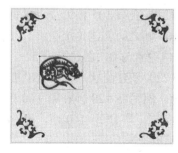

图3-2-6　　　　　　　　　　　　　　　　　　图3-2-7

【高职高专新课程体系规划教材·计算机系列】

图3-2-8

（18）回到主场景，双击"横向移动"影片剪辑元件，进入其编辑状态，拉动第 1 帧上的生肖动物，使"子鼠"处在场景的正中间，并将所有的动画全部框选，转换为"图形元件 1"，如图 3-2-9 所示。

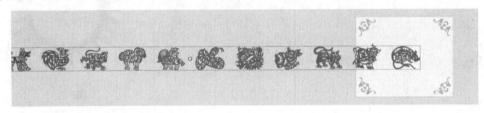

图3-2-9

（19）在第 80 帧处插入关键帧，将"元件 1"拉出场景外，如图 3-2-10 所示。然后在第 1～80 帧之间创建传统补间动画。

图3-2-10

（20）新建"图层 2"，在第 55 帧处插入关键帧，再次将"元件 1"拖入场景中，与"图层 1"中"元件 1"的相对位置如图 3-2-11 所示。

图3-2-11

（21）在第 105 帧处插入关键帧，向右拉动元件 1，使辰龙处于场景正中间，在第 55 帧与 105 帧之间创建传统动画。在第 120 帧处插入关键帧，在"属性"面板中将元件 1 的 Alpha 值设置为 0，创建第 105～120 帧之间的传统动画。

（22）新建图层，在第 120 帧放置"辰龙"元件，分别在第 140 帧、第 160 帧处插入关键帧，然后将 120 帧和 160 帧中元件的 Alpha 值设置为 0，将第 140 帧中的元件放大至 150%，在第 120～140 帧、第 140～160 帧之间创建传统补间动画，并在最后一帧中添加如下动作代码。

```
stop();                    //该元件停止播放
```

（23）新建图层"龙腾虎跃"，导入素材文件"龙.psd"，并将其转换为影片剪辑元件。双击该元件进入其编辑窗口，将所有图层的第 5 帧、第 10 帧都转换为关键帧，并在第 5～10 帧之间创建传统补间动画。最后，修改各图层第 5 帧中元件的位置和角度，得到龙腾的动画效果，如图 3-2-12 所示。返回主场景，在"龙腾虎跃"图层的第 26 帧处插入关键帧，将影片剪辑"龙.psd"拖入该帧。

图3-2-12

（24）新建图层"云"，导入素材文件"云.psd"，并将其转换为影片剪辑元件。在第 260 帧处插入关键帧，将影片剪辑"云"拖入场景左侧，然后分别在第 320 帧和第 340 帧处插入关键帧。将第 320 帧中的"云"元件向右拖动，将第 340 帧中"云"元件的 Alpha 值设置为 0。最后，在第 260～320 帧、第 320～340 帧之间创建传统补间动画。

（25）新建"文字"图层，导入素材文件"龙腾虎跃.psd"，并将其转换为影片剪辑元件。在第 260 帧拖入该文字，然后在第 320 帧和第 340 帧处分别插入关键帧，将第 340 帧中文字的 Alpha 值设置为 0，然后在第 320～340 帧之间创建传统补间动画，如图 3-2-13 所示。

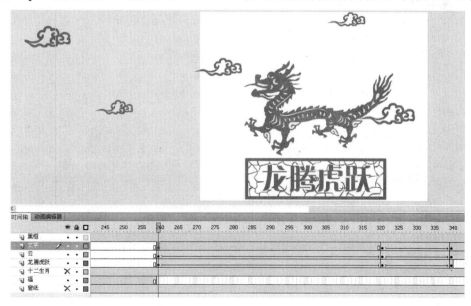

图3-2-13

【高职高专新课程体系规划教材·计算机系列】

（26）新建图层"波浪"，在第 360 帧处插入关键帧，在图层中绘制出一排同心圆，然后将其转换为影片剪辑元件"波浪"。

（27）双击进入影片剪辑"波浪"的编辑窗口中，将同心圆的图形再转换为一个图形元件"水波"，然后用第 39 帧编辑出图形元件"水波"一上一下的动画，使用相同的方法再编辑出两层"水波"波动的动画效果，如图 3-2-14 所示。

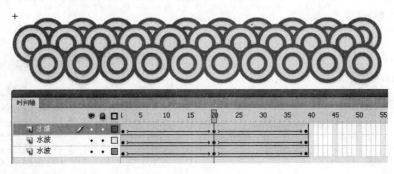

图3-2-14

（28）回到主场景中，在"波浪"图层的第 340～350 帧之间，编辑出"波浪"元件向上移入舞台的动画效果。

（29）根据影片剪辑"波浪"向上移入舞台的动画，依次编辑出影片"鱼"向上移入舞台的动画以及影片"年年有余"淡入的动画。在第 400～410 帧之间编辑出影片剪辑"年年有余"、"鱼"、"波浪"淡出的动画，如图 3-2-15 所示。

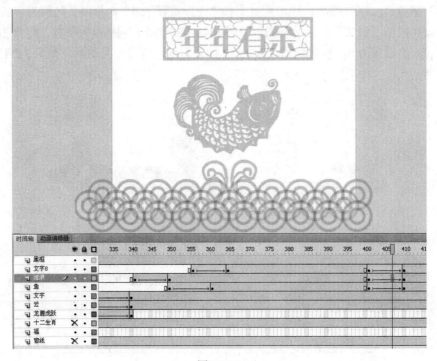

图3-2-15

（30）新建"新年快乐"图层，将素材文件"小孩.psd"导入至库中，注意将其身体的各个图层全部导入，如图 3-2-16 所示。

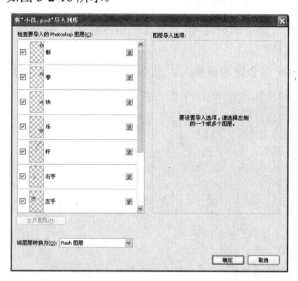

图3-2-16

（31）新建一个影片剪辑元件"小孩"，进入其编辑窗口，用 4 帧的逐帧动画编辑出灯笼左右摆动的动画效果，如图 3-2-17 所示。

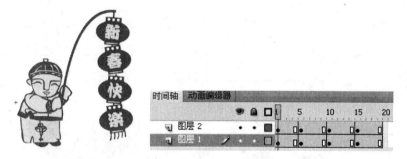

图3-2-17

（32）回到主场景中，在"新年快乐"图层的第 410 帧处插入关键帧，将"小孩"元件拖入，放大至 300%，设置其 Alpha 值为 0，并调整元件位置，使其在舞台中只显示一个"新"字的灯笼。在第 420 帧处插入关键帧，然后在第 410～420 帧之间创建传统补间动画，实现小孩逐渐淡入的动画效果，如图 3-2-18 所示。

（33）在第 450 帧处插入关键帧，调整元件位置，使舞台中只显示一个"乐"字的灯笼。在第 420～450 帧之间创建传统补间动画，如图 3-2-19 所示。

（34）在第 480 帧处插入关键帧，将"小孩"元件缩小放置在舞台中间，然后在第 450～480 帧之间创建传统补间动画。

（35）编辑图层"窗纸"，在第 480 帧、第 500 帧处分别插入关键帧，然后在第 480～500 帧之间创建传统补间动画，制作出图形元件"边花"淡入的动画效果，如图 3-2-20 所示。

高职高专新课程体系规划教材 · 计算机系列

（36）选中第 500 帧，为其添加如下动作代码。

```
stop();                          //影片停止播放
```

（37）单击"黑框"图层的第 1 帧，为其添加声音文件 music01.mp3，设置"同步"方式为"事件"和"循环"。

（38）按 Ctrl+Enter 组合键测试影片，然后按 Ctrl+S 组合键保存文件。

图3-2-18

图3-2-19

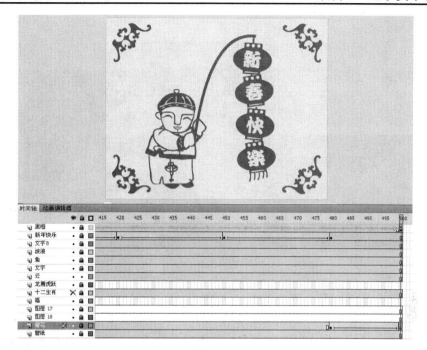

图3-2-20

## 3.2.4 知识点总结

本节实例的制作中主要使用了传统补间动画，并通过更改对象的位置、大小及透明度等属性实现动画效果。制作传统补间动画的方法如下：在时间轴上的不同帧处设定好关键帧（每个关键帧都必须是同一个对象），然后在关键帧之间添加传统补间，则动画就形成了。如果一个对象中要做动画的部位有多个，则需要将这多个部位分别放置到不同的图层上，再对各个部位进行动画设置，设置过程中需要注意各个部位之间的协调。本实例中在对影片剪辑"龙"进行编辑时，将"龙头"、"龙身"、"龙尾"、"龙爪1"、"龙爪2"、"龙爪3"、"龙爪4"分别放置在单独的图层上，各自完成传统补间动画，并注意彼此间的协调，即可完成龙腾的效果。

# 3.3 任务3——制作母亲节贺卡

母亲节贺卡重点突出的是"感谢母亲"的主题，因此，本任务中设计了一个女儿为母亲祝贺节日的场景，非常温馨感人。

## 3.3.1 实例效果预览

本节实例效果如图3-3-1。

【高职高专新课程体系规划教材·计算机系列】

图3-3-1

### 3.3.2　技能应用分析

　　1．制作天空背景时，填充的是蓝色向白色的放射状渐变，并且使用渐变变形工具对填充的颜色进行修改。

　　2．制作小女孩向前走的场景时，需要将"楼房"元件向后进行移动，通过相对位移给人一种小女孩在街上行走的感觉。

　　3．场景切换时，使用了一个白色方块进行遮盖，然后通过更改白色方块的透明度值，完成两个场景的切换。

### 3.3.3　制作步骤解析

　　（1）创建一个空白 Flash 文档，选择"修改"→"文档"命令，打开"文档属性"对话框，设置文档的大小为"500×400 像素"，背景色为蓝色，然后单击"确定"按钮。

　　（2）在"背景"图层中，绘制一个宽为 500、高为 400 的矩形，为其填充"蓝→白"色的放射状渐变，并调整渐变的形状，如图 3-3-2 所示。

　　（3）在画布的外侧绘制一个椭圆，填充为半透明的放射状渐变，将此半透明的渐变色椭圆复制出多个并进行排列，然后选择"修改"→"组合"命令将它们组合，形成天空中的白色云朵。此时，天空背景设计完毕，效果如图 3-3-3 所示。

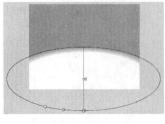

图3-3-2

图3-3-3

（4）新建一个名为"楼房"的元件，使用绘图工具绘制出楼房效果。注意，楼房要足够宽（约为 1700 像素），以便于移动画面，如图 3-3-4 所示。

（5）返回场景中，新建"楼景"图层，在第 1 帧中将创建好的"楼房"元件放置到画布的右侧位置。在第 217 帧处按 F6 键创建一个关键帧，并将其中的"楼房"元件向左移动到画布的左侧。注意，"背景"图层也要相应延长，如图 3-3-5 所示。

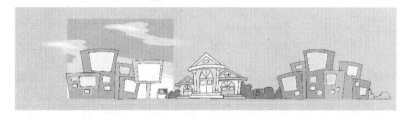

图3-3-4

图3-3-5

（6）选择"楼景"图层的第 1 帧，创建传统补间动画，形成一个楼层缓缓移动的动画效果。

（7）导入配套光盘中的素材"女孩.psd"，将其转换为"女孩"影片剪辑。返回主场景，新建"女孩"图层，在第 1 帧中将元件"女孩"放置到画布左侧的位置，如图 3-3-6 所示。

图3-3-6

（8）在"女孩"图层的第 100 帧处插入关键帧，将"女孩"元件向右移出舞台。

（9）导入素材"气球.psd"，新建元件"气球 01"，将库中红颜色的气球拖入此元件。新建图层"气球 01"，在第 82 帧处插入关键帧，将元件"气球 01"拖入到舞台右下方；在第 123 帧处插入关键帧，将"气球 01"拖放到舞台的左上方；然后在第 82～123 帧之间创作传统补间动画，如图 3-3-7 所示。

（10）新建图层"气球"，新建影片剪辑元件"妈"，拖入绿色气球，新建图层，输入文字"妈"。按相同的方法创建其余 4 个影片剪辑元件"妈"、"辛"、"苦"、"了"，分别拖入不同颜色的气球，输入文字"妈"、"辛"、"苦"、"了"。

高职高专新课程体系规划教材·计算机系列

图3-3-7

（11）新建影片剪辑元件"气球 mc"，新建 5 个图层，将步骤（10）创建的 5 个影片剪辑分别拖入到不同的图层中。

（12）选择"图层 1"的第 25 帧，创建一个关键帧，将其中的影片剪辑"妈"实例向上移动到舞台中，并使用任意变形工具缩小其尺寸。

（13）选择第 50 帧，创建一个关键帧，将其中的"气球"实例向上移动到画布外面，继续缩小其尺寸，在第 1～25 帧、第 25～50 帧之间创建传统补间动画，在场景中形成一个带文字的气球向上飘过的动画效果。

（14）选择"图层 2"，按下第 1 帧关键帧不放，将其拖放到第 11 帧处，将影片剪辑元件"妈妈"放置到画布的下侧外部位置，参照步骤（12）、步骤（13）中的动画设置方法，将元件"妈妈"实例也设置成一个飘过场景的动画效果。

（15）按照同样的方法，依次创建其他 3 个图层的动画效果，此时的舞台和时间轴如图 3-3-8 所示。

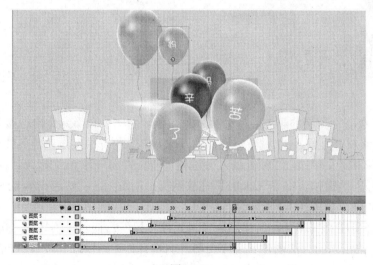

图3-3-8

（16）返回到主场景中，将"气球"图层"气球 mc"元件所在的帧延长到第 210 帧左右，让此元件动画只播放一遍，即使文字气球仅从画面中飘过一次。

（17）新建"饭桌"图层，在第 205 帧处插入关键帧，配合使用绘图工具绘制饭桌场景，并将它延长到第 245 帧，这样就将背景切换到饭桌前了，如图 3-3-9 所示。

（18）为了使背景能更好地进行过渡切换，下面来制作背景过渡动画。新建"过渡"图层，在其第 200 帧处绘制一个 550×400 像素的的白色矩形，并转换为一个名称为"白块"的影片剪辑元件，如图 3-3-10 所示。

（19）在第 207、240、247 帧处插入关键帧，然后将第 207 帧和第 240 帧中"白块"元件的透明度设置为 0，即完全透明。

图3-3-9

图3-3-10

（20）添加动作补间动画，形成一个白色闪烁的背景过渡动画效果，完成饭桌淡入、停留和淡出的动画效果，如图 3-3-11 所示。

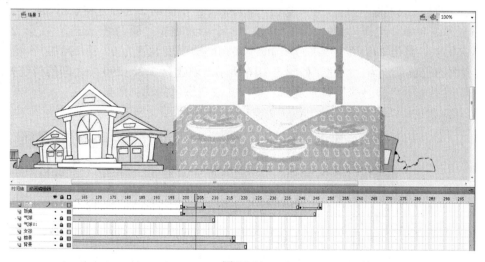

图3-3-11

（21）新建一个名称为 ka 的影片剪辑元件，导入素材"贺卡.psd"，编辑此元件，新建一个图层，输入文字"Give to my dear mam"，然后将两个图层分别进行小角度的旋转，并调整其相对位置，如图 3-3-12 所示。

【高职高专新课程体系规划教材 · 计算机系列】

（22）新建一个名称为 handka 的影片剪辑元件，编辑此元件，在"图层 1"中将刚创建的 ka 元件放置到画布中。

（23）在底部新建"图层 2"，绘制一个手臂的图形，放置到贺卡的右下部位置，如图 3-3-13 所示。在顶部新建"图层 3"，绘制手臂上的大拇指图形，形成用手拿着贺卡的效果，如图 3-3-14 所示。

图3-3-12

图3-3-13

图3-3-14

（24）返回到主场景，新建"贺卡"图层，在其第 220 帧处将刚创建好的元件 handka 放置到画布的右下部，并将此实例的透明度设置为 20。

（25）在第 230、240、250 帧处插入关键帧，将第 230 帧和第 240 帧中 handka 元件的颜色属性设置为"无"，并上移到画布当中，将第 250 帧中 handka 元件的透明度设置为 0，然后在第 220～230 帧、第 240～250 帧之间分别创建传统补间动画，实现贺卡进入场景、停留和消失的动画效果，如图 3-3-15 所示。

（26）新建"康乃馨"图层，导入素材"康乃馨.jpg"，在第 273 帧处将素材"康乃馨.jpg"文件放置到画布中，选择此文件，将它转换为一个影片剪辑"康乃馨_mc"。在第 290 帧处插入关键帧。将第 273 帧中"康乃馨_mc"实例的透明度设置为 0，第 290 帧中"康乃馨_mc"实例的色调设置为土红色，如图 3-3-16 所示。创建第 273～290 帧之间的传统补间动画。这样就形成了"康乃馨"背景逐渐显现，并改变颜色的动画效果。

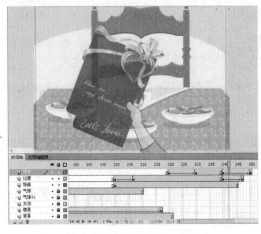
图3-3-15

图3-3-16

（27）导入素材"贺卡2.psd"，将其转换为影片剪辑"贺卡2"，在影片剪辑中新建图层"贺卡文字"，输入贺词。返回主场景，新建图层"贺卡底"，在第273帧处插入关键帧，将影片剪辑"贺卡2"拖放到场景左下方，在第290帧处插入关键帧，将第273帧处的影片剪辑实例的透明度值设置为0，创建第273～290帧之间的传统补间动画，实现贺卡逐渐显现的动画效果，如图3-3-17所示。

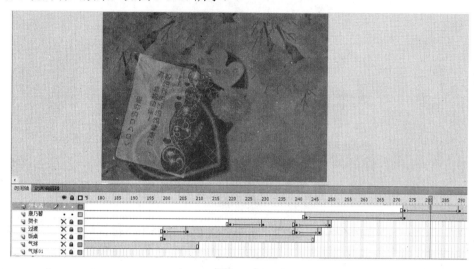

图3-3-17

（28）新建元件"好妈妈"，输入文字"始终都是妈妈好"，并编辑出如图3-3-18所示的效果。

（29）返回主场景，新建"好妈妈"图层。在第308帧处插入关键帧，将"好妈妈"元件拖入至画布右上角，然后在第313帧、第315帧处插入关键帧，并设置第308帧中元件的透明度为0，第313帧中元件的透明度为63%，最后在第308～313帧、第313～315帧之间分别创建传统补间动画，如图3-3-19所示。

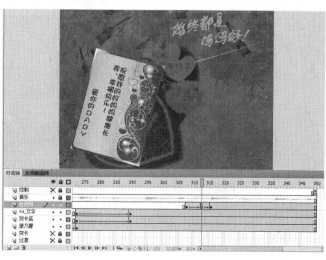

图3-3-18

图3-3-19

【高职高专新课程体系规划教材·计算机系列】

（30）新建"花"图层，在第 308 帧处将元件"花"放置到画布的右下方位置，在第 330 帧处插入关键帧，将花拖动到如图 3-3-20 所示的位置。然后在第 308～330 帧之间创建传统补间动画。

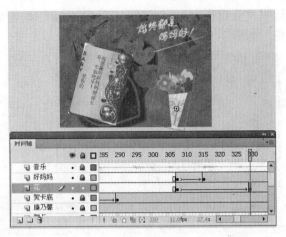

图3-3-20

（31）导入声音素材 06.mp3，新建"音乐"图层，选择第 1 帧，将声音文件拖入到场景中，设置"同步"方式为"事件"，重复 2 次将声音作为贺卡的背景音乐。

（32）新建 AS 图层，在第 350 帧处插入关键帧，添加动作脚本"stop();"，完成母亲节贺卡的制作。

### 3.3.4　知识点总结

在本实例的制作过程中，完美地实现了餐桌场景的淡入淡出效果。在这个过程中，主要通过更改一个白色元件的 Alpha 值完成，实现过程如下。

（1）添加一个海边的场景，并在该图层的第 50 帧处插入帧，如图 3-3-21 所示。

图3-3-21

（2）选择"插入"→"新建元件"命令，创建一个和舞台大小一样的白色矩形。在主场景中新建"过渡"图层，将"白色"元件拖入该帧，调整矩形位置使其完全覆盖舞台，如图3-3-22所示。

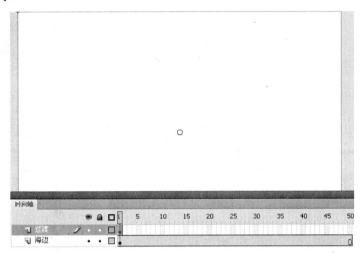

图3-3-22

（3）分别在第10、40、50帧处插入关键帧，并将第10帧和第40帧中的"白色"元件的 Alpha 值设置为0，然后在第1～10和第40～50帧之间创建传统补间动画，完成场景的淡入淡出效果，如图3-3-23所示。

图3-3-23

还可以通过其他一些方法来实现场景的切换，具体可参见配套光盘中该实例文件夹下的"化入化出"。

【高职高专新课程体系规划教材 · 计算机系列】

# Flash 网络广告制作

使用 Flash 制作产品的宣传广告,充分发挥其特性会达到一种特殊的新奇时尚的宣传效果。目前,Flash 网络广告已经成为商品宣传的重要手段之一,本项目将通过 3 个任务介绍化妆品广告动画、汽车广告动画和房地产广告动画的制作方法,帮助读者了解商业广告动画的制作流程和技巧。

## 4.1 任务 1——制作化妆品广告

化妆品广告的制作要依据主题确定表现手法,在制作时,注意广告画面的色彩要统一、柔和,符合产品的特点,另外还要注意舞台中各个元件的排版与层次问题,这样才能将广告作品以更好的效果展示于受众,才能起到宣传产品的作用。

### 4.1.1 实例效果预览

本节实例效果如图 4-1-1 所示。

图4-1-1

## 4.1.2　技能应用分析

1．设置舞台属性，导入需要的素材做背景。
2．以彩妆人物作为主体，运用传统补间动画制作出人物逐渐显现的动画效果。
3．搭配闪亮的化妆品突出广告宣传的内容，并制作出产品出现的动画效果。
4．运用分离命令将文字打散，制作出文字逐一显现并消失的动画效果。

## 4.1.3　制作步骤解析

（1）新建一个 Flash 文件，在"属性"面板上设置动画帧频为 12fps，舞台尺寸为"950×400 像素"。在时间轴上将"图层 1"命名为"背景"，选择"文件"→"导入"→"导入到舞台"命令，将素材文件"背景.jpg"导入到舞台上，并设置其坐标位置为"X：0，Y：0"，如图 4-1-2 所示。

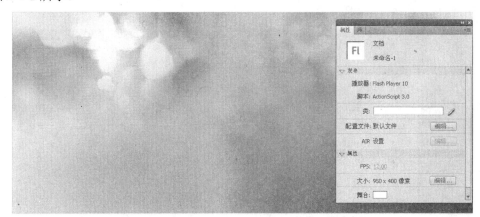

图4-1-2

（2）按 Ctrl+F8 组合键，打开"创建新元件"对话框，插入一个新的影片剪辑元件"闪光"，如图 4-1-3 所示。

图4-1-3

（3）选择椭圆工具，设置笔触颜色为无，填充颜色为白色，绘制一个白色的圆形，并在"属性"面板上设置其坐标位置为"X：0，Y：0"，宽度、高度为 15，如图 4-1-4 所示。

（4）打开"颜色"面板，设置填充色为"放射状填充"，并将右侧色标的 Alpha 值设置为 0%，得到由白色到透明的圆形效果，如图 4-1-5 所示。

高职高专新课程体系规划教材·计算机系列

图4-1-4

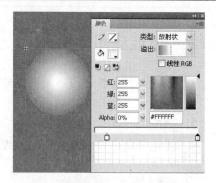
图4-1-5

（5）按 F8 键将白色圆形转换为图形元件"圆形"，然后选中白色圆形，按 Ctrl+C 组合键进行复制，再按 Ctrl+Shift+V 组合键将其粘贴到当前位置。最后，在"属性"面板上设置其宽度为 60，高度为 3，得到细长的白色条形，如图 4-1-6 所示。

（6）再次将白色条形选中、复制并粘贴，然后在"变形"面板上设置旋转角度为 90°，形成星光图形，如图 4-1-7 所示。

图4-1-6

图4-1-7

（7）在舞台上将白色圆形和两个白色条形全部选中，按 F8 键将其转换为影片剪辑元件"星光"。然后分别在第 7 帧、第 13 帧处按 F6 键插入关键帧，接着将第 1 帧中的星光等比例缩放到原来的 50%，设置 Alpha 值为 40%；将第 13 帧中的星光等比例缩放到原来的 40%，设置 Alpha 值为 30%；在第 1～7 帧和第 7～13 帧之间创建传统补间动画，形成星光闪烁的动画效果。

（8）按 Ctrl+F8 组合键，打开"创建新元件"对话框，创建一个新的影片剪辑元件"人物"，如图 4-1-8 所示，然后单击"确定"按钮。

图4-1-8

（9）选择"文件"→"导入"→"导入到舞台"命令，将素材文件"人物.png"导入到舞台上，并在"属性"面板上设置图片的坐标位置为"X：0，Y：0"，宽度为 306.4，高度为 400，如图 4-1-9 所示。

（10）在图片被选中的状态下，按 F8 键将其转换为图形元件"彩妆人物"。在第 20 帧处按 F6 键插入关键帧，设置第 1 帧中图片的 Alpha 值为 0%，右键单击第 1 帧，在弹出的快捷菜单中选择"创建传统补间"命令，制作出人物图片逐渐显现的动画效果。

（11）新建图层，从库中将影片剪辑元件"闪光"拖入舞台，然后按 Ctrl 键将"闪光"元件多次复制，并调整大小和角度，放在人物图片的不同位置上，如图 4-1-10 所示。

图4-1-9　　　　　　　　　　　　　　图4-1-10

（12）新建图层，在第 20 帧处按 F7 键插入一个空白关键帧，然后按 F9 键打开"动作-帧"面板，输入脚本代码"stop();"。此时的时间轴及"动作"面板状态如图 4-1-11 所示。

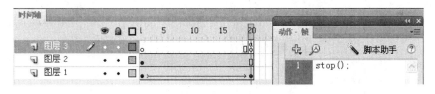

图4-1-11

（13）按 Ctrl+F8 组合键，打开"创建新元件"对话框，创建一个新的影片剪辑元件"化妆品动画"，如图 4-1-12 所示，然后单击"确定"按钮。

图4-1-12

（14）选择"文件"→"导入"→"导入到舞台"命令，将素材文件"口红.png"导入到舞台上，并在"属性"面板上设置图片的坐标位置为"X：0，Y：50"，宽度为 342.4，高度为 340，效果如图 4-1-13 所示。

【高职高专新课程体系规划教材·计算机系列】

图4-1-13

（15）选中口红图片，按 F8 键将其转换为图形元件"口红"。分别在第 15、35、50 帧处按 F6 键插入关键帧，设置第 1 帧图片的 Alpha 值为 0%，横坐标位置为"X：70"；设置第 50 帧图片的 Alpha 值为 0%，横坐标位置为"X：-80"；接着在第 1～15 帧和第 35～50 帧之间创建传统补间动画，制作出口红图片渐现渐隐并位移的动画效果。

（16）新建图层，在第 35 帧处按 F7 键插入一个空白关键帧，选择"文件"→"导入"→"导入到舞台"命令，将素材文件"眼影.png"导入到舞台上，并在"属性"面板上设置图片的坐标位置为"X：0，Y：60"，宽度为346.4，高度为340，效果如图 4-1-14 所示。

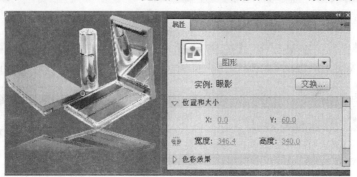

图4-1-14

（17）选中眼影图片，按 F8 键将其转换为图形元件"眼影"。分别在第 50、70、85 帧处按 F6 键插入关键帧，设置第 35 帧图片的 Alpha 值为 0%，纵坐标位置为"Y：150"；设置第 85 帧图片的 Alpha 值为 0%，坐标位置为"X：40，Y：165"；接着在第 35～50 帧和第 70～85 帧之间创建传统补间动画，制作出眼影图片的动画效果。

（18）新建图层，在第 70 帧处按 F7 键插入一个空白关键帧，选择"文件"→"导入"→"导入到舞台"命令，将素材文件"腮红.png"导入到舞台上，并在"属性"面板上设置图片的坐标位置为"X：0，Y：90"，宽度为450，高度为270，效果如图 4-1-15 所示。

（19）选中腮红图片，按 F8 键将其转换为图形元件"腮红"。分别在第 85、105 和 120 帧处按 F6 键插入关键帧，设置第 70 帧图片的 Alpha 值为 0%；设置第 120 帧图片的 Alpha 值为 0%，坐标位置为"X：78，Y：15"；接着在第 70～85 帧和第 105～120 帧之间创建传统补间动画，制作出腮红图片的动画效果。

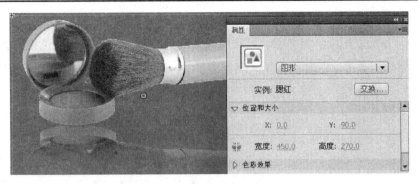

图4-1-15

（20）新建图层，在第105帧处按F7键插入一个空白关键帧，执行"文件"→"导入"→"导入到舞台"命令，将素材文件"指甲油.png"导入到舞台上，并在"属性"面板上设置图片的坐标位置为"X：−12，Y：50"，宽度为224.4，高度为340，效果如图4-1-16所示。

图4-1-16

（21）选中指甲油图片，按F8键将其转换为图形元件"指甲油"。分别在第120、140、155帧处按F6键插入关键帧，设置第105帧图片的Alpha值为0%，坐标位置为"X：−87，Y：125"；设置第155帧图片的Alpha值为0%；接着在第105~120帧和第140~155帧之间创建传统补间动画，制作出眼影图片的动画效果。

（22）新建图层，在第15帧处按F7键插入一个空白关键帧，然后从库中将"闪光"元件拖入舞台，放在口红图片上，在第35帧处按F7键插入空白关键帧。重复前面的操作，分别在第50、85、120帧处插入空白关键帧并拖入"闪光"元件，调整好位置、大小和角度，并分别在第70、105、140帧处插入空白关键帧。此时的时间轴状态如图4-1-17所示。

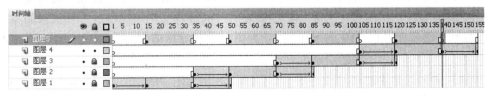

图4-1-17

（23）至此，已完成了化妆品动画元件的制作。按 Ctrl+F8 组合键，打开"创建新元

高职高专新课程体系规划教材·计算机系列

件"对话框，插入一个新的影片剪辑元件"动感文字"，如图 4-1-18 所示。

（24）因为要输入白色的文字，可暂时在"属性"面板上将舞台颜色设置为较深的任意颜色。然后使用文本工具输入文字"魅力袭蔻 完美呈现"，在"属性"面板上设置字体为"黑体"，字体大小为"23 点"，字体颜色为"白色"；坐标位置为"X：0，Y：0"，效果如图 4-1-19 所示。

图4-1-18                                     图4-1-19

（25）按 Ctrl+B 组合键将文字分离为单个的汉字，执行"修改"→"时间轴"→"分散到图层"命令，使每个汉字都放在单独的图层上，并将分离后空的图层删除掉。然后分别选中每个文字，按 F8 键将其转换为图形元件。此时的时间轴状态如图 4-1-20 所示。

图4-1-20

（26）在时间轴上将下面 7 个图层的关键帧依次向后移动一帧，并在每个图层上间隔 10 帧按下 F6 键插入关键帧；继续向后间隔 60 帧按下 F6 键插入关键帧；然后再次间隔 10 帧按下 F6 键插入关键帧。此时的时间轴状态如图 4-1-21 所示。

（27）选中文字"魅"的第 1 帧，按 Ctrl+T 组合键打开"变形"面板，将文字等比例放大到原来的 400%。接着选中文字"魅"的第 80 帧，同样将文字等比例放大到原来的 400%，并在"属性"面板上设置 Alpha 值为 20%。在第 1～10 帧和第 70～80 帧之间创建传统补间动画。

（28）依照上面的制作方法，依次制作出其他几个文字的动画效果。此时的时间轴状态如图 4-1-22 所示。

（29）新建图层，使用文本工具输入文字"Fashion & Beauty"，设置字体为 Arial，字

体大小为"16 点",字体颜色为"白色",坐标位置为"X:75,Y:27",效果如图 4-1-23
所示。

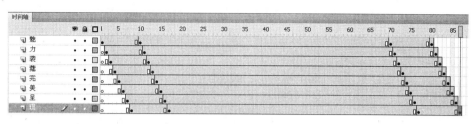

图 4-1-21

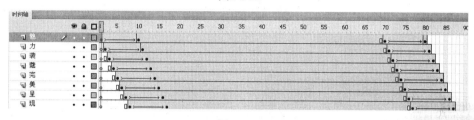

图 4-1-22

图 4-1-23

（30）依照前面的制作方法，按 Ctrl+B 组合键将文字分离，并放在单独的图层上，然后分别选中各个文字，按 F8 键将其转换为图形元件。接着将各个图层的关键帧选中后向后移动，使这些关键帧在第 45～59 帧之间交错排列，并依次间隔一段时间分别按下 F6 键插入关键帧。此时的时间轴状态如图 4-1-24 所示。

（31）接着分别将各图层的第 1 个关键帧中文字的 Alpha 值设置为 20%，并等比例放大到原来的 300%；将最后一个关键帧中文字的 Alpha 值设置为 20%，并等比例放大到原来的 200%；然后分别在第 1～2 帧、第 3～4 帧之间创建传统补间动画。

（32）至此，所有的动画元素制作完毕，接着要将这些影片剪辑元件组合到场景中。返回场景 1，新建图层，命名为"人物"，从库中将"人物"元件拖入舞台，设置坐标位置为"X:0,Y:0"；新建图层，命名为"化妆品"，从库中将"化妆品动画"元件拖入舞台，设置坐标位置为"X:450,Y:30"；新建图层，命名为"文字"，从库中将"动感文字"元件拖入舞台，设置坐标位置为"X:660,Y:40"。

【高职高专新课程体系规划教材·计算机系列】

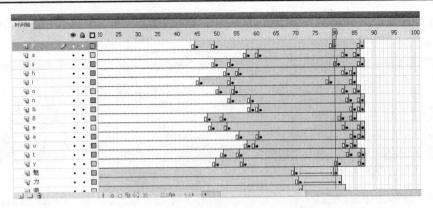

图4-1-24

（33）按 Ctrl+Enter 组合键预览动画效果，修改完毕后选择"文件"→"保存"命令将制作好的源文件进行保存。

## 4.1.4 知识点总结

在本节动画的制作中，主要应用到了传统补间动画效果的制作，通过更改元件的坐标位置和 Alpha 值达到制作动画效果的目的。其中，在制作文字逐一显现并消失的动画效果时，先将文字打散，然后应用"分散到图层"命令将每个文字都单独放在了一个图层上。这是因为文字对象具有其固有的属性，如果要对一行文字中的单个文字进行编辑，就需要将文字图形化，这个操作要经过两个阶段：先将文本打散，分离为单独的文本块，每个文本块中包含一个文字；进而进行打散的操作，将文本转换为矢量图形，如图 4-1-25 所示。不过一旦将文字转换成矢量图形，就无法再像编辑文字一样对它们进行编辑。

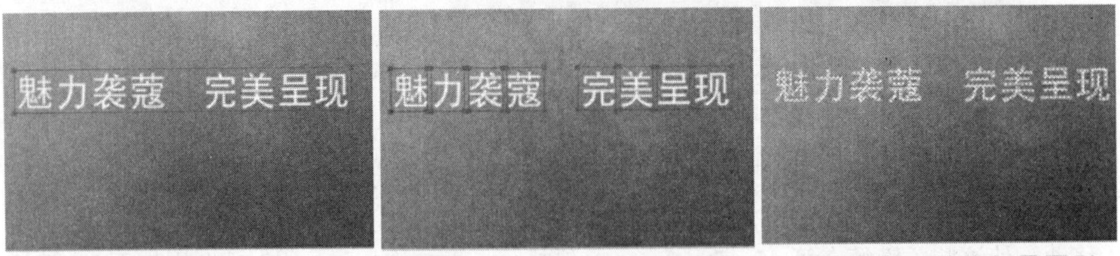

| 文本块的初始状态 | 打散一次，分离为单个文本 | 打散两次，转为矢量图形 |

图4-1-25

## 4.2 任务 2——制作汽车广告

本任务将制作一个汽车广告动画，主要运用了遮罩动画和简单的运动补间动画。在制作此类广告动画时，首先要有一个好的创意或想法，再结合 Flash 中的动画制作方法，灵活运用已有的素材资料，就可以制作出炫目的广告动画效果。

## 4.2.1　实例效果预览

本节实例效果如图 4-2-1 所示。

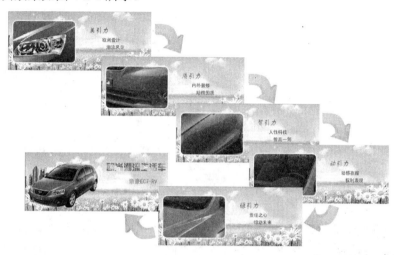

图4-2-1

## 4.2.2　技能应用分析

1．设置舞台属性，导入需要的素材。
2．添加背景图片，运用遮罩动画制作出汽车各个部分的特写动画。
3．添加文字，制作文字出现的动画效果。
4．制作汽车出场的全景动画，并制作广告语动画。

## 4.2.3　制作步骤解析

**子任务 1　制作汽车动画效果**

（1）新建 Flash 文件，在"属性"面板上设置舞台尺寸为"500×200 像素"。在时间轴上将"图层 1"命名为"背景"，执行"文件"→"导入"→"导入到舞台"命令，将素材文件"背景.jpg"导入到舞台上，并设置其宽度为 500，高度为 200，坐标位置为"X：0，Y：0"，如图 4-2-2 所示。在第 500 帧处按 F5 键延长帧。

图4-2-2

高职高专新课程体系规划教材·计算机系列

【高职高专新课程体系规划教材·计算机系列】

（2）新建一个图层，将其命名为"遮罩"。然后选择基本矩形工具，设置笔触颜色为无，填充颜色为白色，绘制一个矩形，并在"属性"面板上设置矩形的坐标位置为"X：17，Y：33"，宽度为216，高度为140，矩形边角半径为15，如图4-2-3所示。

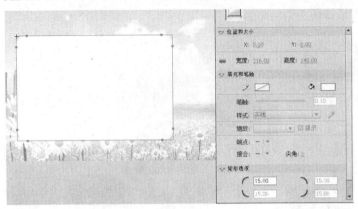

图4-2-3

（3）将白色圆角矩形复制，然后新建图层，命名为"边框"。选择第1帧，按Ctrl+Shift+V组合键将复制的矩形粘贴到原来的位置，选择"修改"→"形状"→"柔化填充边缘"命令，在如图4-2-4所示的对话框中设置距离为"6像素"，步骤数为4，方向为"扩展"，然后单击"确定"按钮为矩形填充边缘。填充完毕后，按Ctrl+B组合键将白色矩形的填充色和边框色分离，然后单击选中填充色，并按Delete键将其删除，只留下白色边框，如图4-2-5所示。

图4-2-4

图4-2-5

（4）选中白色边框，按F8键将其转换为图形元件"边框"，然后在第15帧处按F6键插入关键帧，调整第1帧白色边框的高度为1，纵坐标位置为"Y：100"，如图4-2-6所示。接着在第1~15帧之间创建传统补间动画，形成白色边框逐渐展开的动画效果。

（5）在"遮罩"和"边框"图层的第336帧处按F7键插入空白关键帧。接着在"背景"图层的上方新建图层，命名为"汽车1"，在第16帧处插入空白关键帧，然后选择"文件"→"导入"→"导入到舞台"命令，将素材文件"汽车1.jpg"导入到舞台上，设置其宽度为1140，高度为638.5，坐标位置为"X：-355，Y：-328"，使右侧车灯位于方框内部，如图 4-2-7 所示。接着按 F8 键将其转换为图形元件"汽车"。

图4-2-6

图4-2-7

（6）在第 27 帧和第 75 帧处分别按 F6 键插入关键帧，将第 17 帧中汽车的 Alpha 值设置为 0%；将第 28 帧汽车的坐标位置设置为"X：-360，Y：-310"；将第 75 帧汽车的坐标位置设置为"X：-390，Y：-290"；接着在第 17～27 帧和第 27～75 帧之间创建传统补间动画，并在第 76 帧处按 F7 键插入空白关键帧。

（7）在时间轴上右键单击图层"遮罩"，在弹出的快捷菜单中选择"遮罩层"命令，使其对图层"汽车 1"起到遮罩作用，遮罩后的效果如图 4-2-8 所示。为了方便下面的制作，可以暂时将"遮罩"图层隐藏起来。

（8）在图层"汽车 1"的上方新建图层，命名为"过渡 1"，使其位于"遮罩"图层的作用下，在第 68 帧处按 F7 键插入空白关键帧，再次按 Ctrl+Shift+V 组合键将前面复制的白色圆角矩形粘贴到当前位置；接着在第 75 帧处插入关键帧，并在"颜色"面板上将第 68 帧中矩形填充色的 Alpha 值设置为 0%，使圆角矩形变成透明的效果，如图 4-2-9 所示。然后在第 68～75 帧之间创建补间形状动画，并在第 85 帧处插入空白关键帧。

（9）在图层"过渡 1"上方新建图层，命名为"汽车 2"，使其位于"遮罩"图层的作用下，在第 75 帧处插入空白关键帧，从库中将图形元件"汽车"拖入舞台上，设置其坐标位置为"X：-100，Y：-358"，使左侧车头位于方框内部，如图 4-2-10 所示。

（10）分别在第 85 帧、第 140 帧处插入关键帧，将第 75 帧中的汽车 Alpha 值设置为 0%；将第 85 帧汽车的坐标位置设置为"X：-140，Y：-380"；将第 140 帧汽车的坐标位置设置为"X：-290，Y：-420"；接着在第 75～85 帧和第 85～140 帧之间创建传统补间动画，并在第 141 帧处按 F7 键插入空白关键帧。

图4-2-8

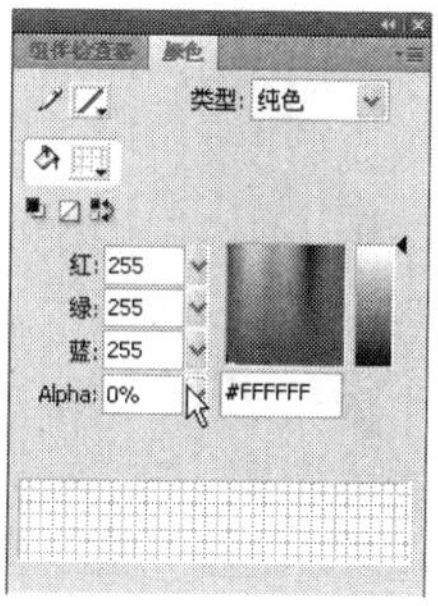

图4-2-9

图4-2-10

【高职高专新课程体系规划教材·计算机系列】

（11）在图层"汽车2"上方新建图层，命名为"过渡2"，使其位于"遮罩"图层作用下，在第133帧处插入空白关键帧。然后选中图层"过渡1"的第68帧，并拖动鼠标将该图层中的帧选中，右键单击选择"复制帧"命令，如图4-2-11所示。接着选中图层"过渡2"的第133帧，右键单击选择"粘贴帧"命令，如图4-2-12所示，将前面复制的白色过渡动画粘贴过来。

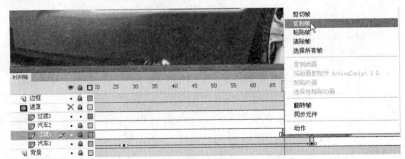

图4-2-11

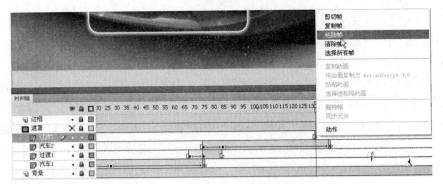

图4-2-12

（12）在图层"过渡2"的上方新建一个图层，命名为"汽车3"，使其位于"遮罩"图层作用下，在第140帧插入空白关键帧，将图形元件"汽车"拖入到舞台上，设置其坐标位置为"X：-520，Y：-400"，使右侧车轮位于方框内部，如图4-2-13所示。

图4-2-13

（13）分别在第 149 帧和第 205 帧处插入关键帧，将第 140 帧中的汽车 Alpha 值设置为 0%；将第 149 帧汽车的坐标位置设置为"X：-560，Y：-350"；将第 205 帧中汽车的坐标位置设置为"X：-780，Y：-190"；接着在第 140～149 帧和第 149～205 帧之间创建传统补间动画，并在第 206 帧处按下 F7 键插入空白关键帧。

（14）在图层"汽车 3"的上方新建一个图层，命名为"过渡 3"，使其位于"遮罩"图层作用下，在第 198 帧处插入空白关键帧。然后右键单击选择"粘贴帧"命令，将前面复制的白色过渡动画粘贴过来。

（15）在图层"过渡 3"的上方新建一个图层，命名为"汽车 4"，使其位于"遮罩"图层作用下，在第 205 帧处插入空白关键帧，将图形元件"汽车"拖入到舞台上，设置其坐标位置为"X：-280，Y：-100"，使左侧玻璃位于方框内部，如图 4-2-14 所示。

（16）分别在第 215 帧、第 270 帧处插入关键帧，将第 205 帧中汽车的 Alpha 值设置为 0%；将第 215 帧中汽车的坐标位置设置为"X：-314，Y：-100"；将第 270 帧中汽车的坐标位置设置为"X：-550，Y：-100"；接着在第 205～215 帧和第 215～270 帧之间创建传统补间动画，并在第 271 帧处按 F7 键插入空白关键帧。

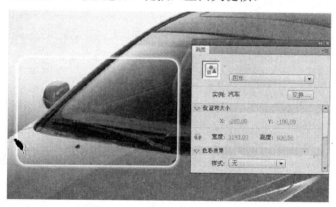

图4-2-14

（17）在图层"汽车 4"上方新建图层，命名为"过渡 4"，使其位于"遮罩"图层作用下，在第 263 帧处插入空白关键帧。然后右键单击选择"粘贴帧"命令，将前面复制的白色过渡动画粘贴过来。

（18）在图层"过渡 4"的上方新建图层，命名为"汽车 5"，使其位于遮罩图层作用下，在第 270 帧处插入空白关键帧，将图形元件"汽车"拖入到舞台上，设置其坐标位置为"X：-550，Y：-22"，使汽车上部位于方框内部，如图 4-2-15 所示。

（19）分别在第 280 帧和第 335 帧处插入关键帧，将第 270 帧中汽车的 Alpha 值设置为 0%；将第 280 帧中汽车的坐标位置设置为"X：-550，Y：-100"；将第 335 帧中汽车的坐标位置设置为"X：-500，Y：-230"；接着在第 270～280 帧和第 280～335 帧之间创建传统补间动画，并在第 336 帧处按 F7 键插入空白关键帧。

（20）在图层"汽车 5"上方新建图层，命名为"过渡 5"，使其位于"遮罩"图层作用下，在第 328 帧处插入空白关键帧。然后右键单击选择"粘贴帧"命令，将前面复制的

【高职高专新课程体系规划教材·计算机系列】

白色过渡动画粘贴过来，并将最后的空白关键帧移动到第 336 帧。

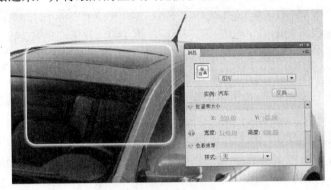

图4-2-15

（21）在图层"过渡 5"的上方新建图层，命名为"汽车"，在第 336 帧处插入空白关键帧，选择"文件"→"导入"→"导入到舞台"命令，将素材文件"汽车.png"导入到舞台上，设置其坐标位置为"X：10，Y：25"，如图 4-2-16 所示。

图4-2-16

（22）选中"汽车"元件，按 F8 键将其转换为影片剪辑元件"汽车 2"，并分别在第 338、340、343 帧处插入关键帧。然后选择第 336 帧中的元件，在"属性"面板上为其添加模糊滤镜，设置横向模糊数值为"50 像素"，品质为"高"，效果如图 4-2-17 所示；选择第 338 帧中的元件，添加模糊滤镜，设置横向模糊数值为"30 像素"，品质为"高"；选择第 340 帧中的元件，添加模糊滤镜，设置横向模糊数值为"20 像素"，品质为"高"；在第 336～338 帧、第 338～340 帧、第 340～343 帧之间创建传统补间动画。

图4-2-17

**子任务 2　制作文字动画效果**

（1）下面制作相关文字的动画效果。按 Ctrl+F8 组合键创建新的影片剪辑元件"文字1"，使用文本工具在舞台上输入文字"美引力"，设置字体为"汉仪舒同体简"，字体大小为"23 点"，字体颜色为"红色（#FF0000）"，坐标位置为"X：0，Y：0"，如图 4-2-18 所示。

（2）选中文字并将其转换为影片剪辑元件 text1，在第 10 帧处插入关键帧，然后设置第 1 帧中的文字元件横坐标位置为"X：-20"，Alpha 值为 0%，在第 1～10 帧之间创建传统补间动画。

（3）在第 49、56 和 58 帧处插入关键帧，选择第 56 帧中的元件，为其添加模糊滤镜，设置横向模糊值为 30，效果如图 4-2-19 所示。

（4）选择第 58 帧中的元件，设置文字的 Alpha 值为 0%，接着在第 49～56 帧和第 56～58 帧之间创建传统补间动画，制作出文字模糊并消失的动画效果。

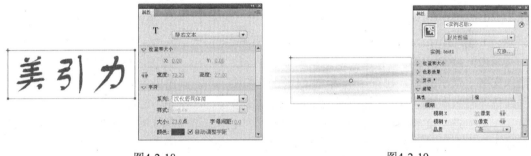

图4-2-18　　　　　　　　　　　　　　　　　图4-2-19

（5）新建图层，在第 15 帧处插入空白关键帧，输入文字"欧尚设计"，设置字体为"黑体"，字体颜色为"黑色"，字体大小为"16 点"，坐标位置为"X：45，Y：35"，如图 4-2-20 所示。

（6）将文字元件转换为影片剪辑元件 text2，然后在第 22 帧和第 26 帧处分别插入关键帧，将第 15 帧中的文字元件等比例缩小到原来的 80%，设置坐标位置为"X：30，Y：25"；设置第 22 帧元件的位置为"X：35，Y：30"；在第 15～22 帧和第 22～26 帧之间创建传统补间动画。

（7）分别在第 49、56 和 58 帧处插入关键帧，选择第 56 帧中的元件，为其添加模糊滤镜，设置横向模糊值为 30；选择第 58 帧中的元件，设置文字的 Alpha 值为 0%，接着在第 49～56 帧和第 56～58 帧之间创建传统补间动画，同样制作出文字模糊并消失的动画效果。

（8）新建图层，在第 19 帧处插入空白关键帧，输入文字"潮流风范"，设置字体为"黑体"，字体颜色为"黑色"，字体大小为"16 点"，坐标位置为"X：60，Y：60"，如图 4-2-21 所示。

（9）将文字元件转换为影片剪辑元件 text3，然后在第 26 帧和第 30 帧处分别插入关键帧，将第 19 帧中的文字元件等比例缩小到原来的 80%，设置坐标位置为"X：50，Y：45"；设置第 26 帧元件的位置为"X：55，Y：55"；在第 19～26 帧和第 26～30 帧之间创建传统补间动画。

高职高专新课程体系规划教材·计算机系列

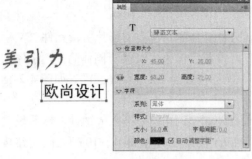

图4-2-20　　　　　　　　　　　　　　　　图4-2-21

（10）分别在第 49、56 和 58 帧处插入关键帧，选择第 56 帧中的元件，为其添加模糊滤镜，设置横向模糊值为 30；选择第 58 帧中的元件，设置文字的 Alpha 值为 0%，接着在第 49～56 帧和第 56～58 帧之间创建传统补间动画，同样制作出文字模糊并消失的动画效果。

（11）返回到"场景 1"，在"汽车"图层的上方新建图层，命名为"文字 1"，在第 16 帧处插入空白关键帧，从库中将影片剪辑元件"文字 1"拖入舞台，设置坐标位置为"X：280，Y：50"，然后在第 76 帧处插入空白关键帧。

（12）按 Ctrl+F8 组合键，创建新的影片剪辑元件"文字 2"，使用文本工具在舞台上输入文字"质引力"，设置字体为"汉仪舒同体简"，字体大小为"23 点"，字体颜色为"红色（#FF0000）"，坐标位置为"X：0，Y：0"，如图 4-2-22 所示。

（13）选中文字并将其转换为影片剪辑元件 text4，在第 10 帧处插入关键帧，然后设置第 1 帧中的文字元件横坐标位置为"X：-20"，Alpha 值为 0%，在第 1～10 帧之间创建传统补间动画。

（14）分别在第 54、60 和 65 帧处插入关键帧，选择第 60 帧中的元件，为其添加模糊滤镜，设置横向模糊值为 30，效果如图 4-2-23 所示。

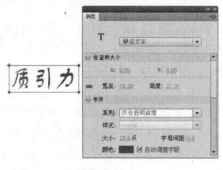

图4-2-22　　　　　　　　　　　　　　　　图4-2-23

（15）选择第 65 帧中的元件，设置文字的 Alpha 值为 0%，接着在第 54～60 帧和第 60～65 帧之间创建传统补间动画，制作出文字模糊并消失的动画效果。

（16）新建图层，在第 15 帧处插入空白关键帧，输入文字"内外兼修"，设置字体为"黑体"，字体颜色为"黑色"，字体大小为"16 点"，坐标位置为"X：35，Y：35"，如图 4-2-24 所示。

【高职高专新课程体系规划教材·计算机系列】

（17）将文字元件转换为影片剪辑元件 text5，然后在第 30 帧处插入关键帧，将第 15 帧中文字元件的横坐标位置设置为"X：80"，并为其添加模糊滤镜，设置横向模糊值为 30，如图 4-2-25 所示；在第 15～30 帧之间创建传统补间动画。

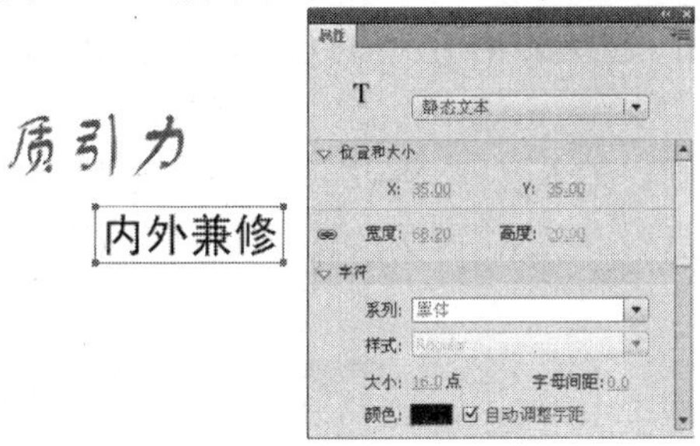

图4-2-24 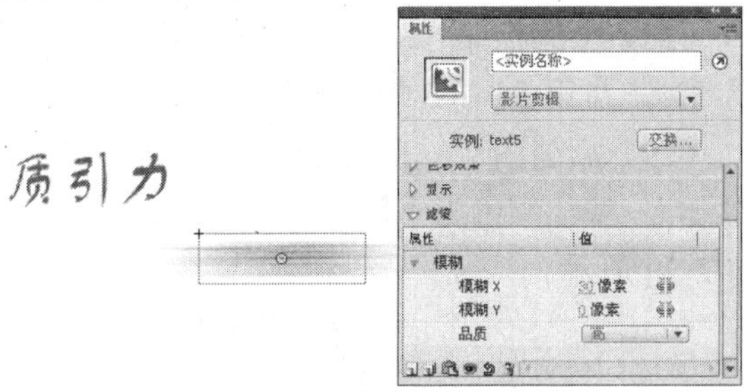　　　　　　　　　　　　　　　　图4-2-25

（18）分别在第 54、60 和 65 帧处插入关键帧，选择第 60 帧中的元件，为其添加模糊滤镜，设置横向模糊值为 30；选择第 65 帧中的元件，设置文字的 Alpha 值为 0%，接着在第 54～60 帧和第 60～65 帧之间创建传统补间动画，同样制作出文字模糊并消失的动画效果。

（19）新建图层，在第 15 帧处插入空白关键帧，输入文字"励精图治"，设置字体为"黑体"，字体颜色为"黑色"，字体大小为"16 点"，坐标位置为"X：50，Y：60"，如图 4-2-26 所示。

（20）将文字元件转换为影片剪辑元件 text6，然后在第 30 帧处插入关键帧，将第 15 帧中文字元件的横坐标位置设置为"X：0"，并为其添加模糊滤镜，设置横向模糊值为"30 像素"，在第 15～30 帧之间创建传统补间动画。

（21）分别在第 54、60 和 65 帧处插入关键帧，选择第 60 帧中的元件，为其添加模糊滤镜，设置横向模糊值为 30；选择第 65 帧中的元件，设置文字的 Alpha 值为 0%，接着在第 54～60 帧和第 60～65 帧之间创建传统补间动画，同样制作出文字模糊并消失的动画效果。

（22）返回到"场景 1"，在"文字 1"图层的上方新建图层，命名为"文字 2"，在第 76 帧处插入空白关键帧，从库中将影片剪辑元件"文字 2"拖入舞台，设置坐标位置为"X：280，Y：50"，然后在第 141 帧处插入空白关键帧。

（23）按 Ctrl+F8 组合键，创建新的影片剪辑元件"文字 3"，使用文本工具在舞台上输入文字"智引力"，设置字体为"汉仪舒同体简"，字体大小为"23 点"，字体颜色为"红色（#FF0000）"，坐标位置为"X：0，Y：0"，如图 4-2-27 所示。

（24）选中文字并将其转换为影片剪辑元件 text7，在第 10 帧处插入关键帧，然后设置第 1 帧中的文字元件的横坐标位置为"X：35"，Alpha 值为 0%，在第 1～10 帧之间创建传统补间动画。

（25）在第 56 帧和第 65 帧处插入关键帧，选择第 65 帧中的元件，设置其 Alpha 值为 0%，在第 56～65 帧之间创建传统补间动画。

（26）新建图层，在第 15 帧处插入空白关键帧，输入文字"人性科技"，设置字体为"黑体"，字体颜色为"黑色"，字体大小为"16 点"，坐标位置为"X：40，Y：35"，如图 4-2-28 所示。

【高职高专新课程体系规划教材·计算机系列】

（27）将文字元件转换为影片剪辑元件 text8，然后在第 30 帧处插入关键帧，为第 15 帧中的文字元件添加模糊滤镜，设置横向模糊值为"30 像素"，在第 15～30 帧之间创建传统补间动画。

（28）分别在第 56 帧和第 65 帧处插入关键帧，选择第 65 帧中的元件，设置其 Alpha 值为 0%，在第 56～65 帧之间创建传统补间动画。

（29）新建图层，在第 15 帧处插入空白关键帧，输入文字"智高一筹"，设置字体为"黑体"，字体颜色为"黑色"，字体大小为"16 点"，坐标位置为"X：56，Y：60"，如图 4-2-29 所示。

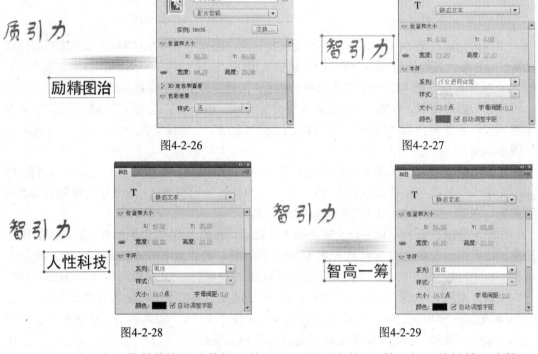

图4-2-26
图4-2-27

图4-2-28
图4-2-29

（30）将文字元件转换为影片剪辑元件 text9，然后在第 30 帧处插入关键帧，为第 15 帧中的文字元件添加模糊滤镜，设置横向模糊值为"30 像素"，在第 15～30 帧之间创建传统补间动画。

（31）分别在第 56 帧和第 65 帧处插入关键帧，选择第 65 帧中的元件，设置其 Alpha 值为 0%，在第 56～65 帧之间创建传统补间动画。

（32）返回到场景 1，在"文字 2"图层的上方新建图层，命名为"文字 3"，在第 140 帧处插入空白关键帧，从库中将影片剪辑元件"文字 3"拖入舞台，设置坐标位置为"X：280，Y：50"，然后在第 205 帧处插入空白关键帧。

（33）按 Ctrl+F8 组合键创建新的影片剪辑元件"文字 4"，使用文本工具在舞台上输入文字"动引力"，设置字体为"汉仪舒同体简"，字体大小为"23 点"，字体颜色为"红色（#FF0000）"，坐标位置为"X：0，Y：0"，如图 4-2-30 所示。

（34）选中文字并将其转换为影片剪辑元件 text10，在第 10 帧处插入关键帧，然后设置第 1 帧中文字元件的 Alpha 值为 0%，在第 1～10 帧之间创建传统补间动画。

（35）在第 56 帧和第 65 帧处插入关键帧，选择第 65 帧中的元件，设置其 Alpha 值为 0%，在第 56～65 帧之间创建传统补间动画。

（36）新建图层，在第 15 帧处插入空白关键帧，输入文字"动感在握"，设置字体为"黑体"，字体颜色为"黑色"，字体大小为"16 点"，坐标位置为"X：40，Y：35"，如图 4-2-31 所示。

图4-2-30　　　　　　　　　　　图4-2-31

（37）将文字元件转换为影片剪辑元件 text11，然后在第 25 帧处插入关键帧，设置第 15 帧中文字元件的 Alpha 值为 0%，在第 15～25 帧之间创建传统补间动画。

（38）分别在第 56 帧和第 65 帧处插入关键帧，选择第 65 帧中的元件，设置其 Alpha 值为 0%，在第 56～65 帧之间创建传统补间动画。

（39）新建图层，在第 19 帧处插入空白关键帧，输入文字"权利表现"，设置字体为"黑体"，字体颜色为"黑色"，字体大小为"16 点"，坐标位置为"X：55，Y：60"，如图 4-2-32 所示。

（40）将文字元件转换为影片剪辑元件 text12，然后在第 28 帧处插入关键帧，设置第 19 帧中文字元件的 Alpha 值为 0%，在第 19～28 帧之间创建传统补间动画。

（41）分别在第 56 帧和第 65 帧处插入关键帧，选择第 65 帧中的元件，设置其 Alpha 值为 0%，在第 56～65 帧之间创建传统补间动画。

（42）返回到"场景 1"，在"文字 3"图层的上方新建图层，命名为"文字 4"，在第 205 帧处插入空白关键帧，从库中将影片剪辑元件"文字 4"拖入舞台，设置坐标位置为"X：280，Y：50"，然后在第 271 帧处插入空白关键帧。

（43）按 Ctrl+F8 组合键创建新的影片剪辑元件"文字 5"，使用文本工具在舞台上输入文字"绿引力"，设置字体为"汉仪舒同体简"，字体大小为"23 点"，字体颜色为"红色（#FF0000）"，坐标位置为"X：0，Y：0"，如图 4-2-33 所示。

（44）选中文字并将其转换为影片剪辑元件 text13，在第 10 帧插入关键帧，然后设置第 1 帧中文字元件的 Alpha 值为 0%，纵坐标位置为"Y：30"；在第 1～10 帧之间创建传统补间动画。

（45）分别在第 56 帧和第 65 帧处插入关键帧，选择第 65 帧中的元件，设置其 Alpha

【高职高专新课程体系规划教材·计算机系列】

值为 0%，在第 56～65 帧之间创建传统补间动画。

图4-2-32　　　　　　　　　　　　　　图4-2-33

（46）新建图层，在第 15 帧处插入空白关键帧，输入文字"责任之心"，设置字体为"黑体"，字体颜色为"黑色"，字体大小为"16 点"，坐标位置为"X：40，Y：35"，如图 4-2-34 所示。

（47）将文字元件转换为影片剪辑元件 text14，然后分别在第 25 帧、第 56 帧和第 65 帧处插入关键帧，设置第 15 帧中文字元件的横坐标位置为"X：−20'"，Alpha 值为 0%；设置第 25 帧中文字元件的横坐标位置为"X：10"；设置第 65 帧中文字元件的横坐标位置为"X：50"，Alpha 值为 0%；在第 15～25 帧、第 25～56 帧和第 56～65 帧之间创建传统补间动画。

（48）新建图层，在第 15 帧处插入空白关键帧，输入文字"绿动未来"，设置字体为"黑体"，字体颜色为"黑色"，字体大小为"16 点"，坐标位置为"X：55，Y：60"，如图 4-2-35 所示。

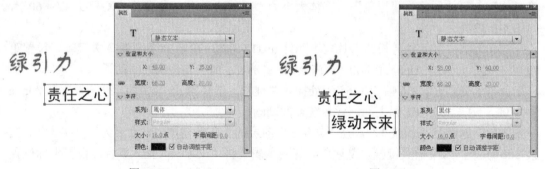

图4-2-34　　　　　　　　　　　　　　图4-2-35

（49）将文字元件转换为影片剪辑元件 text15，然后分别在第 25 帧、第 56 帧和第 65 帧处插入关键帧，设置第 15 帧中文字元件的横坐标位置为"X：−5"，Alpha 值为 0%；设置第 25 帧中文字元件的横坐标位置为"X：25"；设置第 65 帧中文字元件的横坐标位置为"X：65"，Alpha 值为 0%；在第 15～25 帧、第 25～56 帧和第 56～65 帧之间创建传统补间动画。

（50）返回到"场景 1"，在"文字 4"图层的上方新建图层，命名为"文字 5"，在第 270 帧处插入空白关键帧，从库中将影片剪辑元件"文字 5"拖入舞台，设置坐标位置为"X：280，Y：50"，然后在第 336 帧处插入空白关键帧。

### 子任务3　制作落版动画效果

落版动画指的是 Flash 影片中最终的定格动画效果。下面来制作该汽车广告的落版动画。

（1）按 Ctrl+F8 组合键创建新的影片剪辑元件"波浪"。可暂时将舞台背景设置为较深的颜色，制作完成后再将舞台颜色恢复为白色。使用钢笔工具绘制如图 4-2-36 所示的闭合曲线，并填充"白色→透明→白色→透明→白色"的线性渐变，设置其坐标位置为"X：0，Y：0"。

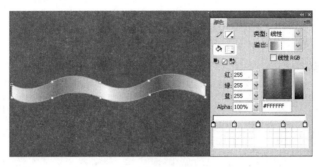

图4-2-36

（2）选中曲线图形，按住 Ctrl 键将曲线向右拖动复制两次，得到如图 4-2-37 所示的效果。将两条波浪图形全部选中，按 F8 键将其转换为图形元件"波浪图形"，然后在第 40 帧处插入关键帧，设置图形的横坐标位置为"X：-400"，在第 1～40 帧之间创建传统补间动画。

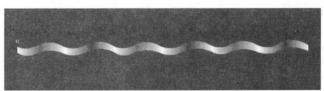

图4-2-37

（3）按 Ctrl+F8 组合键创建新的影片剪辑元件"文字6"，使用文本工具输入文字"欧尚潮流生活车"，设置坐标位置为"X：0，Y：0"，字体为"方正综艺简体"，字体大小为"30 点"，字体颜色为"红色（#FF0000）"，如图 4-2-38 所示。

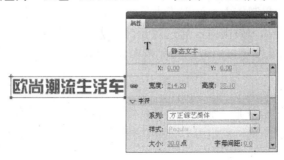

图4-2-38

（4）将文字转换为图形元件 text16，然后在第 10 帧处插入关键帧，设置第 1 帧元件的横坐标位置为"X：200"，Alpha 值为 0%；在第 1～10 帧之间创建传统补间动画，并在第 165 帧处按 F5 键延长帧。

（5）新建图层，在第 10 帧处插入空白关键帧，从库中将"波浪"元件拖入舞台，设置其坐标位置为"X：0，Y：17"。再次新建图层，在第 10 帧处插入空白关键帧，从库中将 text16 元件拖入舞台，设置坐标位置为"X：0，Y：0"，与"图层 1"中的文字位置重合，然后右键单击该图层，在弹出的快捷菜单中选择"遮罩层"命令，使其对下面的波浪起遮罩作用。

（6）新建图层，在第 20 帧处插入空白关键帧，输入文字"帝豪 EC7-RV"，设置坐标位置为"X：80，Y：55"，字体为"黑体"，字体大小为"20 点"，字体颜色为"黑色"，如图 4-2-39 所示。

图4-2-39

（7）将文字转换为图形元件 text17，在第 30 帧处插入关键帧，调整第 20 帧元件的横坐标位置为"X：60"，Alpha 值为 0%，在第 20～30 帧之间创建传统补间动画。

（8）返回"场景 1"，新建图层，命名为"文字 6"，在第 335 帧处插入空白关键帧，从库中将"文字 6"元件拖入舞台，设置其坐标位置为"X：280，Y：30"，使其位于舞台的右外侧。

（9）至此，整个汽车广告动画效果制作完毕。选择"控制"→"测试影片"命令对影片进行测试；测试无误后，选择"文件"→"保存"命令将影片保存为"汽车广告.fla"。

## 4.2.4　知识点总结

在本实例的动画效果制作中，运用了大量的遮罩动画，相关知识可以参考项目 2 的内容。另外，在制作文字动画效果时，通过对元件添加模糊滤镜使文字的动画效果更加有动感。在 Flash 中，使用滤镜可以对位图和显示对象应用投影、斜角和模糊等各种效果。

### 1．斜角滤镜

斜角滤镜可以为对象添加三维斜面边缘，通过设置加亮和阴影颜色、斜角边缘模糊、斜角角度和斜角边缘的位置，甚至可以创建出挖空效果，如图 4-2-40 所示。

图4-2-40

### 2. 模糊滤镜

模糊滤镜可使显示对象及其内容具有涂抹或模糊的效果。通过将模糊滤镜的品质属性设置为低，可以模拟离开焦点的镜头效果，将品质属性设置为高，会产生类似高斯模糊的平滑模糊效果，如图 4-2-41 所示。

图4-2-41

### 3. 投影滤镜

投影滤镜可以模拟不同的光源属性，如 Alpha 值、颜色值、偏移量和亮度值等，还可以对投影的样式应用自定义变形选项，包括内侧或外侧阴影和挖空模式，如图 4-2-42 所示。

图4-2-42

除此之外，还有发光滤镜、渐变斜角滤镜、渐变发光滤镜等滤镜效果，感兴趣的读者可以尝试在滤镜选项中添加相应效果并调整参数，制作出更加丰富的效果。

## 4.3　任务 3——制作房地产广告

本任务制作的是一个商务写字楼的广告动画，在制作之前，一定要考虑好制作的目的

【高职高专新课程体系规划教材·计算机系列】

是什么，然后根据自己的想法和客户需求，确定所需要的商业素材，并灵活运用这些素材，配合各种 Flash 动画制作技巧制作出令客户满意的作品。

## 4.3.1　实例效果预览

本节实例效果如图 4-3-1 所示。

图4-3-1

## 4.3.2　技能应用分析

1．使用矩形工具绘制"商"字的每个笔画，并应用遮罩制作出 Logo 图标的动画效果。

2．导入素材，综合运用传统补间动画、形状补间动画和遮罩动画制作人物和商务楼的动画效果。

3．使用矩形工具绘制十字光标，运用逐帧动画制作光标闪烁的动画。

4．将制作的 Logo 图标转换为图形，制作出最后落版的动画效果。

## 4.3.3　制作步骤解析

### 子任务 1　制作 Logo 动画效果

（1）新建 Flash 文件，在"属性"面板上设置舞台尺寸为"700×400 像素"，舞台颜色为"深红色（#BB2C28）"。

（2）在工具箱中选择矩形工具，设置笔触颜色为"无填充"，填充颜色为"黄色（#FFCC00）"，然后在舞台上拖动鼠标绘制黄色矩形，在"属性"面板上设置矩形的宽度为"20 像素"、高度为"74 像素"，坐标位置为"X：338，Y：200"。此时的效果及"属性"面板如图 4-3-2、图 4-3-3 所示。

图4-3-2

图4-3-3

（3）选择矩形工具，设置笔触颜色为"无填充"，填充颜色为任意色，然后在舞台上拖动鼠标绘制矩形，在"属性"面板上设置矩形的宽度为"7 像素"、高度为"49 像素"，坐标位置为"X：345，Y：207"，如图 4-3-4 所示。然后按 Delete 键将该矩形删除，效果如图 4-3-5 所示。

（4）使用选择工具框选图形，然后按 F8 键，将其转换为元件"图形 1"，如图 4-3-5 所示。

图4-3-4

图4-3-5

图4-3-6

（5）在时间轴上将"图层 1"命名为"商 1"，然后选中第 42 帧，按 F5 键延长帧。接着单击"新建图层"按钮，添加"图层 2"，并命名为"遮罩 1"。选中该图层的第 1 帧，在工具箱中选择矩形工具，设置笔触颜色为"无填充"，填充颜色为任意色，然后在舞台上拖动鼠标绘制矩形，在"属性"面板上设置矩形的宽度为"34 像素"、高度为"97 像素"，坐标位置为"X：331，Y：278"，如图 4-3-7 所示，然后按 F8 键将其转换为元件"图形 2"。

（6）在时间轴上分别选中"遮罩 1"图层的第 5、9、13、15 帧，按 F6 键插入关键帧，并设置第 5 帧的图形坐标为"X：331，Y：240"，第 9 帧的图形坐标为"X：331，Y：210"，第 13 帧的图形坐标为"X：331，Y：200"，第 15 帧的图形坐标为"X：331，Y：180"。然后分别创建第 1～5 帧、第 5～9 帧、第 9～13 帧和第 13～15 帧的传统补间动画。然后右键单击"遮罩 1"图层，选择"遮罩层"命令，制作出图形逐渐显现的效果，此时各帧中图形的位置和时间轴状态如图 4-3-8 和图 4-3-9 所示。

（7）新建图层，并命名为"商 2"。选中该图层的第 20 帧，按 F7 键插入空白关键帧，然后选择矩形工具，设置笔触颜色为"无填充"，填充颜色为"黄色（#FFCC00）"，然后在舞台上拖动鼠标绘制黄色矩形，在"属性"面板上设置矩形的宽度为"7 像素"、高

【高职高专新课程体系规划教材·计算机系列】

度为"63 像素",坐标位置为"X：338，Y：133"，如图 4-3-10 所示。然后按 F8 键将其转换为元件"图形 3"。

图4-3-7

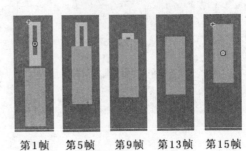

第1帧　第5帧　第9帧　第13帧　第15帧

图4-3-8

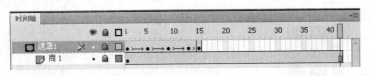

图4-3-9

图4-3-10

（8）在时间轴上右键单击第 20 帧，选择"复制帧"命令，然后右键单击第 10 帧，选择"粘贴帧"命令，将矩形条进行复制并粘贴到第 10 帧。在确保该矩形条被选中的情况下，使用任意变形工具将图形的中心点调整到下面，如图 4-3-11 所示，按 Ctrl+T 组合键打开"变形"面板，设置旋转角度为-90°，如图 4-3-12 所示。接着在"属性"面板上展开"色彩效果"选项，设置"样式"为 Alpha，并设置其值为 0%，使矩形条以透明方式显示，效果如图 4-3-13 所示。

图4-3-11

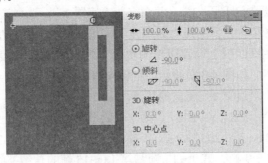

图4-3-12

图4-3-13

（9）分别在第 11～18 帧处按 F6 键插入关键帧，并设置各帧中图形的 Alpha 值分别为 19%、36%、51%、64%、75%、84%和 96%；在"变形"面板上调整各帧中图形的旋转角度为-75°、-60°、-45°、-30°、-20°、-15°和-5°。然后创建第 16～18 帧和第 18～20 帧之间的传统补间动画，接着选中第 42 帧，按下 F5 键延长帧。此时的时间轴状态如

图 4-3-14 所示。

（10）新建图层，并命名为"商 3"。选中该图层的第 24 帧，按 F7 键插入空白关键帧，然后从"库"面板将"图形 3"元件拖入舞台，设置其坐标位置为"X：351，Y：133"，如图 4-3-15 所示。

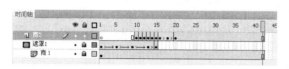

图4-3-14　　　　　　　　　　　　　　　　图4-3-15

（11）在确保该矩形条被选中的情况下，使用任意变形工具将图形的中心点调整到上面，如图 4-3-16 所示。然后在时间轴上右键单击"商 3"图层的第 24 帧，选择"复制帧"命令，然后右键单击第 13 帧，选择"粘贴帧"命令，将矩形条复制粘贴到第 13 帧。接着按 Ctrl+T 组合键打开"变形"面板，设置旋转角度为-90°。此时的"变形"面板和效果如图 4-3-17 所示。接着在"属性"面板上展开"色彩效果"选项，设置"样式"为 Alpha，并设置其值为 0%，使矩形条以透明方式显示，效果如图 4-3-18 所示。

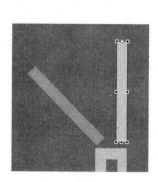

图4-3-16　　　　　　　　　　图4-3-17　　　　　　　　　　图4-3-18

（12）继续在第 14～18 帧和第 20～22 帧处分别按 F6 键插入关键帧，并设置各帧中图形的 Alpha 值分别为 17%、33%、47%、59%、70%、87%、93% 和 97%；在"变形"面板上调整各帧中图形的旋转角度为-75°、-60°、-45°、-35°、-25°、-15°、-8° 和-3°。然后创建第 18～20 帧和第 22～24 帧之间的传统补间动画，选中第 42 帧，按 F5 键延长帧。此时的时间轴状态如图 4-3-19 所示。

（13）新建一个图层，并命名为"商 4"。选中该图层的第 32 帧，按 F7 键插入空白关键帧，选择矩形工具，设置笔触颜色为"无填充"，填充颜色为"黄色（#FFCC00）"，然后在舞台上拖动鼠标绘制黄色矩形，在"属性"面板上设置矩形的宽度为"56 像素"、

【高职高专新课程体系规划教材·计算机系列】

高度为"18 像素",坐标位置为"X：320，Y：111"，如图 4-3-20 所示，然后按 F8 键，将其转换为元件"图形 4"。

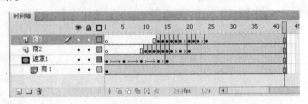

图4-3-19

（14）使用任意变形工具将图形的中心点调整到右侧，如图 4-3-21 所示。在时间轴上右键单击"商 4"图层的第 32 帧，选择"复制帧"命令，然后右键单击第 21 帧，选择"粘贴帧"命令，将矩形条复制粘贴到第 21 帧。接着在"变形"面板上设置图形水平缩放比例为 10%，如图 4-3-22 所示，并在"属性"面板上设置其 Alpha 值为 0%。

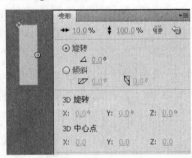

图4-3-20          图4-3-21          图4-3-22

（15）接下来在第 23、25、28、29 帧处按 F6 键插入关键帧，分别设置水平缩放比例为 36%、62%、87% 和 93%；并分别设置各帧中图形的 Alpha 值为 33%、59%、87% 和 93%。然后创建第 21～23 帧、第 23～25 帧、第 25～28 帧和第 29～32 帧之间的传统补间动画，选中第 42 帧，按 F5 键延长帧。此时的时间轴状态如图 4-3-23 所示。

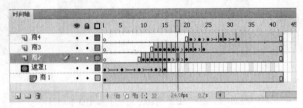

图4-3-23

（16）新建图层，并命名为"商 5"。选中该图层的第 36 帧，按 F7 键插入空白关键帧，选择矩形工具，设置笔触颜色为"无填充"，填充颜色为"黄色（#FFCC00）"，然后在舞台上拖动鼠标绘制黄色矩形，在属性面板上设置矩形的宽度为"14 像素"、高度为"146 像素"，坐标位置为"X：320，Y：128"，如图 4-3-24 所示。然后按 F8 键将其转换为元件"图形 5"。

（17）使用任意变形工具将图形的中心点调整到上面，如图 4-3-25 所示。在时间轴上右键单击"商 5"图层的第 36 帧，选择"复制帧"命令，然后右键单击第 24 帧，选择"粘贴帧"命令，将矩形条复制粘贴到第 24 帧。接着在"变形"面板上设置图形垂直缩放比例为 5%，如图 4-3-26 所示；并在"属性"面板上设置其 Alpha 值为 0%。

图4-3-24

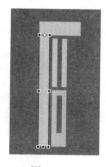

图4-3-25

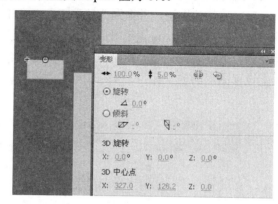

图4-3-26

（18）在第 25、27、28、30、31、33、35 帧处按 F6 键插入关键帧，分别设置垂直缩放比例为 15%、45%、55%、75%、80%、90%和 98%；并将各帧中图形的 Alpha 值分别设置为 16%、44%、55%、75%、83%、94%和 99%。然后创建第 25～27 帧、第 28～30 帧、第 31～33 帧和第 33～35 帧之间的传统补间动画。选中第 42 帧，按 F5 键延长帧。此时的时间轴状态如图 4-3-27 所示。

（19）新建图层，并命名为"商 6"。选中该图层的第 34 帧，按 F7 键插入空白关键帧，选择矩形工具，设置笔触颜色为"无填充"，填充颜色为"黄色（#FFCC00）"，然后在舞台上拖动鼠标绘制黄色矩形，在"属性"面板上设置矩形的宽度为"14 像素"、高度为"146 像素"，坐标位置为"X：362，Y：128"，如图 4-3-28 所示。然后按 F8 键将其转换为元件"图形 6"。

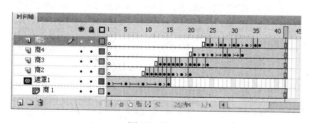

图4-3-27

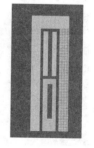

图4-3-28

（20）在时间轴上右键单击"商 6"图层的第 34 帧，选择"复制帧"命令，然后右键单击第 22 帧，选择"粘贴帧"命令，将矩形条复制粘贴到第 22 帧。接着在"属性"面板上设置其横坐标位置为"X：345"，Alpha 值为 0%。

（21）在第 24、26、28、30、31、33 帧处按 F6 键插入关键帧，分别设置其横坐标为"X：350"、"X：355"、"X：358"、"X：360"和"X：361"；并分别设置各帧中

【高职高专新课程体系规划教材·计算机系列】

图形的 Alpha 值为 30%、55%、75%、89% 和 99%。然后创建第 22～24 帧、第 24～26 帧、第 26～28 帧、第 28～30 帧、第 30～33 帧之间的传统补间动画。选中第 42 帧，按 F5 键延长帧。此时的时间轴状态如图 4-3-29 所示。

（22）新建图层，并命名为"商 7"。选中该图层的第 26 帧，按 F7 键插入空白关键帧，选择矩形工具，设置笔触颜色为"无填充"，填充颜色为"黄色（#FFCC00）"，然后在舞台上拖动鼠标绘制多个黄色矩形，组合成如图 4-3-30 所示的图形。并在"属性"面板上设置图形的横坐标为"X：329"，然后按 F8 键将其转换为元件"图形 7"。

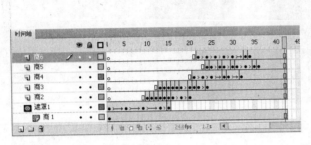
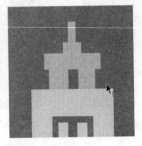

图4-3-29　　　　　　　　　　　　　　　　　图4-3-30

（23）新建图层，并命名为"遮罩 2"。选中该图层的第 26 帧，按 F7 键插入空白关键帧，选择矩形工具，设置笔触颜色为"无填充"，填充颜色为"灰色（#999999）"，然后在舞台上拖动鼠标绘制灰色矩形，并在"属性"面板上设置矩形的宽度为"68 像素"、高度为"70 像素"，坐标位置为"X：315，Y：111"，如图 4-3-31 所示。然后按 F8 键将其转换为元件"图形 8"。

（24）选中"遮罩 2"图层的第 34 帧和第 42 帧，分别按 F6 键插入关键帧，并在"属性"面板上设置第 34 帧中灰色矩形的纵坐标位置为"Y：80"，第 42 帧中灰色矩形的纵坐标位置为"Y：60"，然后创建第 26～34 帧和第 34～42 帧之间的传统补间动画。在时间轴上右键单击"遮罩 2"图层，选择"遮罩层"命令，此时的时间轴状态如图 4-3-32 所示。

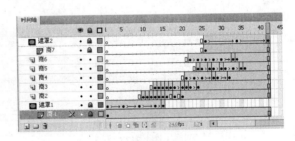

图4-3-31　　　　　　　　　　　　　　　　　图4-3-32

（25）在时间轴上将被锁定的图层解锁，并将两个遮罩层暂时隐藏，然后框选舞台上的所有图形，将鼠标放在图形上右键单击选择"复制"命令，按 Ctrl+F8 组合键插入新的图形元件，并命名为"商"，单击"确定"按钮后，右键单击舞台并选择"粘贴"命令，将整个"商"字的图形复制到新的元件。接着在"属性"面板上设置该图形的坐标位置为"X：0，Y：0"。至此，"商"字的动画效果就制作完毕了。

（26）接着要制作出其他文字的动画效果。新建图层，并命名为"商"，从"库"面板中将元件"商"拖入舞台，设置其坐标位置为"X：320，Y：66"，然后选中该图层的第 94 帧，按 F5 键延长帧。

（27）新建图层，并命名为 golden。选中该图层的第 43 帧，按 F7 键插入空白关键帧，使用文本工具输入文字"GOLDEN"，并在"属性"面板上设置字体为"黑体"，字号大小为"45 点"，颜色为"黄色（#FFCC00）"，坐标位置为"X：385，Y：190"，如图 4-3-33 所示。

图4-3-33

（28）选中文字，按 F8 键将其转换为图形元件 golden，然后分别选中该图层的第 54 帧和第 55 帧，并按 F6 键插入关键帧，接着在"属性"面板上将第 43 帧文字的透明度调整为 0%；将第 54 帧文字的横坐标位置设置为"X：380"；将第 55 帧文字的横坐标位置设置为"X：378"；接着在第 43～54 帧之间创建传统补间动画，形成文字逐渐显现并向左位移的动画效果。

（29）新建图层，并命名为 busine。选中该图层的第 46 帧，按 F7 键插入空白关键帧，使用文本工具输入文字"BUSINE"，并在"属性"面板上设置字体为"黑体"，字号大小为"40 点"，颜色为"黄色（#FFCC00）"，按 F8 键将其转换为图形元件 busine，在"属性"面板上设置文字的宽度为 117，高度为 55，坐标位置为"X：378，Y：230"，如图 4-3-34 所示。

图4-3-34

【高职高专新课程体系规划教材·计算机系列】

（30）选中该图层的第 58 帧，按 F6 键插入关键帧，在"属性"面板上将第 46 帧文字的透明度调整为 0%；接着在第 46～58 帧之间创建传统补间动画，形成文字逐渐显现的动画效果。

（31）新建图层，并命名为 ss。选中该图层的第 49 帧，按 F7 键插入空白关键帧，使用文本工具输入文字"SS"，并在"属性"面板上设置字体为"黑体"，字号大小为"40点"，颜色为"黄色（#FFCC00）"，按 F8 键将其转换为图形元件 ss，在"属性"面板上设置文字的宽度为 33，高度为 22，坐标位置为"X：487，Y：238"，如图 4-3-35 所示。

图4-3-35

（32）选中该图层的第 61 帧，并按 F6 键插入关键帧，接着在"属性"面板上将第 49帧中文字的透明度调整为 0%，将文字的纵坐标位置设置为"Y：245"；接着在第 49～61 帧之间创建传统补间动画，形成文字逐渐显现并向上位移的动画效果。

（33）新建图层，并命名为 center。选中该图层的第 58 帧，按 F7 键插入空白关键帧，使用矩形工具绘制一个颜色为"黄色（#FFCC00）"的矩形，设置矩形大小为"宽度：49，高度：14"，坐标位置为"X：490，Y：260"，如图 4-3-36 所示。

（34）使用文本工具输入文字"CENTER"，并在"属性"面板上设置字体为"黑体"，字号大小为"15 点"，颜色为任意色，然后将该文字移动到与黄色矩形上，调整好位置后连续两次按下 Ctrl+B 组合键将文字打散，然后按 Delete 键将文字删除，形成镂空文字效果，如图 4-3-37 所示。按 F8 键将其转换为图形元件 center。

（35）选中该图层的第 65 帧和第 72 帧，分别按 F6 键插入关键帧，接着在"属性"面板上将第 58 帧文字的透明度调整为 0%；将第 65 帧中文字的亮度调整为 100%；接着在第58～65 帧、第 65～72 帧之间创建传统补间动画，形成文字逐渐显现和颜色由白色变成黄色的动画效果。

图4-3-36

图4-3-37

（36）新建图层，并命名为"遮罩 3"。选中该图层的第 65 帧，按 F7 键插入空白关键帧，使用矩形工具绘制一个颜色为"黄色（#FFCC00）"的矩形，设置矩形大小为"宽

【高职高专新课程体系规划教材·计算机系列】

度：219，高度：29"，坐标位置为"X：320，Y：280"。如图 4-3-38 所示。按 F8 键将其转换为图形元件"图形 9"。

（37）新建图层，并命名为"锦江商务中心"。选中该图层的第 65 帧，按 F7 键插入空白关键帧，使用文本工具输入任意颜色的文字"锦江商务中心"，并在"属性"面板上设置文字的字体为"方正综艺简体"，字号大小为"23 点"，字母间距为"16 点"，将其放在黄色矩形上面，效果如图 4-3-39 所示。按 F8 键将其转换为图形元件"锦江商务"。

图4-3-38

图4-3-39

（38）选中该图层的第 75、78 帧，分别按 F6 键插入关键帧，接着在"属性"面板上将第 65 帧文字的纵坐标位置设置为"Y：250"；将第 75 帧文字的纵坐标位置设置为"Y：275"；将第 78 帧文字的纵坐标位置设置为"Y：279"；接着在第 65～75 帧、第 75～78 帧之间创建传统补间动画，形成文字逐渐向上位移的动画效果。

（39）在时间轴上右键图层"锦江商务中心"，选择"遮罩层"命令，制作出文字逐渐出现的动画效果。

（40）在舞台上框选所有图形，右键单击选择"复制"命令，然后按 Ctrl+F8 组合键插入新的影片剪辑元件 logo，将鼠标放在舞台上右键单击选择"粘贴"命令，并设置其坐标位置为"X：0，Y：0"。返回场景 1 后新建图层，命名为 logo，在第 94 帧按 F7 键插入空白关键帧，并将元件 logo 从库中拖入舞台，设置坐标位置为"X：320，Y：66"，使其与原图形对齐。

（41）分别在第 100 帧和第 107 帧处按 F6 键插入关键帧，将第 100 帧的图形放大到原来的 200%，并在"滤镜"面板上为其添加模糊滤镜，设置模糊值为"100 像素"；将第 107 帧中的图形放大到原来的 500%，同样添加模糊滤镜，设置模糊值为"255 像素"，并设置图形的亮度为 100%；接着在第 94～100 帧、第 100～107 帧之间创建传统补间动画，形成图形逐渐放大模糊并变成白色光芒的效果。

**子任务 2  制作商务楼形象展示动画效果**

（1）新建图层，并命名为"灰色矩形"。在第 111 帧处按 F7 键插入空白关键帧，使用矩形工具绘制一个颜色为"灰色（#999999）"的矩形，设置其大小为"宽度：700，高度：130"，坐标位置为"X：0，Y：270"。然后再依次绘制出几个大小的不同深度的灰色矩形，排列效果如图 4-3-40 所示。

（2）在保证灰色矩形全部被选中的情况下，按 F8 键将其转换为图形元件"灰色矩形"。然后分别在第 114 帧和第 119 帧处按 F6 键插入关键帧，设置第 111 帧处图形的宽度为 10，Alpha 值为 0%；设置第 114 帧图形的宽度为 500，Alpha 值为 70%。然后在第 111~114 帧、第 114~119 帧之间创建传统补间动画，形成灰色矩形条逐渐展开的动画效果。接着在第 164~168 帧和第 175 帧处分别按 F6 键插入关键帧，改变各帧的透明度和纵坐标位置，形成灰色矩形条向上渐隐渐现的动画效果，并在第 235 帧处按 F5 键延长帧。

（3）新建图层，并命名为"白色矩形"，在第 107 帧处按 F7 键插入空白关键帧，使用矩形工具绘制一个颜色为"白色"的矩形，设置其大小为，"宽度：680，高度：236"，坐标位置为"X：360，Y：190"，按 F8 键将其转换为图形元件"白色矩形"。

（4）接着在第 108、109、110、114、121 帧处分别按 F6 键插入关键帧，设置第 107 帧中图形的宽度为 20，横坐标位置为"X：-20"，Alpha 值为 0%；第 108 帧中图形的宽度为 80，横坐标位置为"X：130"，Alpha 值为 35%；第 109 帧中图形的宽度为 110，横坐标位置为"X：400"，色调为"淡黄色（#FFCB65）"，Alpha 值为 65%；第 110 帧中图形的宽度为 150，横坐标位置为"X：550"，色调为"黄色（#FFCC00）"，Alpha 值为 100%；第 114 帧中图形的宽度为 500，横坐标位置为"X：200"，色调为"黄色（#FFCC00）"。然后在第 110~114 帧、第 114~121 帧之间创建传统补间动画，形成白色矩形条逐渐展开的动画效果。接着在第 235 帧处按 F5 键延长帧。

（5）新建图层，命名为"黄色矩形"，在第 116 帧处按 F7 键插入空白关键帧。使用矩形工具绘制一个任意色的矩形，设置其大小为"宽度：284，高度：236"，坐标位置为"X：415，Y：72"，并在"颜色"面板上设置其填充色为渐变色"黄色（#FFCC00）→白色"，如图 4-3-41 所示。按 F8 键将其转换为图形元件"黄色矩形"。

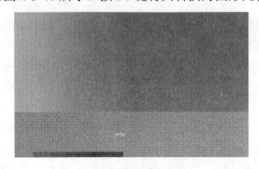
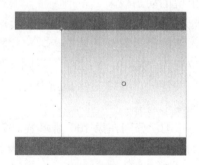

图4-3-40　　　　　　　　　　　　　　　　　　图4-3-41

（6）在第 119 帧和第 129 帧处分别按 F6 键插入关键帧，设置第 116 帧中图形的高度为 10，Alpha 值为 0%；设置第 119 帧中图形的高度为 80"，Alpha 值为 30%；然后在第 116~119 帧、第 119~129 帧之间创建传统补间动画，并在第 235 帧处按 F5 键延长帧。

（7）新建图层，命名为"图片 1"，在第 112 帧处按 F7 键插入空白关键帧。然后将素材文件"人物 1.jpg"导入到舞台上，并将图片缩放到原来的 50%，设置其坐标位置为"X：24，Y：74"，如图 4-3-42 所示。接着按 F8 键将其转换为图形元件"图片 1"，然后选中第 124 帧插入关键帧，设置第 112 帧中图片的亮度值为 100%；并在第 112~124 帧之间创建传统补间动画。接着在第 166 帧处按 F5 键延长帧。

图4-3-42

（8）在第 167 帧处按 F7 键插入空白关键帧，导入素材图片"人物 2.jpg"，设置其坐标位置为"X：24，Y：74"，如图 4-3-43 所示。接着按 F8 键将其转换为图形元件"图片 2"，然后选中第 180 帧插入关键帧，设置第 167 帧中图片的亮度值为 100%；并在第 167～180 帧之间创建传统补间动画。接着在第 235 帧处按 F5 键延长帧。

图4-3-43

（9）新建图层，命名为"楼 1"，在第 115 帧处按 F7 键插入空白关键帧。然后将素材文件"商务楼 1.png"导入到舞台上，设置其坐标位置为"X：470，Y：73"，如图 4-3-44 所示。接着按 F8 键将其转换为图形元件"楼 1"，然后选中第 127 帧插入关键帧，设置第 115 帧中图片的亮度值为 100%；在第 115～127 帧之间创建传统补间动画，接着在第 235 帧处按 F5 键延长帧。

图4-3-44

（10）新建图层，命名为"透明矩形"，在第 130 帧处按 F7 键插入空白关键帧。然后使用矩形工具绘制一个白色矩形，设置其大小为"宽度：613，高度：39"，坐标位置为"X：87，Y：220"，如图 4-3-45 所示。接着按 F8 键将其转换为图形元件"透明矩形"，然后

【高职高专新课程体系规划教材·计算机系列】

选中第 141 帧插入关键帧，设置第 130 帧中矩形的宽度为 10，Alpha 值为 0%；设置第 141 帧中矩形的 Alpha 值为 70%；并在第 130～141 帧之间创建传统补间动画。接着在第 235 帧处按 F5 键延长帧。

图4-3-45

（11）新建图层，命名为"金色商务"，在第 129 帧处按 F7 键插入空白关键帧。使用文本工具输入文字"金色商务，先机在握"，并在"属性"面板上设置文字的字体为"方正综艺简体"，字号为"23 点"，颜色为"红色（#BB2B28）"，坐标位置为"X：415，Y：219"，如图 4-3-46 所示。按 F8 键将其转换为图形元件"金色商务"。

（12）在第 130、131、132、135、145 帧处分别按 F6 键插入关键帧，并设置第 129 帧中文字的大小为"宽度：310，高度：44"，Alpha 值为 0%；第 130 帧中文字的大小为"宽度：280，高度：40"，Alpha 值为 20%；第 131 帧中文字的大小为"宽度：260，高度：37"，Alpha 值为 50%；第 132 帧中文字的大小为"宽度：230，高度：33"，Alpha 值为 60%；第 135 帧中文字的亮度值为 100%。然后在第 132～135 帧、第 135～145 帧之间创建传统补间动画。

（13）继续在第 182 帧处按 F7 键插入空白关键帧，输入文字"金色领地，财富汇聚"，然后依照之前两步的做法在第 182～197 帧之间制作出文字逐渐显现的动画效果。

（14）新建图层，命名为"英文字"，在第 131 帧处按 F7 键插入空白关键帧，然后按照上述步骤制作出英文"GODEN BUSINESS CENTER"逐渐显现的动画效果，如图 4-3-47 所示。

图4-3-46　　　　　　　　　　　　　　　　图4-3-47

（15）下面要加入一些装饰性的动画元素。新建图层，命名为"十字形状"，然后在第 126 帧处按 F7 键插入空白关键帧，使用矩形工具绘制一个白色的矩形，设置矩形大小为"宽度：4，高度：23"，如图 4-3-48 所示。

【高职高专新课程体系规划教材·计算机系列】

（16）选中白色矩形，按 Ctrl+T 组合键打开"变形"面板，设置旋转角度为 90°，并单击"重置选区和变形"按钮，将白色矩形复制并旋转 90°，形成白色十字形状，如图 4-3-49 所示。

图4-3-48　　　　　　　　　　　　　　　　图4-3-49

（17）框选十字形状后，按 F8 键将其转换为图形元件"十字形状"。设置其坐标位置为"X：48，Y：227"，接着分别在第 128、130、132 帧处按 F6 键插入关键帧，在第 127、129、131 帧处按 F7 键插入空白关键帧，形成十字形状闪烁的动画效果；继续在该图层后面的其他帧制作出十字形状闪烁的效果，对应的时间轴如图 4-3-50 所示。

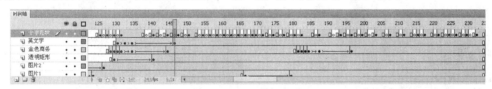

图4-3-50

（18）新建图层，命名为"光线"，然后在第 128 帧处按 F7 键插入空白关键帧，使用椭圆工具绘制一个圆形，设置圆形大小为"宽度：100，高度：100"。接着在"颜色"面板上设置填充色为"白色→透明"的放射状渐变，按下 F8 键将其转换为图形元件"光线"，如图 4-3-51 所示。

（19）继续在第 130、132、135、138 等帧处插入关键帧，在第 129、131、134、137 等帧处插入空白关键帧，并分别调整各帧中光线的位置，形成光线闪烁的动画效果。

（20）新建图层，命名为"旋转矩形"，然后在第 236 帧处按 F7 键插入空白关键帧，使用矩形工具绘制一个填充色为"黄色（#FFCC00）"的矩形，设置宽度为 700，高度为 258，坐标位置为"X：0，Y：71"。然后再次绘制一个任意色的小矩形，放在左上角后删除，形成如图 4-3-52 所示的效果。按 F8 键将其转换为影片剪辑元件"旋转矩形"。

（21）接着在第 237～246 帧之间依次按 F6 键插入关键帧，在"变形"面板上设置各帧图形的 3D 旋转 Y 轴的值分别为−20°、−40°、−50°、−60°、−80°、−100°、−120°、−140°、−160° 和−180°，在"属性"面板上设置各帧图形的亮度值从 0%开始，依次增加 10%，直到 100%，形成三维旋转动画效果，第 246 帧中图形的效果如图 4-3-53 所示。然后在第

375 帧处按下 F5 键延长帧。

图4-3-51        图4-3-52        图4-3-53

（22）新建图层，命名为"图片 3"，在第 247 帧处按 F7 键插入空白关键帧，然后选择"文件"→"导入"命令将素材文件"人物 3.jpg"导入到舞台上，并按 F8 键将其转换为图形原件"图片 3"，设置其坐标位置为"X：0，Y：78"。效果如图 4-3-54 所示。

（23）接着在第 257、325、340 帧处按 F6 键插入关键帧，分别设置第 247 帧、第 340 帧中图形的亮度为 100%，并在第 247～257 帧和第 325～340 帧之间创建传统补间动画。

（24）新建图层，命名为"黄色矩形 2"，在第 270 帧处按 F7 键插入空白关键帧，然后从库中将图形原件"黄色矩形"拖到舞台上，设置其宽度为 170、高度为 236，坐标位置为"X：499，Y：78"，效果如图 4-3-55 所示。

图4-3-54        图4-3-55

（25）接着分别在第 272、274、276、278、333、336、340、341、342、343 帧处按 F6 键插入关键帧，在第 271、273、275 和 277 帧处分别按 F7 键插入空白关键帧。使用任意变形工具将第 333 帧中图形的变形中心点调整到右侧中部，如图 4-3-56 所示。设置第 336 帧中图形的宽度为 328，第 340 帧中图形的宽度为 540，第 341 帧中图形的宽度为 600，第 342 帧中图形的宽度为 650，第 343 帧中图形的宽度为 669，并在第 333～336 帧、第 336～340 帧之间插入传统补间动画，形成黄色矩形逐渐展开的动画效果。其中第 343 帧中图形的效果如图 4-3-57 所示。

（26）新建图层，命名为"楼 2"，在第 278 帧处按 F7 键插入空白关键帧，选择"文件"→"导入"命令将素材文件"商务楼 2.png"导入到舞台上，设置其坐标位置为"X：588，Y：244"，如图 4-3-58 所示。按 F8 键将其转换为图形元件"楼 2"。

（27）接着在第 300 帧处按 F6 键插入关键帧，设置第 278 帧中图形的透明度为 0%，并在第 278～300 帧之间创建传统补间动画。

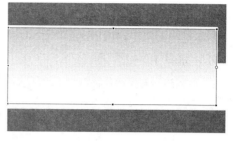

图4-3-56　　　　　　　　　　　　　　　　　图4-3-57

（28）新建图层，命名为"遮罩 4"，在第 276 帧处按 F7 键插入空白关键帧，使用椭圆工具绘制一个椭圆，设置其宽度为 150，高度为 300，坐标位置为"X：580，Y：400"，填充颜色为"黄色（#FFCC00）→透明"的渐变色，效果如图 4-3-59 所示。

图4-3-58　　　　　　　　　　　　　　　　　图4-3-59

（29）在第 298 帧处按 F7 键插入空白关键帧，使用矩形工具绘制一个矩形，设置其宽度为300，高度为480，坐标位置为"X：410，Y：-30"，填充颜色同样为"黄色（#FFCC00）→透明"的渐变色。效果如图 4-3-60 所示。接着在第 276～298 帧之间创建补间形状动画，形成由椭圆逐渐变形为矩形的动画效果。

（30）在时间轴上右键单击图层"遮罩 4"，选择"遮罩层"命令，得到楼房的图片逐渐展开并显现的动画效果。

（31）新建图层，命名为"写字楼"，在第 299 帧处按 F7 键插入空白关键帧，使用文本工具分 3 行输入文字"甲级写字楼　豪华商务公寓　商业裙楼"，设置字体为"方正综艺简体"，字号大小为"13 点"，字体颜色为"黄色（#FFCC00）"，并在"属性"面板的段落选项中设置行距为"6 点"，坐标位置为"X：317，Y：264"，效果如图 4-3-61所示。

（32）选中文字，按 F8 键将其转换为图形元件"写字楼"。接着在第 308、344、346、348 帧处分别按 F6 键插入关键帧，设置第 299 帧中文字的横坐标位置为"X：310"，Alpha值为0%；将第 346 帧中的文字等比例放大到原来的 110%，调整其 Alpha 值为 50%；将第 348帧中文字的 Alpha 值设置为 0%；接着在第 299～308 帧、第 344～346 帧和第 346～348 帧之间创建传统补间动画。

（33）新建图层，命名为"金色锦江"，在第 301 帧处按 F7 键插入空白关键帧，使用

高职高专新课程体系规划教材·计算机系列

文本工具输入文字"金色锦江 金领商务"，设置字体为"方正综艺简体"，字号大小为"20点"，字体颜色为"黄色（#FFCC00）"，并在"属性"面板上设置坐标位置为"X：317，Y：329"，效果如图 4-3-62 所示。

图4-3-60

图4-3-61

（34）按 F8 键将其转换为图形元件"金色锦江"。接着在第 304、306、308、313、347、349、353 帧处分别按 F6 键插入关键帧，在"变形"面板上将第 301 帧中的文字放大到原来的 130%，并设置文字的 Alpha 值为 0%；将第 304 帧中的文字放大到原来的 120%，并设置文字的 Alpha 值为 20%；将第 306 帧的文字放大到原来的 110%，并设置文字的 Alpha 值为 30%；将第 308 帧中文字的亮度值设置为 100%；将第 349 帧的文字放大到原来的 120%，并设置文字的 Alpha 值为 40%；将第 353 帧中的文字放大到原来的 130%，并设置文字的 Alpha 值为 0%。然后在第 301～304 帧、第 304～306 帧、第 306～308 帧、第 308～313 帧、第 347～349 帧和第 349～353 帧之间创建传统补间动画，形成文字逐渐显现又逐渐消失的动画效果。

（35）接着需要添加一些装饰性的元素。新建图层，命名为"十字形状 2"，在第 295 帧处按 F7 键插入空白关键帧，从库中将图形元件"十字形状"拖入舞台，设置其宽度为 10、高度为 10，然后按住 Ctrl 键拖动该图形将其连续复制，排列出如图 4-3-63 所示的效果。

图4-3-62

图4-3-63

（36）接着分别在第 297～341 帧之间的奇数帧处按 F6 键插入关键帧，在偶数帧处按 F7 键插入空白关键帧，形成星光闪烁的动画效果。此时的时间轴状态如图 4-3-64 所示。

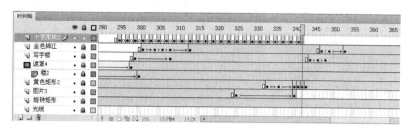

图4-3-64

### 子任务 3　制作落版文字动画效果

（1）新建图层，命名为"奏响乐章"，在第 347 帧处按 F7 键插入空白关键帧，使用文本工具输入文字"奏响锦江新乐章"，设置字体为"方正综艺简体"，字体大小为"30点"，字体颜色为"深红色（#990000）"，坐标位置为"X：227，Y：178"，效果如图 4-3-65 所示。

（2）选中文字，按 F8 键将其转换为图形元件"奏响乐章"。在第 357 帧处按 F6 键插入关键帧，在"变形"面板上将第 347 帧中的文字缩放到原来的 20%，并设置文字的 Alpha值为 0%。接着在第 347～357 帧之间创建传统补间动画。

（3）新建图层，命名为 logo2，在第 352 帧处按 F7 键插入空白关键帧，从库中将元件logo 拖入舞台，设置其坐标位置为"X：10，Y：87"。接着在"属性"面板上为其添加一个投影滤镜，设置投影颜色为"浅灰色（#999999）"，效果如图 4-3-66 所示。

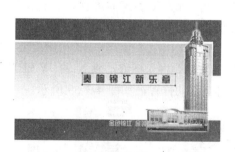

图4-3-65

图4-3-66

（4）新建图层，命名为"遮罩 5"，在第 352 帧处按 F7 键插入空白关键帧，从库中将元件"白色矩形"拖入舞台，设置其宽度为 300，高度为 300，坐标位置为"X：250，Y：55"。然后在第 360 帧处按 F6 键插入关键帧，设置白色矩形的横坐标位置为"X：-60"，并在第 352～360 帧之间创建传统补间动画。接着在时间轴上右键单击图层"遮罩 5"，选择"遮罩层"命令，形成 Logo 图标逐渐显现的动画效果。

（5）至此，房地产广告动画效果基本制作完毕。为了使动画效果更加完美，可以为其添加一段背景音乐。选择"文件"→"导入"→"导入到库"命令，将素材文件 sound1.mp3和 sound2.mp3 导入到库中，然后新建图层，命名为"音乐"，并从库中将 sound1.mp3 拖到舞台上，在"属性"面板的声音选项中设置重复次数为"2 次"，此时"音乐"图层上会出现音波图形，如图 4-3-67 所示。

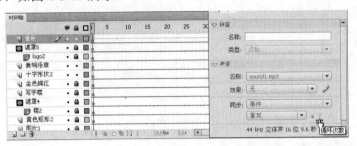

图4-3-67

（6）在时间轴上选中 logo2 图层的第 94 帧，从库中将 sound2.mp3 拖入舞台，同样，选中图层旋转图层的第 236 帧，将 sound2.mp3 再次拖入舞台，形成画面转换时声音变换的效果，音效更加丰富。

（7）最后，新建图层，命名为 action，在最后一帧处按 F7 键插入空白关键帧，然后按 F9 键打开"动作-帧"面板，输入代码"stop() ;"。

## 4.3.4 知识点总结

在本书实例的制作中，除了应用到前两节中的传统补间动画和遮罩动画外，还使用 Flash CS4 中的 3D 属性制作出矩形的三维旋转效果。在 Flash 中制作三维动画效果时，除了可以使用"属性"面板上的"3D 定位和查看"选项外，还可以使用工具箱中的 3D 平移工具和 3D 旋转工具。使用 3D 旋转工具，可以在 3D 空间中旋转影片剪辑实例，将光标放在 4 个控件中的某个轴控件上拖动，就可以绕该轴旋转，拖动中心点可以重新定位旋转控件中心点的位置，如图 4-3-68 所示。

使用 3D 平移工具，可以在 3D 空间中移动影片剪辑实例，将光标移动到 X 轴、Y 轴或 Z 轴控件上，然后拖动鼠标，就可以使对象在所选轴向上移动位置，如图 4-3-69 所示。

| 原图像 | 在Y轴上3D旋转效果 | 原图像 | 在Z轴上平移放大图像 |

图4-3-68　　　　　　　　　　　图4-3-69

# 项 5 目

# 网站导航动画制作

随着科技的进步和网络的不断发展，各类网站不断涌现。网页元素的设计在网站制作中的地位越来越突出，尤其是网站导航栏特效的制作，在网站的推广中有着非常关键和重要的作用。在本项目中，通过制作旅游网站导航、摄影网站导航和汽车网站导航这3个实例详细介绍了常见导航动画效果的制作方法。

## 5.1 任务1——制作旅游网站导航

旅游网站的导航元素要与设计风格保持一致，特别是要针对网站呈现的内容来设置导航元素。本任务中，将按照地区划分国内的旅游景点，简单、直观，不仅能提高网站的易用性，还能方便用户查找所需要的信息。

### 5.1.1 实例效果预览

本节实例效果如图 5-1-1 所示。

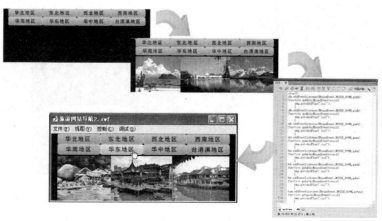

图5-1-1

## 5.1.2  技能应用分析

1. 制作出各地区的导航栏目按钮。
2. 应用传统补间动画制作导航栏目逐一显现的动画效果。
3. 综合应用传统补间动画和遮罩动画制作旅游景点图片的滚动效果。
4. 为每个导航栏目按钮添加事件侦听器，使按钮单击事件可用。

## 5.1.3  制作步骤解析

（1）新建一个 Flash 文件，在"属性"面板上设置其舞台尺寸为"450×160 像素"，舞台颜色为"黑色"。

（2）按 Ctrl+F8 组合键，打开"创建新元件"对话框，新建一个按钮元件"华北地区"，如图 5-1-2 所示，单击"确定"按钮。

图5-1-2

（3）在工具箱中选择基本矩形工具，在舞台上绘制一个矩形，在"属性"面板上设置矩形坐标位置为"X：0，Y：0"，宽度为 105，高度为 24，笔触颜色为"浅灰色（#CCCCCC）"，填充色为"白色"，矩形边角半径为 5。此时可得到一个白色的圆角矩形，如图 5-1-3 所示。

（4）展开"颜色"面板，设置圆角矩形的填充色为"白色→浅蓝色（#A1C2D7）"的线性渐变，如图 5-1-4 所示。

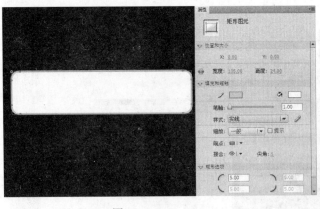

图5-1-3

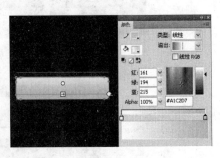

图5-1-4

（5）选中圆角矩形，按 F8 键将其转换为图形元件"矩形"，然后在"指针经过"帧上按 F6 键插入一个关键帧，在"点击"帧上按 F5 键插入一个普通帧，并在"属性"面板上调整"弹起"帧上矩形元件的 Alpha 值为 80%。

　　（6）新建图层，输入文字"华北地区"，设置字体为"汉仪中黑简"，字体颜色为"黑色"，字体大小为"14 点"，字母间距为 2，然后调整位置使其与圆角矩形中心对齐，如图 5-1-5 所示。此时的时间轴状态如图 5-1-6 所示。

图5-1-5　　　　　　　　　　　　　　　　　　　图5-1-6

　　（7）第一个按钮制作完毕，下面来制作第二个按钮。再次按 Ctrl+F8 组合键，新建按钮元件"东北地区"，并单击"确定"按钮。接着从库中将元件"矩形"拖入舞台，设置其坐标位置为"X：0，Y：0"；并在"指针经过"帧上按 F6 键插入一个关键帧，在"点击"帧上按 F5 键插入一个普通帧，最后在"属性"面板上调整"弹起"帧上矩形元件的 Alpha 值为 80%。

　　（8）新建图层，输入文字"东北地区"，字符属性设置与步骤（6）相同。调整位置使其与圆角矩形中心对齐，效果如图 5-1-7 所示。

　　（9）依照前面的制作方法，依次制作出"西北地区"、"西南地区"、"华南地区"、"华东地区"、"华中地区"、"台港澳地区"6 个按钮元件。此时的"库"面板状态如图 5-1-8 所示。

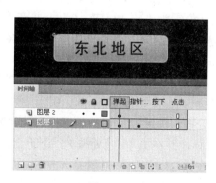

图5-1-7　　　　　　　　　　　　　　　　　　　图5-1-8

（10）按 Ctrl+F8 键，新建影片剪辑元件"旅游景点"，并单击"确定"按钮。选择"文件"→"导入"→"导入到库"命令，从素材文件夹中将"华北1.jpg"、"华北2.jpg"等风景图片全部导入到库中，然后将这些图片从库中依次拖入舞台，并按照对应按钮的先后顺序进行排列，效果如图5-1-9所示。

图5-1-9

（11）框选所有的图片，按 F8 键将其转换为图形元件"图片"。至此，所需要的动画元件都准备好了，下面就要开始制作导航动画了。

（12）按 Ctrl+F8 组合键，新建影片剪辑元件"导航"，并单击"确定"按钮。将"图层 1"命名为"华北地区"，然后从库中将按钮元件"华北地区"拖入舞台，设置坐标位置为"X：0，Y：0"，并在"属性"面板上设置其实例名称为hb，接着在第40帧处按F5键延长帧。

（13）新建图层，命名为"东北地区"，将按钮元件"东北地区"从库中拖入舞台，设置坐标位置为"X：0，Y：0"，并在"属性"面板上设置其实例名称为 db。然后在第15帧处插入关键帧，调整坐标位置为"X：105，Y：0"，在第 1～15 帧之间创建传统补间动画，并在第40帧处按F5键延长帧。

（14）新建图层，命名为"西北地区"，将按钮元件"西北地区"从库中拖入舞台，设置坐标位置为"X：0，Y：0"，并在"属性"面板上设置其实例名称为 xb。然后在第15帧处插入关键帧，调整坐标位置为"X：210，Y：0"，在第 1～15 帧之间创建传统补间动画，并在第40帧处按F5键延长帧。

（15）新建图层，命名为"西南地区"，将按钮元件"西南地区"从库中拖入舞台，设置坐标位置为"X：0，Y：0"，并在"属性"面板上设置其实例名称为 xn。然后在第15帧处插入关键帧，调整坐标位置为"X：315，Y：0"，在第 1～15 帧之间创建传统补间动画，并在第40帧处按F5键延长帧。

（16）新建图层，命名为"华南地区"，在第15帧处按F7键插入空白关键帧，将按钮元件"华南地区"从库中拖入舞台，设置坐标位置为"X：0，Y：0"，并在"属性"面板上设置其实例名称为 hn；然后在第30帧处插入关键帧，调整坐标位置为"X：0，Y：25"，在第15～30帧之间创建传统补间动画，并在第40帧处按F5键延长帧。

（17）新建图层，命名为"华东地区"，在第19帧处按F7键插入空白关键帧，将按钮元件"华东地区"从库中拖入舞台，设置坐标位置为"X：105，Y：0"，并在"属性"面板上设置其实例名称为hd；然后在第30帧处插入关键帧，调整坐标位置为"X：105，Y：25"，在第19～30帧之间创建传统补间动画，并在第40帧处按F5键延长帧。

（18）新建图层，命名为"华中地区"，在第23帧处按F7键插入空白关键帧，将按钮元件"华中地区"从库中拖入舞台，设置坐标位置为"X：210，Y：0"，并在"属性"面板上设置其实例名称为hz；然后在第30帧处插入关键帧，调整坐标位置为"X：210，Y：

25"，在第 23～30 帧之间创建传统补间动画，并在第 40 帧处按 F5 键延长帧。

（19）新建图层，命名为"台港澳地区"，在第 27 帧处按 F7 键插入空白关键帧，将按钮元件"台港澳地区"从库中拖入舞台，设置坐标位置为"X：315，Y：0"，并在"属性"面板上设置其实例名称为 tga。然后在第 30 帧处插入关键帧，调整坐标位置为"X：315，Y：25"，在第 27～30 帧之间创建传统补间动画，并在第 40 帧处按 F5 键延长帧。此时的效果和时间轴状态如图 5-1-10 所示。

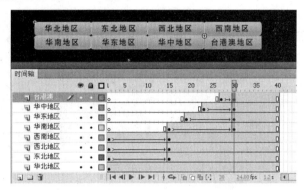

图5-1-10

（20）新建图层，命名为"旅游景点"，在第 30 帧处按 F7 键插入空白关键帧，将影片剪辑元件"旅游景点"从库中拖入舞台，设置坐标位置为"X：440，Y：55"，并在属性面板上将其实例名称命名为 img，此时的效果如图 5-1-11 所示。

（21）在"旅游景点"元件上双击鼠标进入元件编辑窗口，此时第 1 帧中元件的横坐标位置为"X：-902"，在第 5 帧处插入关键帧，向右移动图片，设置横坐标位置为"X：-2705"，效果如图 5-1-12 所示。

图5-1-11

图5-1-12

（22）在第 10 帧处插入关键帧，向左移动图片，设置横坐标位置为"X：-455"，效果如图 5-1-13 所示。

（23）在第 21 帧处插入关键帧，设置帧中元件的横坐标位置为"X：-900"，效果如图 5-1-14 所示。

（24）在第 33 帧处插入关键帧，设置帧中元件的横坐标位置为"X：-2705"，效果如图 5-1-15 所示。

（25）在第 46 帧处插入关键帧，设置帧中元件的横坐标位置为"X：-1805"，效果如图 5-1-16 所示。

【高职高专新课程体系规划教材 · 计算机系列】

图5-1-13

图5-1-14

图5-1-15

图5-1-16

（26）在第 58 帧处插入关键帧，设置帧中元件的横坐标位置为"X：−1355"，效果如图 5-1-17 所示。

（27）在第 70 帧处插入关键帧，设置帧中元件的横坐标位置为"X：−3150"，效果如图 5-1-18 所示。

图5-1-17

图5-1-18

（28）在第 82 帧处插入关键帧，设置帧中元件的横坐标位置为"X：−2250"，效果如图 5-1-19 所示。

（29）在第 97 帧处插入关键帧，设置帧中元件的横坐标位置为"X：−3600"，效果如图 5-1-20 所示。

图5-1-19

图5-1-20

（30）然后分别在第 1～5 帧、第 5～10 帧、第 10～21 帧、第 21～33 帧、第 33～46

【高职高专新课程体系规划教材·计算机系列】

帧、第46~58帧、第58~70帧、第70~82帧和第82~97帧之间创建传统补间动画。接着展开"动作-帧"面板，分别在第10、21、33、46、58、70、82、97帧输入代码"stop();"，如图5-1-21所示。

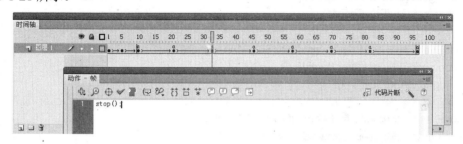

图5-1-21

（31）接着分别在"属性"面板上将第1、11、22、34、47、59、71、83帧的帧标签命名为img1、img2、img6、img4、img3、img7、img5和img8，如图5-1-22所示。

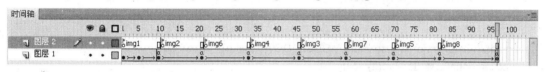

图5-1-22

（32）返回到"导航"元件编辑窗口，在第40帧处插入关键帧，设置第30帧中元件的Alpha值为0%，并在第30~40帧之间创建传统补间动画。

（33）新建图层，命名为"遮罩"，在第30帧处插入空白关键帧，使用矩形工具绘制一个任意颜色的矩形，设置矩形的宽度为420、高度为120，坐标位置为"X：0，Y：50"。如图5-1-23所示。然后右键单击"遮罩"图层，在弹出的快捷菜单中选择"遮罩层"命令，使其对下面的旅游景点图层起遮罩作用。

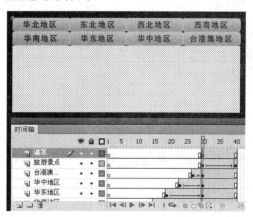

图5-1-23

（34）下面要为各按钮添加动作代码，当用户单击某个按钮时可显示出相应的旅游景点图片。新建图层，命名为action，在第40帧处插入空白关键帧，打开"动作-帧"面板，输入如下代码。

【高职高专新课程体系规划教材·计算机系列】

```
stop();
hb.addEventListener(MouseEvent.MOUSE_DOWN,gohb);        //触发鼠标单击事件，调用 gohb
function gohb(e:MouseEvent):void{                        //定义函数 gohb
    img.gotoAndPlay("img1");                            //元件 img 从标签 img1 处开始播放
    }
db.addEventListener(MouseEvent.MOUSE_DOWN,godb);
function godb(e:MouseEvent):void{
    img.gotoAndPlay("img2");
    }
xb.addEventListener(MouseEvent.MOUSE_DOWN,goxb);
function goxb(e:MouseEvent):void{
    img.gotoAndPlay("img3");
    }
xn.addEventListener(MouseEvent.MOUSE_DOWN,goxn);
function goxn(e:MouseEvent):void{
    img.gotoAndPlay("img4");
    }
hn.addEventListener(MouseEvent.MOUSE_DOWN,gohn);
function gohn(e:MouseEvent):void{
    img.gotoAndPlay("img5");
    }
hd.addEventListener(MouseEvent.MOUSE_DOWN,gohd);
function gohd(e:MouseEvent):void{
    img.gotoAndPlay("img6");
    }
hz.addEventListener(MouseEvent.MOUSE_DOWN,gohz);
function gohz(e:MouseEvent):void{
    img.gotoAndPlay("img7");
    }
tga.addEventListener(MouseEvent.MOUSE_DOWN,gotga);
function gotga(e:MouseEvent):void{
    img.gotoAndPlay("img8");
    }
```

（35）返回"场景 1"，从库中将影片剪辑元件"导航"拖入舞台，设置坐标位置为"X：15，Y：0"。至此，旅游网站导航动画制作完毕，按 Ctrl+Enter 组合键预览动画效果，然后选择"文件"→"保存"命令将制作好的源文件进行保存。在项目 6 的整站动画中还要用到该导航效果。

## 5.1.4　知识点总结

本节实例制作的难点在于代码的书写。ActionScript 3.0 脚本语言是面向对象的编程语言，在此不再对变量、变量类型、运算符及循环语句、条件语句等编程基础知识进行详细介绍，而把重点放在 ActionScript 3.0 的事件处理机制上。在 ActionScript 3.0 中，每个事件都由一个事件对象表示，事件对象是 Event 类或其某个子类的实例，不但存储了有关特定事件的信息，还包含了操作事件对象的方法。例如，当检测到鼠标单击时，会创建一个事件对象，即 MouseEvent 类的实例。对于该事件对象，可以使用事件侦听器进行"侦听"，添加事件侦听器的过程分为两步：首先，使用 addEventListener()方法在事件的目标中注册侦听器函数；然后为 Flash Player 创建一个侦听器函数或事件处理函数，其语法结构如下。

```
事件发送者. addEventListener(事件类型.事件属性,传递函数名);
function  传递函数名(e:事件类型):void{
    //此处是为响应事件而执行的动作
}
```

在为实例定义了事件侦听器之后，一旦所包含的事件类型被触发，系统就会调用相应的函数体执行相应的动作。ActionScript 3.0 中所有的事件都位于 flash.events 包内，其中包含了 20 多个 Event 类的子类，用来管理相关的事件类型。例如，本节实例中用到的鼠标事件 MouseEven 就定义了 10 种常见的鼠标事件，分别如下。

- ❖ CLICK：定义鼠标单击事件。
- ❖ DOUBLE_CLICK：定义鼠标双击事件。
- ❖ MOUSE_OVER：定义鼠标移过事件。
- ❖ MOUSE_MOVE：定义鼠标移动事件。
- ❖ MOUSE_DOWN：定义鼠标按下事件。
- ❖ MOUSE_UP：定义鼠标提起事件。
- ❖ MOUSE_OUT：定义鼠标移出事件。
- ❖ MOUSE_WHEEL：定义鼠标滚轴滚动事件。
- ❖ ROLL_OVER：定义鼠标滑入事件。
- ❖ ROLL_OUT：定义鼠标滑出事件。

# 5.2　任务 2——制作摄影网站导航

摄影网站的导航栏目命名要清晰易懂，与网站展示的内容要相关联；栏目结构要层级分明、条理清晰，导航条的位置要明显、统一；另外，在设计导航动画效果时，要注意图文结合、静动呼应，将重点内容加以强调，以此来吸引用户的注意力。

## 5.2.1　实例效果预览

本节实例效果如图 5-2-1 所示。

【高职高专新课程体系规划教材·计算机系列】

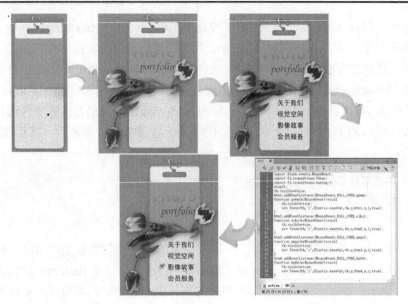

图5-2-1

## 5.2.2 技能应用分析

1. 设置舞台属性，导入需要的素材做背景。
2. 制作出导航栏目由上而下逐渐显现的动画效果。
3. 综合应用遮罩动画和传统补间动画制作出文字及郁金香的动画效果。
4. 添加动作脚本，使用 Tween 类制作出小图标随鼠标移动的动画效果。

## 5.2.3 制作步骤解析

（1）新建一个 Flash 文件，在"属性"面板上设置动画帧频为 30fps，舞台尺寸为"218×548像素"，舞台颜色为"红褐色（#CC6633）"。

（2）按 Ctrl+F8 组合键创建一个新的影片剪辑元件"导航动画"，在时间轴上将"图层 1"命名为"导航背景"，选择"文件"→"导入"→"导入到舞台"命令将素材文件"导航背景.png"导入到舞台上，设置其坐标位置为"X：0，Y：0"，如图 5-2-2 所示。然后按 F5 键将"导航背景"图层延长到第 50 帧。

（3）新建图层，命名为 photo，使用文本工具输入文字"PHOTO"，设置字体为 Arial，字体大小为"40 点"，颜色为任意色。然后选中文本框按 F8 键将其转换为图形元件 photo，双击该元件进入编辑窗口，在"图层 1"的下面新建图层，绘制一个略大于文本框的矩形，填充颜色由上向下为"浅灰色（#98A8C2）→灰色（#69627E）"的线性渐变，如图 5-2-3 所示。

（4）在时间轴上右键单击"图层 1"，在弹出的快捷菜单中选择"遮罩层"命令，使文字对渐变填充的矩形起遮罩作用，得到渐变文字效果，如图 5-2-4 所示。

（5）返回到"导航动画"编辑窗口，调整 photo 元件的坐标位置为"X：29，Y：44"，然后在第 11 帧处插入关键帧，调整纵坐标位置为"Y：124"，并在第 1～11 帧之间创建传统补间动画。

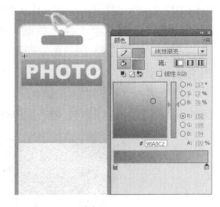

图5-2-2　　　　　　　　　　　　　　　　　图5-2-3

（6）新建图层，命名为"遮罩"，使用矩形工具绘制一个任意颜色的矩形，如图 5-2-5 所示。然后右键单击"遮罩"图层，在弹出的快捷菜单中选择"遮罩层"命令，使其对下面的 photo 元件起作用，制作出文字运动效果。

图5-2-4　　　　　　　　　　　　　图5-2-5

（7）新建图层，命名为 portfolio，在第 17 帧处插入空白关键帧，输入文字"portfolio"，设置字体大小为"40 点"，颜色为"青灰色（#374459）"。然后选中文本框，按 F8 键将其转换为图形元件 portfolio，并双击该元件进入编辑窗口。在第 30 帧处按 F5 键延长帧，新建图层，使用刷子工具沿着字母"p"的第一个笔画进行描绘，如图 5-2-6 所示；接着在第 2 帧处插入关键帧，继续描绘出第二个笔画，如图 5-2-7 所示。依照此方法，依次插入关键帧并描绘出字体的部分笔画，最后描绘出的效果如图 5-2-8 所示。

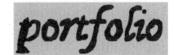

图5-2-6　　　　　　　　　　　图5-2-7　　　　　　　　　　　图5-2-8

（8）右键单击"图层 2"，在弹出的快捷菜单中选择"遮罩层"命令，制作出文字书写动画效果，并在最后一个关键帧上添加动作代码"stop();"，避免文字动画重复播放。

（9）按 Ctrl+F8 组合键创建一个新的影片剪辑元件"郁金香"，选择"文件"→"导

【高职高专新课程体系规划教材·计算机系列】

入"→"导入到舞台"命令，将素材文件"郁金香.png"导入到舞台上，设置其坐标位置为"X：0，Y：0"，如图 5-2-9 所示。

（10）按 F8 键将郁金香图片转换为图片元件"花朵"，然后在第 10 帧、第 25 帧处分别插入关键帧，调整第 1 帧元件的大小为原来的 40%，Alpha 值为 0%，第 10 帧元件的亮度值为 85%，接着在第 1～10 帧和第 10～25 帧之间创建传统补间动画，制作出花朵逐渐放大并显现的动画效果，并在最后一个关键帧上添加动作代码"stop();"。

（11）进入"导航动画"编辑窗口，新建图层，命名为"郁金香"，在第 25 帧处插入空白关键帧，从库中将刚才制作好的"郁金香"元件拖入舞台，设置坐标位置为"X：-80，Y：160"。

图5-2-9

（12）新建图层，命名为"关于我们"，在第 21 帧处插入空白关键帧，使用文本工具输入文字"关于我们"，设置字体为"黑体"，字体颜色为"黑色"，字体大小为"24 点"，坐标位置为"X：80，Y：310"，如图 5-2-10 所示。

（13）选中文字，转换为影片剪辑元件"关于我们"，并在"属性"面板上将该元件的实例名称命名为 btn1。然后在第 31 帧处插入关键帧，调整第 21 帧中元件的纵坐标位置为"Y：280"，Alpha 值为 0%，在第 21～31 帧之间创建传统补间动画。

（14）新建图层，命名为"视觉空间"，在第 23 帧处插入空白关键帧，输入文字"视觉空间"，设置坐标位置为"X：80，Y：350"，如图 5-2-11 所示。

图5-2-10

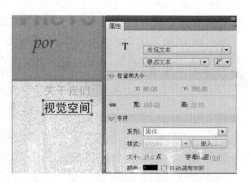

图5-2-11

（15）选中文字，转换为影片剪辑元件"视觉空间"，并在"属性"面板上将该元件的实例名称命名为 btn2。然后在第 33 帧处插入关键帧，调整第 23 帧中元件的纵坐标位置为"Y：320"，Alpha 值为 0%，在第 23～33 帧之间创建传统补间动画。

（16）新建图层，命名为"影像故事"，在第 25 帧处插入空白关键帧，输入文字"影像故事"，设置坐标位置为"X：80，Y：390"，如图 5-2-12 所示。

（17）选中文字，转换为影片剪辑元件"影像故事"，并在"属性"面板上将该元件的实例名称命名为 btn3。然后在第 35 帧处插入关键帧，调整第 25 帧处中元件的纵坐标位置为"Y：360"，Alpha 值为 0%，在第 25～35 帧之间创建传统补间动画。

（18）新建图层，命名为"会员服务"，在第 27 帧处插入空白关键帧，输入文字"会员服务"，设置坐标位置为"X：80，Y：430"，如图 5-2-13 所示。

图5-2-12

图5-2-13

（19）选中文字，转换为影片剪辑元件"会员服务"，并在"属性"面板上将该元件的实例名称命名为 btn4。然后在第 37 帧处插入关键帧，调整第 27 帧处中元件的纵坐标位置为"Y：400"，Alpha 值为 0%，在第 27～37 帧之间创建传统补间动画。

（20）新建图层，命名为"图标"，在第 38 帧处插入空白关键帧，选择"文件"→"导入"→"导入到舞台"命令将素材文件"图标.png"导入到舞台上，设置其坐标位置为"X：50，Y：180"，如图 5-2-14 所示。按 F8 键将其转换为影片剪辑元件 tb，并在"属性"面板上将元件的实例名称命名为 tb，以备后用。

图5-2-14

【高职高专新课程体系规划教材·计算机系列】

（21）新建图层，在第 38 帧处插入空白关键帧，然后打开"动作-帧"面板，输入如下代码。

```
import flash.events.MouseEvent;
import fl.transitions.Tween;
import fl.transitions.easing.*;
stop();
tb.visible=false;
btn1.addEventListener(MouseEvent.ROLL_OVER,gywm);
function gywm(e:MouseEvent):void{
    tb.visible=true;
    new Tween(tb,"y",Elastic.easeOut,tb.y,btn1.y,1,true);
}
btn2.addEventListener(MouseEvent.ROLL_OVER,sjkj);
function sjkj(e:MouseEvent):void{
    tb.visible=true;
    new Tween(tb,"y",Elastic.easeOut,tb.y,btn2.y,1,true);
}
btn3.addEventListener(MouseEvent.ROLL_OVER,yxgs);
function yxgs(e:MouseEvent):void{
    tb.visible=true;
    new Tween(tb,"y",Elastic.easeOut,tb.y,btn3.y,1,true);
}
btn4.addEventListener(MouseEvent.ROLL_OVER,hyfw);
function hyfw(e:MouseEvent):void{
    tb.visible=true;
    new Tween(tb,"y",Elastic.easeOut,tb.y,btn4.y,1,true);
}
```

（22）返回"场景 1"，从库中将元件"导航动画"拖入舞台，设置坐标位置为"X：0，Y：0"。至此，摄影网站的导航制作完毕，按 Ctrl+Enter 组合键预览动画效果，修改完毕后选择"文件"→"保存"命令将制作好的源文件进行保存，在项目 6 的整站动画中要用到该导航效果。

## 5.2.4　知识点总结

在本节实例的制作中，除了应用到前面学习过的事件侦听器外，还用到了缓动类。缓动是一种加速或减速动画起始或结束速度的技术，在 ActionScript 3.0 中，使用 Tween 类，可以通过指定操作目标的影片剪辑属性在一定的帧数或者时间内创建动画效果，进而实现影片剪辑的运动动画、缩放动画、淡入淡出动画等显示效果。

"缓动"是指动画在运行期间的速度呈非线性变化，因此动画效果更加逼真。Tween 类中的缓动方法位于 fl.transitions.easing 包（该包提供了多种缓动方法）中，因此，必须使用 import 语句将其导入到项目中，才可以被 Flash 文件中的 ActionScript 所使用，相应代码如下。

```
import fl.transitions.Tween;
import fl.transitions.easing.*;
```

要利用 Tween 类创建动画效果，首先要创建一个 Tween 对象，用来指定目标对象将发生什么样的变化。创建 Tween 类对象的方法如下所示。

```
Tween(目标对象,目标对象的属性,缓动方式,初始值,结束值,动画持续时间,计时方式);
```

以这种方法创建新的补间变量时，控制补间的所有参数都在括号内并用逗号隔开。第一个参数是补间对象的实例名；第二个参数表示动画的属性，它是字符串类型，必须使用双引号；第三个参数是缓动类型，用来控制动画开始或结束的方式；接着的两个参数是动画起始值和结束值；最后一个参数是补间动画持续的时间，默认值是 false，即使用帧数计时，当该值为 true 时，持续时间将按秒计算。

其中，第三个参数的缓动类型包括以下 6 种方式。

❖ Back：在结束点过渡范围外扩展动画一次，以产生从其范围外回拉的效果。

❖ Bounce：在结束点过渡范围内加入回弹效果，弹跳数与持续时间相关，持续时间越长，弹跳数越多。

❖ Elastic：在结束点过渡范围外产生弹性效果，弹性量不受持续时间影响。

❖ Regular：实现的动画是加速运动、减速运动或先加速后减速的动画效果。

❖ Strong：类似于 Regular 缓动类，但效果更明显。

❖ None：从开始点到结束点做匀速直线运动，此过渡也称为线性过渡。

每种缓动类型都有 4 个缓动方法。

❖ easeIn：在过渡的开始提供缓动效果。

❖ easeOut：在过渡的结尾提供缓动效果。

❖ easeInOut：在过渡的开始和结尾提供缓动效果。

❖ easeNone：指明不使用缓动计算，只在 None 缓动类中使用。

# 5.3  任务 3——制作汽车网站导航

本任务中，汽车网站导航是整个网站架构、内容的集中表现，因此导航的主体信息结构及布局应该依照汽车产品的特性展开，所有的内容都以此为依据，用清晰、明了的布局引导浏览者方便、快捷地取得所需信息。

## 5.3.1  实例效果预览

本节实例效果如图 5-3-1 所示。

【高职高专新课程体系规划教材·计算机系列】

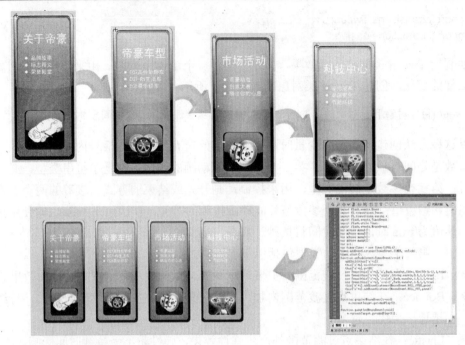

图5-3-1

## 5.3.2　技能应用分析

1. 应用逐帧动画和传统补间动画制作出导航元件。
2. 对于有相同元素的多个元件，可以将元件直接复制并进行修改，以提高制作效率。
3. 添加动作脚本，并使用 Timer 类实现每间隔 1 秒在舞台上添加一个导航的动画效果。
4. 为导航添加事件侦听器，控制鼠标事件对导航元件的动画效果。

## 5.3.3　制作步骤解析

（1）新建一个 Flash 文件，在"属性"面板上设置动画帧频为"FPS：30"，舞台尺寸为"766×650 像素"，舞台颜色为"灰青色（#CADCDF）"。

（2）按 Ctrl+F8 组合键，在打开的"创建新元件"对话框中新建影片剪辑元件 menu1。将"图层 1"重命名为"背景"，选择"文件"→"导入"→"导入到库"命令，将素材文件夹里的所有素材图片（包括红色波形图等 4 个文件夹里的图片）导入到库中。然后在"库"面板中，同时选择 r1～r30 之间的图片，单击鼠标右键并选择"移至"命令，在弹出的如图 5-3-2 所示的"移至文件夹"对话框中选择"新建文件夹"单选按钮，并在其后输入文件夹名称"红色波形图"；接着依次选择 g1～g30 之间的图片，单击鼠标右键并选择"移至"命令，输入文件夹名称"绿色波形图"；选择 b1～b30 之间的图片，单击鼠标右键并选择"移至"命令，输入文件夹名称"蓝色波形图"；选择 y1～y30 之间的图片，单击鼠标右键并选择"移至"命令，输入文件夹名称"黄色波形图"。

图5-3-2

（3）将素材图片 image1.jpg 拖入舞台，并设置坐标位置为"X：0，Y：0"，如图 5-3-3 所示；接着在图层的第 20 帧处按下 F5 键延长帧。

（4）新建图层，命名为"边框"，从库中将图片"边框.png"拖入舞台，设置坐标位置为"X：-8，Y：-5"，如图 5-3-4 所示。

图5-3-3

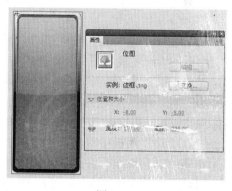

图5-3-4

（5）新建图层，命名为"图标"，从库中将图片"图标 1.png"拖入舞台，设置坐标位置为"X：14，Y：205"，如图 5-3-5 所示。

（6）新建图层，命名为"标题"，使用文本工具输入文字"关于帝豪"，设置字体为"黑体"，大小为"25 点"，颜色为"白色"，坐标位置为"X：12，Y：36"，如图 5-3-6 所示。

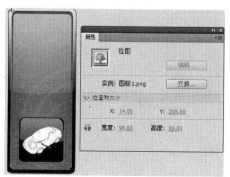

图5-3-5

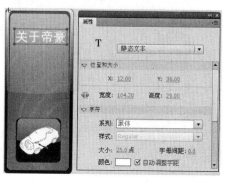

图5-3-6

【高职高专新课程体系规划教材·计算机系列】

（7）新建图层，命名为"小标题"，从库中将图片"图标.png"拖入舞台，设置坐标位置为"X：12，Y：83"；然后使用文本工具输入文字"品牌故事"，设置字体为"黑体"，大小为"12 点"，颜色为"白色"，坐标位置为"X：30，Y：85"，如图 5-3-7 所示。

（8）按住 Shift 键将小图标和文字"品牌故事"全部选中，然后按住 Ctrl 键向下移动复制两次，并使用文本工具将文字更改为"标志释义"和"荣誉殿堂"，适当调整位置后效果如图 5-3-8 所示。

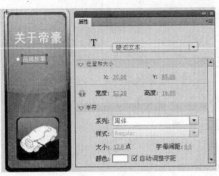

图5-3-7 　　　　　　　　　　　　　　　　　　　图5-3-8

（9）按 Ctrl+F8 组合键，在打开的"创建新元件"对话框中新建影片剪辑元件 rwater。从"库"面板的"红色波形图"文件夹中将图片 r1.png 拖入舞台，设置坐标位置为"X：0，Y：0"；接着在第 2 帧处插入空白关键帧，将图片 r2.png 拖入舞台，设置坐标位置为"X：0，Y：0"；依照此方法，依次在第 3～30 帧之间插入空白关键帧，并将图片 r3.png～r30.png 拖入舞台，同样设置坐标位置为"X：0，Y：0"。此时的效果及时间轴状态如图 5-3-9 所示。

（10）在"库"面板中双击影片剪辑元件 menu1，进入其编辑窗口。选择"背景"图层，然后单击"新建图层"按钮，在"背景"图层和"边框"图层之间新建一个图层，命名为"水波动画"。接着在第 2 帧处按 F7 键插入空白关键帧，从库中将元件 rwater 拖入舞台，设置坐标位置为"X：23，Y：23"；并在第 10 帧和第 20 帧处分别插入关键帧，调整第 2 帧和第 20 帧中元件的 Alpha 值为 0%，在第 2～10 帧之间、第 10～20 帧之间创建传统补间动画，此时的效果及时间轴状态如图 5-3-10 所示。

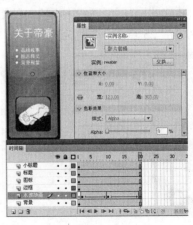

图5-3-9 　　　　　　　　　　　　　　　　　　　图5-3-10

（11）按 Ctrl+F8 组合键，在打开的"创建新元件"对话框中新建影片剪辑元件"光线动画"，在工具箱中选择矩形工具，设置笔触颜色为"无填充"，填充颜色为"白色"，然后在舞台上绘制一个白色矩形，设置其宽度为 127，高度为 70，坐标位置为"X：0，Y：0"，如图 5-3-11 所示。

（12）打开"颜色"面板，设置填充颜色为"线性渐变"，在渐变编辑条上添加一个色标，并将前后两个色标的 Alpha 值调整为 0%，将中间色标的 Alpha 值调整为 30%，如图 5-3-12 所示。

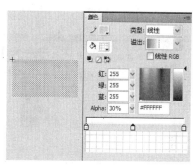

图5-3-11  图5-3-12

（13）此时的光线效果如图 5-3-13 所示。在工具箱中选择渐变变形工具，然后在白色光线上单击，并将鼠标指针放在渐变方向调整点上拖动，使光线的渐变方向为垂直方向，如图 5-3-14 所示。

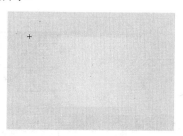
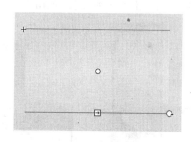

图5-3-13  图5-3-14

（14）然后选中光线图形，按 F8 键将其转换为图形元件 light，接着在第 10 帧和第 16 帧处分别插入关键帧，调整第 10 帧中元件的纵坐标位置为"Y：160"，并在第 1~10 帧和第 10~16 帧之间创建传统补间动画，形成光线纵向移动的动画效果。然后新建图层，在第 16 帧处插入空白关键帧，打开"动作-帧"面板，输入代码"stop();"，此时的效果及时间轴状态如图 5-3-15 所示。

（15）在"库"面板中双击影片剪辑元件 menu1，进入其编辑窗口。在所有图层的最上面新建图层，命名为"光线"，在第 2 帧处插入空白关键帧，从库中将元件"光线动画"拖入舞台，设置坐标位置为"X：-2，Y：160"，如图 5-3-16 所示。

（16）新建图层，命名为"遮罩"，在第 2 帧处插入空白关键帧，然后右键单击图层"图标"的第 1 帧，选择"复制帧"命令，并在"遮罩"层的第 2 帧处单击鼠标右键，选择"粘贴帧"命令；接着右键单击图层"遮罩"，选择"遮罩层"命令，使光线范围仅限

【高职高专新课程体系规划教材·计算机系列】

于图标内部；新建图层，命名为 actions，在第 1 帧打开"动作-帧"面板，输入代码"stop();"；在第 10 帧处插入空白关键帧，同样添加代码"stop();"。至此，第一个导航元件制作完毕，此时的效果及时间轴状态如图 5-3-17 所示。

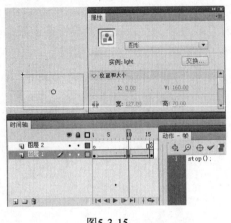

图5-3-15

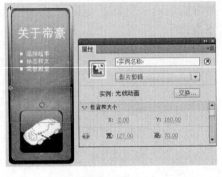

图5-3-16

（17）下面制作第二个导航元件。因为其效果与第一个基本类似，只有背景、图标和文字不同，因此可以通过将第一个导航进行复制并修改，快速制作出第二个导航。

（18）在"库"面板上选择元件 menu1，单击鼠标右键，在弹出的快捷菜单中选择"直接复制"命令，打开"直接复制元件"对话框，修改元件的名称为 menu2，如图 5-3-18 所示。单击"确定"按钮，得到元件 menu2。

图5-3-17

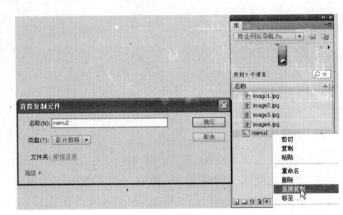

图5-3-18

（19）在"库"面板上双击元件 menu2，进入其编辑窗口。选中"背景"图层中的图形，按 Delete 键将其删除，然后从库中将图片 image2.jpg 拖入舞台，设置坐标位置为"X：0，Y：0"，如图 5-3-19 所示。

（20）接着选中"图标"图层中的图形，将其删除，从库中将图片"图标 2.png"拖入舞台，设置坐标位置为"X：14，Y：205"，如图 5-3-20 所示。

图5-3-19　　　　　　　　　　　　　　　　　　图5-3-20

（21）选中"标题"图层，使用文本工具将标题文字修改为"帝豪车型"；接着选中"小标题"图层，使用文本工具将小标题文字修改为"EC7 高性能轿车"、"EC7-RV 生活车"和"EC8 豪华轿车"，效果如图 5-3-21 所示。

（22）按 Ctrl+F8 组合键，在打开的"创建新元件"对话框中新建影片剪辑元件 gwater，从"库"面板的"绿色波形图"文件夹中将图片 g1.png 拖入舞台，设置坐标位置为"X：0，Y：0"；接着依次在第 2～30 帧之间插入空白关键帧，并将图片 g2.png～g30.png 拖入舞台，分别设置其坐标位置为"X：0，Y：0"。此时的效果及时间轴状态如图 5-3-22 所示。

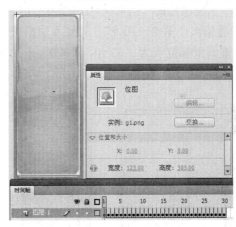

图5-3-21　　　　　　　　　　　　　　　　　　图5-3-22

（23）在"库"面板中双击影片剪辑 menu2，进入其编辑窗口。选择"水波动画"图层的第 2 帧，将对应的影片剪辑元件 rwater 选中，然后在"属性"面板上单击"交换"按钮，打开"交换元件"对话框，如图 5-3-23 所示，选择元件 gwater。

（24）按照同样的方法，将"水波动画"图层第 10 帧、第 20 帧中的元件 rwater 也交换为元件 gwater。至此，第 2 个导航元件也制作好了。

（25）接着制作第 3 个导航元件。复制元件 menu1 并修改名称，得到元件 menu3。

（26）双击元件 menu3 进入其编辑窗口，将图层"背景"中的图片删除，并从库中将 image3.jpg 拖入舞台，设置坐标位置为"X：0，Y：0"，如图 5-3-24 所示；将图层"图标"中的图片删除，并从库中将"图标 3.png"拖入舞台，设置坐标位置为"X：14，Y：205"，

【高职高专新课程体系规划教材·计算机系列】

如图 5-3-25 所示；修改图层"标题"中的文字为"市场活动"，修改图层"小标题"中的文字为"帝豪动态"、"创意大赛"、"晒出你的心愿"，如图 5-3-26 所示。

图5-3-23

（27）按 Ctrl+F8 组合键，在打开的"创建新元件"对话框中新建影片剪辑元件 bwater。从库面板的"蓝色波形图"文件夹中将图片"b1.png"拖入舞台，设置坐标位置为"X：0，Y：0"；接着依次在第 2～30 帧之间插入空白关键帧，并将图片 b2.png～b30.png 拖入舞台，分别设置其坐标位置为"X：0，Y：0"。此时的效果及时间轴状态如图 5-3-27 所示。

图5-3-24

图5-3-25

图5-3-26

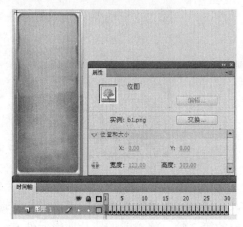

图5-3-27

（28）双击影片剪辑 menu3，进入其编辑窗口，将"水波动画"图层的第 2、10、20帧中的元件 rwater 交换为元件 bwater。至此，第 3 个导航元件制作完毕。

（29）接着制作第 4 个导航元件。复制元件 menu1 并修改名称，得到元件 menu4。

（30）双击元件 menu4 进入其编辑窗口，将图层"背景"中的图片删除，并从库中将image4.jpg 拖入舞台，设置坐标位置为"X：0，Y：0"，如图 5-3-28 所示。将图层"图标"中的图片删除，并从库中将"图标 4.png"拖入舞台，设置坐标位置为"X：14，Y：205"，如图 5-3-29 所示。修改图层"标题"中的文字为"科技中心",修改图层"小标题"中的文字为"领先技术"、"卓越安全"、"节能环保",如图 5-3-30 所示。

（31）按 Ctrl+F8 组合键,在打开的"创建新元件"对话框中新建影片剪辑元件 ywater,从"库"面板的"黄色波形图"文件夹中将图片 y1.png 拖入舞台,设置坐标位置为"X:0,Y:0";接着依次在第 2～30 帧之间插入空白关键帧,并将图片 y2.png～y30.png 拖入舞台,分别设置其坐标位置为"X:0,Y:0"。此时的效果及时间轴状态如图 5-3-31 所示。

图5-3-28

图5-3-29

图5-3-30

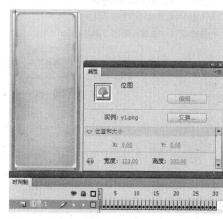
图5-3-31

（32）在"库"面板中双击影片剪辑 menu4,进入其编辑窗口,将图层"水波动画"第 2 帧、第 10 帧和第 20 帧中的元件 rwater 交换为元件 ywater。

（33）至此,4 个导航元件全部制作完毕,下面要将其添加到主场景中。为了更好地学习 ActionScript 3.0 编程,本任务主场景动画的制作全部使用代码进行控制。首先在"库"面板中右键单击元件 menu1,执行"属性"命令,在打开的"元件属性"对话框中展开"高级"选项,然后选中"为 ActionScript 导出"复选框,此时下面的"在第 1 帧导出"也会被自动勾选,保持"类"和其他设置不变,单击"确定"按钮。这时可能会出现一个对话框,单击"确定"按钮,使 Flash 为 MovieClip 新建一个 menu1 类,如图 5-3-32 所示。

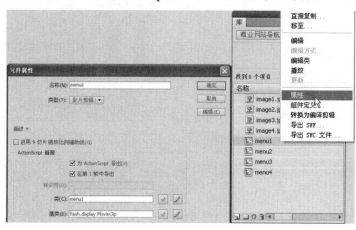
图5-3-32

（34）依照同样的方法，依次在"库"面板上右键单击元件 menu2、menu3、menu4，执行"属性"命令，并展开"高级"选项，选中"为 ActionScript 导出"复选框，新建 menu2 类、menu3 类和 menu4 类。

（35）返回"场景 1"编辑窗口，将"图层 1"命名为 action，在第 1 帧处打开"动作-帧"面板，首先导入要使用的事件和类，代码如下。

```
import flash.events.Event;
import fl.transitions.Tween;
import fl.transitions.easing.*;
```

（36）接着，要通过代码将元件 menu1 添加到舞台上，因为库里的 menu1 元件代表了 menu1 类，因此这里可以用代码创建它的实例并进行控制。在原有代码的基础上输入如下代码。

```
var m1=new menu1();
addChild(m1);
```

上述代码创建了一个名为 m1 的变量，它会保存 menu1 类的一个新实例，并且把它添加到场景中。

（37）测试影片，这时场景左上角会出现 menu1 类的一个实例，如图 5-3-33 所示。然而这个实例的位置不符合要求，因此需要继续在原有代码的基础上添加如下代码，以控制实例的纵坐标位置。

```
m1.y=150;
```

此时再测试影片，menu1 类的实例会出现在如图 5-3-34 所示的位置。

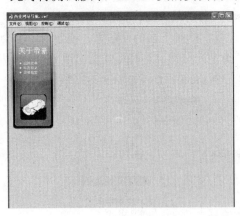

图5-3-33

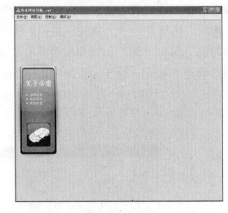

图5-3-34

（38）现在只是更改了实例的纵坐标位置，对于实例的横坐标要使用到缓动类，目的是让实例出现时有更好的动感。在原有代码的基础上添加如下代码。

```
new Tween(m1,"x",Back.easeOut,0,60,1,true);
```

（39）接着为了让实例出现时的动画效果更加有动感，继续添加如下代码。

```
new Tween(m1,"alpha",Strong.easeIn,0.5,1,1,true);
new Tween(m1,"scaleX",Back.easeOut,1.5,1,1,true);
new Tween(m1,"scaleY",Back.easeOut,1.5,1,1,true);
```

上述代码对实例 m1 的透明度和缩放属性设置缓动补间，实例将在 1 秒内完成一个弹性缩放效果。

（40）其他的 3 个导航也可以按此方法添加到场景中，但相同的代码要反复输入 4 次，不但冗长费事，而且 4 个导航会同时出现在场景中。这里可以换一种思路：设置一个计时器，每隔 1 秒向场景中添加一个导航。首先，需要引入制作计时器的类 Timer 及相应的事件。在原有的引入类代码之下添加如下代码。

```
import flash.events.TimerEvent;
import flash.utils.Timer;
```

（41）将原来的代码修改如下。

```
var m1=new menu1();            //新建 menu1 类的实例 m1
var m2=new menu2();            //新建 menu2 类的实例 m2
var m3=new menu3();            //新建 menu3 类的实例 m3
var m4=new menu4();            //新建 menu4 类的实例 m4
var i:uint=1;                  //定义变量 i
var timer:Timer = new Timer(1000,4);  //新建计时实例 timer，计时间隔为 1 秒，计时 4 次
timer.addEventListener(TimerEvent.TIMER, onTick); //开始计时就调用 onTick()函数
timer.start();                 //开始计时
function onTick(event:TimerEvent):void {  //定义 onTick 函数
    addChild(this["m"+i]);     //依据变量 i 的值在场景中添加相应的实例
this["m"+i].visible=true;      //使实例可见
    this["m"+i].y=150;         //更改实例纵坐标值
    new Tween(this["m"+i],"x",Back.easeOut,100*i,50+170*(i-1),1,true); //对 x 属性设置缓动
    new Tween(this["m"+i],"alpha",Strong.easeIn,0.5,1,1,true);        //对 alpha 属性设置缓动
    new Tween(this["m"+i],"scaleX",Back.easeOut,1.5,1,1,true);        //对 scaleX 属性设置缓动
    new Tween(this["m"+i],"scaleY",Back.easeOut,1.5,1,1,true);        //对 scaleY 属性设置缓动
    i++;                       //变量 i 的值增加 1
}
```

上面这段代码中，首先新建了 4 个实例，分别是 m1、m2、m3 和 m4，然后定义了一个变量 i，用其控制在场景中添加第几个实例；接着定义了一个计时器实例 timer，设置计时间隔为 1 秒钟，共计时 4 次，一旦 TimerEvent 事件被触发，就调用相应的 onTick()函数，开始计时，并在场景上添加变量 i 对应的实例；最后通过对实例的坐标位置和 alpha、scaleX、scaleY 等属性设置缓动类，达到实例动态显示的动画效果；前一个实例显示后，变量 i 会增加 1，继续添加下一个实例。

（42）测试影片，可以看到 4 个实例相继添加到场景中。

（43）下面要对导航进行控制，当鼠标移入和移出时，触发相应的事件，以此增加导航的美观性。在代码 i++之前添加如下代码。

```
this["m"+i].addEventListener(MouseEvent.ROLL_OVER,goin);
```

【高职高专新课程体系规划教材·计算机系列】

```
this["m"+i].addEventListener(MouseEvent.ROLL_OUT,goout);
```

（44）接着定义相应的函数，当鼠标事件 ROLL_OVER 被触发时，调用函数 goin；当鼠标事件 ROLL_OUT 被触发时，调用函数 goout。因此，在所有代码的下面继续添加如下代码。

```
function goin(e:MouseEvent):void {
    e.currentTarget.gotoAndPlay(2);
}
function goout(e:MouseEvent):void {
    e.currentTarget.gotoAndPlay(11);
}
```

这样，当鼠标移入导航，鼠标事件的当前对象将从第 2 帧开始播放动画；当鼠标移出导航，鼠标事件的当前对象将从第 11 帧开始播放动画。

（45）至此，汽车网站的导航效果就制作完毕了。按 Ctrl+Enter 组合键预览动画效果，修改完毕后选择"文件"→"保存"命令将制作好的源文件进行保存。在项目 6 的整站动画中还要用到该导航效果。

## 5.3.4　知识点总结

在本节实例中，每隔 1 秒钟就向场景中添加一个导航实例，其中用到了 addChild()方法和 Timer 类，下面分别进行介绍。

（1）如果要利用 ActionScript 把 MovieClip 实例从库放置到场景里，首先要在库里设置剪辑的链接属性。本实例的步骤（33）就通过选中"为 ActionScript 导出"复选框创建了 menu1 类，其中，"类"字段的名称被自动设置为元件的名称。当然，也可以修改这个名称，但本例中使用默认名称就可以了。

在"元件属性"对话框里，新的 menu1 类的基类是 flash.display.MovieClip，即 menu1 类扩展了 MovieClip 类，这表示 menu1 类除了具有自己的特性之外，还能够完成 MovieClip 类的全部功能。

新建 menu1 类之后，库中的 menu1 元件就代表了 menu1 类，可以很方便地通过 ActionScript 创建其实例并进行控制。此时，就需要使用到 addChild 命令，语法格式为：

```
var 实例名:类名=new 类名( );
addChild(实例名);
```

即首先定义一个变量，用来保存类的一个新实例，然后通过 addChild 命令将其添加到场景中。

（2）Timer 类是 Flash ActionScript 3.0 中的计时器类，Timer 的构造函数为 Timer(delay:Number, repeatCount:int=0)，其中，参数 delay 是计数的时长，单位为微秒；参数 repeatCount 为计数次数，默认值为 0（如果不传第二个参数，默认传入的值为 0），0 为一直计数。例如，创建一个间隔为 1 秒，计数 5 次的计数器的代码如下。

```
var timer: Timer = new Timer(1000, 5);
```

Timer 类有 3 个重要方法 start()方法、stop()方法和 reset()方法。

❖　start()方法用于开始计数。如果要使计数器起作用，必须先调用 start()方法。

❖　stop()方法用于停止计数。对于上面的代码来说，不一定非要等到计数 5 次结束，可以在第 3 次计数的时候就让 Timer 对象停止。

❖　reset()方法用于重置计数。

通过 start()和 stop()两个方法可以让 Timer 计数器开始或者停止，要使计数器起作用，就必须为其添加侦听器。Timer 对象有如下两个重要的事件，分别为：

❖　TimerEvent.TIMER：计数器每计数一次发生的事件；

❖　TimerEvent.TIMER_COMPLETE：计数器计数完成发生的事件。

【高职高专新课程体系规划教材·计算机系列】

# 网站动画制作

Flash 整体网站动画以其独有的美观性越来越受到人们的欢迎，其内容涵盖了网站片头、网站导航和多个栏目页面的设计与制作。本项目通过 3 种不同类型网站的制作，介绍了不同的制作手法。对于 Flash 整体网站动画来说，制作的重点在于栏目之间的跳转，因此，在学习过程中读者要多注意 ActionScript 动作脚本的应用。

## 6.1 任务 1——制作旅游网站

在设计旅游类网站的动画时，要突出旅游的特点，界面设计要美观大方，各类元素要一目了然，使游客通过简单浏览就能快速对景点有一个比较真实和全面的了解，从而起到高效宣传和推广网站的作用。

### 6.1.1 实例效果预览

本节实例效果如图 6-1-1 所示。

图6-1-1

## 6.1.2　技能应用分析

1．设置舞台属性，导入需要的素材。
2．添加背景图片，引入导航动画。
3．应用引导动画制作出热气球飞升的动画效果。
4．综合应用文本工具和 UIScrollBar 组件制作景点介绍元件。

## 6.1.3　制作步骤解析

（1）新建一个 Flash 文件，在"属性"面板上设置舞台尺寸为"780×430 像素"，舞台颜色为"黑色"，帧频为"FPS：50"。

（2）将"图层 1"命名为"背景"，选择"文件"→"导入"→"导入到舞台"命令，将素材文件"背景.jpg"导入到舞台上，设置坐标位置为"X：0，Y：0"，如图 6-1-2 所示。

（3）选中图片，按 F8 键将其转换为图形元件"背景"，然后分别在第 2 帧、第 3 帧、第 4 帧、第 5 帧和第 30 帧处插入关键帧。调整第 1 帧、第 3 帧和第 5 帧元件的 Alpha 值为 0%，在第 5～30 帧之间创建传统补间动画，接着在第 100 帧处按下 F5 键延长帧。

（4）新建图层，命名为 logo，在第 30 帧处插入关键帧，选择"文件"→"导入"→"导入到舞台"命令，将素材文件 logo.png 导入到舞台上，设置坐标位置为"X：500，Y：20"，如图 6-1-3 所示。

图6-1-2

图6-1-3

（5）选中该图片，将其转换为图形元件 logo，然后在第 50 帧处插入关键帧，调整第 30 帧元件的横坐标位置为"X：400"，Alpha 值为 0%，并在第 30～50 帧之间创建传统补间动画。接着在第 100 帧处按下 F5 键延长帧。

（6）按 Ctrl+F8 组合键，在打开的"创建新元件"对话框中新建影片剪辑元件"景点介绍 1"，然后使用文本工具输入一段文字（文字内容可以从素材光盘的"景点介绍.doc"文件中复制），如图 6-1-4 所示。在"属性"面板上将文本设置为动态文本，实例名称为 jd1，段落行为为"多行"，坐标位置为"X：0，Y：0"，宽度为 385，高度根据文字多少而定，只要符合文本段落就好，字体"黑体"，字体大小为"16 点"，字体颜色为"白色"。

（7）从窗口菜单中打开"组件"面板，从 User Interface 选项中将滚动条组件 UIScrollBar 拖入舞台，放在文本的右侧，如图 6-1-5 所示。

（8）在"属性"面板上设置滚动条的宽度为 10，高度为 120，坐标位置为"X：385，

【高职高专新课程体系规划教材·计算机系列】

Y：0"；并在下面的"组件参数"选项组中设置 direction 为 vertical，scrollTargetName 为 jd1，选中 visible 后的复选框，使滚动条可见，如图 6-1-6 所示。同时，在"属性"面板上将动态文本框的高度也设置为 120。

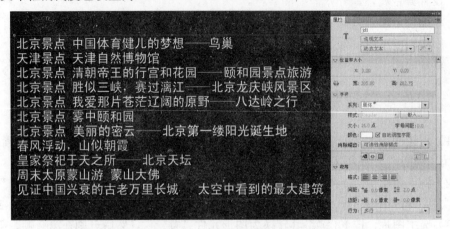

图6-1-4

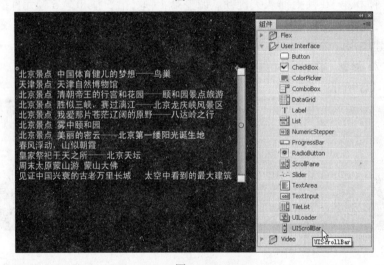

图6-1-5

图6-1-6

（9）第一个景点介绍效果制作完毕，下面来制作第 2 个景点介绍。按 **Ctrl+F8** 组合键，在打开的"创建新元件"对话框中新建影片剪辑元件"景点介绍 2"，然后使用文本工具输入一段文字（文字内容参见"景点介绍.doc"）。如图6-1-7所示，在"属性"面板上将文本设置为"动态文本"，实例名称为jd2，段落行为为"多行"，坐标位置为"X：0，Y：0"，宽度为385，字体为"黑体"，字体大小为"16点"，字体颜色为"白色"。

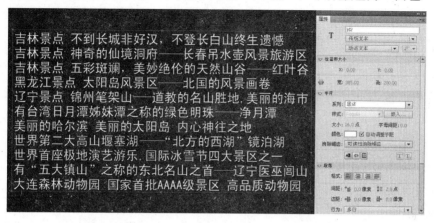

图6-1-7

（10）依照前面的方法，从"组件"面板中拖入滚动条组件UIScrollBar，放在文本的右侧，同样设置滚动条的宽度为10，高度为120，坐标位置为"X：385，Y：0"；并在下面的"组件参数"选项中设置direction为vertical，scrollTargetName为jd2，选中visible复选框，如图6-1-8所示。同时，在"属性"面板上将动态文本框的高度也设置为120。

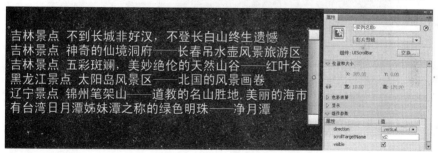

图6-1-8

（11）第二个景点介绍效果也制作好了，其他几个景点介绍的动画效果制作方法与上述相同，介绍文字可从素材"景点介绍.doc"中进行复制，依次制作出"景点介绍3"、"景点介绍4"、"景点介绍5"、"景点介绍6"、"景点介绍7"和"景点介绍8"对应的影片剪辑。

（12）按Ctrl+F8组合键，在打开的创建新元件窗口中新建影片剪辑元件"网站导航"，展开"高级"选项卡，单击"源文件"按钮，在打开的"查找FLA文件"窗口中选择项目5中制作好的"旅游网站导航.fla"文件，如图6-1-9所示。单击"打开"按钮后，在展开的"选择元件"窗口中选择"导航"元件，如图6-1-10所示，并单击"确定"按钮，将前面制作好的导航应用到网站中。

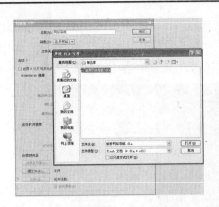

图6-1-9 图6-1-10

（13）在"库"面板中双击"网站导航"元件进入编辑窗口，前面的制作实现了按钮对图片滚动的控制，可以显示相应的旅游景点图片，现在要对其进行完善，在此基础上进一步实现单击各个按钮查看每个地区旅游景点的文字介绍的功能。

（14）在图层"旅游景点"的第 40 帧处双击元件进入图片的编辑窗口，新建图层，从库中将元件"景点介绍 1"拖入舞台，同样设置坐标位置为"X：-770，Y：110"，如图 6-1-11 所示。然后在第 10 帧插入关键帧，调整第 1 帧元件的 Alpha 值为 0%，在第 1～10 帧之间创建传统补间动画。

图6-1-11

（15）在第 11 帧处插入空白关键帧，从库中将元件"景点介绍 2"拖入舞台，设置坐标位置为"X：-770，Y：110"，与前一个元件重合，如图 6-1-12 所示。

图6-1-12

（16）在第 21 帧处插入关键帧，调整第 11 帧中元件的 Alpha 值为 0%，在第 11～21 帧之间创建传统补间动画。

（17）在第 22 帧处插入空白关键帧，从库中将元件"景点介绍 6"拖入舞台，同样设置坐标位置为"X：-770，Y：110"，与前一个元件重合。然后在第 33 帧处插入关键帧，调整第 22 帧中元件的 Alpha 值为 0%，在第 22～33 帧之间创建传统补间动画。

（18）在第 34 帧处插入空白关键帧，从库中将元件"景点介绍 4"拖入舞台，同样设置坐标位置为"X：-770，Y：110"，然后在第 46 帧处插入关键帧，调整第 34 帧中元件的 Alpha 值为 0%，在第 34～46 帧之间创建传统补间动画。

（19）在第 47 帧处插入空白关键帧，从库中将元件"景点介绍 3"拖入舞台，同样设置坐标位置为"X：-770，Y：110"，然后在第 58 帧处插入关键帧，调整第 47 帧中元件的 Alpha 值为 0%，在第 47～58 帧之间创建传统补间动画。

（20）在第 59 帧处插入空白关键帧，从库中将元件"景点介绍 7"拖入舞台，同样设置坐标位置为"X：-770，Y：110"，然后在第 70 帧处插入关键帧，调整第 59 帧中元件的 Alpha 值为 0%，在第 59～70 帧之间创建传统补间动画。

（21）在第 71 帧处插入空白关键帧，从库中将元件"景点介绍 5"拖入舞台，同样设置坐标位置为"X：-770，Y：110"，然后在第 82 帧处插入关键帧，调整第 71 帧中元件的 Alpha 值为 0%，在第 71～82 帧之间创建传统补间动画。

（22）在第 83 帧处插入空白关键帧，从库中将元件"景点介绍 8"拖入舞台，同样设置坐标位置为"X：-770，Y：110"，然后在第 97 帧处插入关键帧，调整第 83 帧中元件的 Alpha 值为 0%，在第 83～97 帧之间创建传统补间动画。此时的时间轴状态如图 6-1-13 所示。

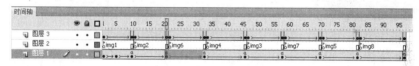

图6-1-13

（23）新建图层，在第 1 帧处使用文本工具输入如图 6-1-14 所示的文字，设置字体为"黑体"，颜色为"黑色"，字体大小为"16 点"，坐标位置为"X：-300，Y：120"。按下 F8 键将其转换为图形元件 hb，在第 10 帧处插入关键帧，调整第 1 帧中元件的 Alpha 值为 0%，横坐标位置为"X：-230"，在第 1～10 帧之间创建传统补间动画。

（24）在第 11 帧处插入空白关键帧，输入如图 6-1-15 所示的文字，设置坐标位置为"X：-300，Y：140"，将其转换为元件 db，在第 21 帧处插入关键帧，调整第 11 帧中元件的 Alpha 值为 0%，横坐标位置为"X：-230"，在第 11～21 帧之间创建传统补间动画。

图6-1-14

（25）依次在第 22～33 帧之间制作出如图 6-1-16 所示的文字动画；在第 34～46 帧之间制作出图 6-1-17 所示的文字动画；在第 47～58 帧之间制作出如图 6-1-18 所示的文字动画；在第 59～70 帧之间制作出如图 6-1-19 所示的文字动画；在第 71～82 帧之间制作出如图 6-1-20 所示的文字动画；在第 83～97 帧之间制作出如图 6-1-21 所示的文字动画。此时的时间轴状态如图 6-1-22 所示。

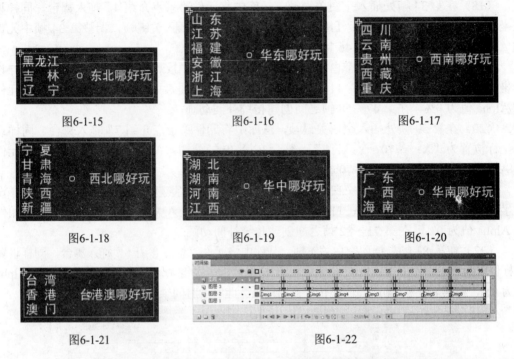

图6-1-15    图6-1-16    图6-1-17

图6-1-18    图6-1-19    图6-1-20

图6-1-21    图6-1-22

（26）返回到元件"网站导航"的编辑窗口，先取消"遮罩"图层的锁定状态，并将"遮罩"图层中的白色矩形修改为如图 6-1-23 所示的形状，即在原来的矩形下面增加一个宽度为 780、高度为 133 的白色矩形。

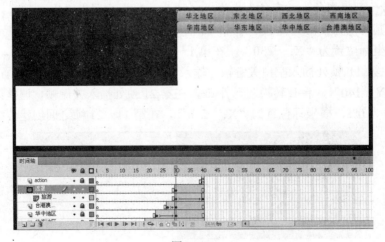

图6-1-23

（27）返回"场景1"的编辑窗口，新建图层，命名为"黑色矩形"，在第50帧处插入关键帧，使用矩形工具绘制一个填充色为"黑色"的矩形，设置矩形坐标位置为"X：360，Y：109"，宽度为420，高度为158；按下F8键将其转换为图形元件"黑色矩形"，然后在第71帧处插入关键帧，调整第50帧中元件的高度为1，Alpha值为0%，并在第50～71帧之间创建传统补间动画。

（28）新建图层，命名为"网站导航"，在第50帧处插入关键帧，从库中将元件"网站导航"拖入舞台，设置矩形坐标位置为"X：360，Y：109"。

（29）下面要制作一些气球飞行的动画效果来装饰网站。新建影片剪辑元件"气球动画"，将素材"气球1.png"～"气球7.png"共7个图片导入到库中。然后将"图层1"命名为"气球1"，从库中将"气球1"拖入舞台，设置坐标位置为"X：-1.4，Y：36"，如图6-1-24所示。将其转换为图形元件"球1"，然后在第120帧处插入关键帧，调整第120帧中气球的坐标位置为"X：-40，Y：256"，同时将第1帧中的气球缩小到原来的55%，在第1～120帧之间创建传统补间动画。

（30）新建图层，命名为"路径1"，使用铅笔工具在气球的起点和终点之间绘制一条如图6-1-25所示的曲线。然后右键单击"路径1"图层，选择"引导层"命令，微调气球的位置使其吸附到曲线的起点和终点。此时可以按Enter键测试气球是否沿路径运动。

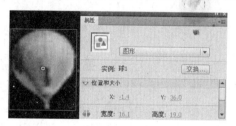
图6-1-24

图6-1-25

（31）新建图层，命名为"气球2"，在第100帧处插入空白关键帧，从库中将"气球2"拖入舞台，设置坐标位置为"X：32.7，Y：36"，如图6-1-26所示。将其转换为图形元件"球2"，然后在第220帧处插入关键帧，调整第220帧中气球的坐标位置为"X：275，Y：-254"，同时将第1帧中的气球放大到原来的180%，在第100～220帧之间创建传统补间动画。

（32）新建图层，命名为"路径2"，使用铅笔工具在气球的起点和终点之间绘制一条如图6-1-27所示的曲线，然后右键单击"路径2"图层，在弹出的快捷菜单中选择"引导层"命令，微调气球的位置使其吸附到曲线的起点和终点。测试气球是否沿路径运动。

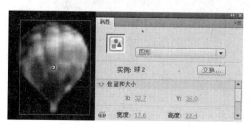
图6-1-26

图6-1-27

【高职高专新课程体系规划教材·计算机系列】

（33）新建图层，命名为"气球 3"，在第 51 帧处插入空白关键帧，从库中将"气球 3"拖入舞台，设置坐标位置为"X：-55.6，Y：33.4"，如图 6-1-28 所示。将其转换为图形元件"球 3"，然后在第 170 帧处插入关键帧，调整第 170 帧中气球的坐标位置为"X：176，Y：-250"，在第 51～170 帧之间创建传统补间动画。

（34）新建图层，命名为"路径 3"，使用铅笔工具在气球的起点和终点之间绘制一条如图 6-1-29 所示的曲线。然后右键单击"路径 3"图层，选择"引导层"命令，微调气球的位置使其吸附到曲线的起点和终点。测试气球是否沿路径运动。

图6-1-28

图6-1-29

（35）依照上面的制作方法，依次制作出其他气球的动画效果。其中，"气球 4"的动画介于第 152～271 帧之间，起点坐标位置为"X：160，Y：28"，终点坐标位置为"X：30，Y：-260"；"气球 5"的动画介于第 113～232 帧之间，起点坐标位置为"X：-125，Y：35"，终点坐标位置为"X：96，Y：-256"，并将终点气球放大到原来的130%；"气球 6"的动画介于第 146～265 帧之间，起点坐标位置为"X：96，Y：36"，终点坐标位置为"X：142，Y：-255"；"气球 7"的动画介于第 158～277 帧之间，起点坐标位置为"X：-95，Y：30"，终点坐标位置为"X：378，Y：-255"。每个气球的运动路径都介于各自的起点和终点之间，具体形状可参考源文件，也可自行绘制。制作中一定要保证每个气球的位置都吸附到曲线的起点和终点，并随时测试气球是否沿路径运动。最后，将所有图层延长到第 277 帧，此时的效果和时间轴状态如图 6-1-30 所示。

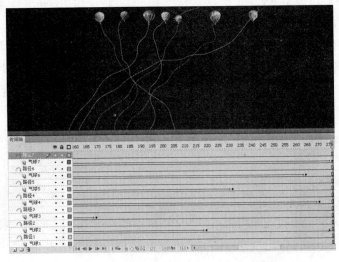

图6-1-30

（36）返回到"场景 1"，新建图层，命名为"气球动画"，在第 100 帧处插入空白关键帧，从库中将元件"气球动画"拖入舞台，设置坐标位置为"X：178，Y：220"。

（37）新建图层，命名为"山脉"，在第 100 帧处插入空白关键帧，从库中将"背景.jpg"拖入舞台，设置坐标位置为"X：0，Y：0"，与下面的背景重合，按下 Ctrl+B 组合键将其打散为矢量图形，然后使用橡皮擦工具，将如图 6-1-31 所示区域以外的图像擦除（可暂时将其他图层隐藏），目的是遮挡部分气球动画，形成气球从山后升起的视觉效果。

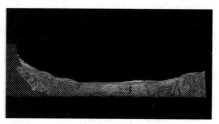

图6-1-31

（38）新建图层，命名为 action，在第 100 帧处插入空白关键帧，打开"动作-帧"面板，输入代码"stop();"，如图 6-1-32 所示。至此，整个动画制作完毕，测试完毕后将源文件保存即可。

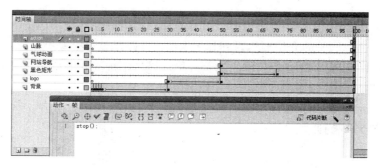

图6-1-32

## 6.1.4　知识点总结

在"景点介绍"影片剪辑的制作过程中，应用到了动态文本框和滚动条组件 UIScrollBar。动态文本框创建的文本是可以变化的，动态文本在影片播放过程中呈现动态变化，通常的做法是使用 ActionScript 脚本语言对动态文本框中的文本进行控制，这样就大大增加了影片的灵活性。将一段文本设置为动态文本，只需要在"属性"面板上将文本类型更改为"动态文本"就可以了。如果要通过代码来控制文本的显示，则需要在"属性"面板上将动态文本框命名为相应的实例名称。

本实例中，因为文本框中的文本高度超过了所能显示的范围，所以通过将文本框设置为动态文本框，并为其命名实例名称，然后再添加滚动条就可以达到浏览所有文本的目的。滚动显示文本是很多界面上的重要特性，使用内置的 UIScrollBar 组件可以很容易地创建文本字段的滚动条。

具体操作步骤为：首先为动态文本框命名实例名称，然后打开"组件"面板，从 User Interface 组件中选择 UIScrollBar 组件，将其拖到文本框的右侧，并对齐到文本字段的右上角，接着在"属性"面板的"组件参数"选项组或者组件检查器中设置滚动条的目标名称（即 scrollTargetName）为动态文本框的实例名称，就可以使滚动条起作用了。例如，在场景上命名某个动态文本框的实例名称为 text，拖入滚动条后设置如图 6-1-33 所示。

其中，参数 direction 表示滚动条的方向，默认为 vertical（垂直）；参数 scrollTargetName 表示与滚动条相关联的动态文本框的实例名称；参数 visible 表示滚动条是否显示，默认为 true（显示）。

图6-1-33

# 6.2 任务 2——制作摄影网站

摄影网站首页的形象要鲜明，要符合用户的喜好和摄影的特点，尽量营造一种亲切、甜蜜、浪漫的氛围。网站的介绍要尽量浅显、生动，所以在设计摄影类网站的动画效果时，可以对展示的图片和文字做一些简单的动画效果，避免常规网站的枯燥、呆板之感，增加用户的阅读兴趣。

## 6.2.1 实例效果预览

本节实例效果如图 6-2-1 所示。

图6-2-1

【高职高专新课程体系规划教材·计算机系列】

## 6.2.2　技能应用分析

1．应用逐帧动画和遮罩动画制作出"动画序列"元件飞入舞台并悬挂在钉子上的动画效果。

2．逐一制作出每个页面的动画效果，包括页面内部图片的明暗变化、缩放等动画效果。

3．将 4 个页面组合在一个影片剪辑内，通过添加动作脚本对其进行控制。

4．添加背景音乐，并进行编辑，制作出淡入淡出的效果。

## 6.2.3　制作步骤解析

### 子任务 1　制作导航呈现的动画效果

（1）新建一个 Flash 文件，在"属性"面板上设置动画帧频为 30fps，舞台尺寸为"766×750 像素"。在时间轴上将"图层 1"命名为"背景"，使用矩形工具绘制一个与舞台尺寸相同的矩形，设置其坐标位置为"X：0，Y：0"，笔触颜色为"无"，填充颜色为"浅褐色（#B8722E）→白色"的线性渐变，并使用渐变变形工具将渐变色调整为如图 6-2-2 所示的效果。

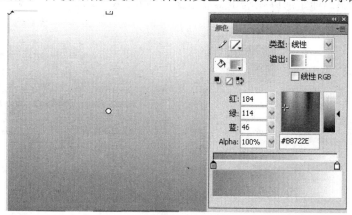

图6-2-2

（2）将"背景"图层延长到第 185 帧。接着按 Ctrl+F8 组合键创建新的图形元件"动画序列"，选择"文件"→"导入"→"导入到库"命令，将素材文件夹"图片序列"中的所有图片全部导入，然后从库中将图片 image1.png 拖入舞台，设置坐标位置为"X：0，Y：0"，在第 2 帧处插入空白关键帧，拖入图片 image2.png，同样放在"X：0，Y：0"的位置，接着依次在第 3~31 帧之间逐一放入"库"面板中的 image3.png~image31.png 图片，并将帧延长到第 42 帧。此时的效果及时间轴状态如图 6-2-3 所示。

（3）返回"场景 1"，新建图层，命名为"动画序列"，在第 2 帧处插入空白关键帧，从库中将制作好的元件"动画序列"拖入舞台，设置坐标位置为"X：0，Y：0"，并在第 37 帧处插入空白关键帧。

（4）新建图层，在第 7 帧处插入空白关键帧，选择"文件"→"导入"→"导入到库"

高职高专新课程体系规划教材·计算机系列

命令，将素材文件"钉子.png"导入到库中，并将其拖入舞台，设置坐标位置为"X：340，Y：92"，在第 37 帧处插入空白关键帧，此时第 36 帧的效果如图 6-2-4 所示。

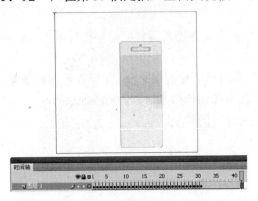

图6-2-3　　　　　　　　　　　　　　　　　图6-2-4

（5）新建图层，命名为"遮罩"，在第 7 帧处插入空白关键帧，使用矩形工具在钉子的位置绘制一个颜色较深的矩形，使其暂时将钉子遮挡起来，如图 6-2-5 所示。

（6）为第 13～32 帧之间的每个帧逐一插入关键帧，在时间轴上单击"遮罩"图层的"显示轮廓"按钮，使矩形以轮廓状态显示，如图 6-2-6 所示。

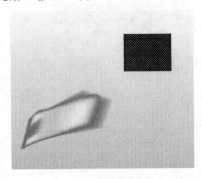

图6-2-5　　　　　　　　　　　　　　　　图6-2-6

（7）选择第 13 帧，使用橡皮擦工具在钉子与白色图片相交的位置进行涂抹，在应该被遮挡住的钉子部位将矩形擦除一部分，如图 6-2-7 所示。

（8）选择第 14 帧，同样使用橡皮擦工具在应该被遮挡住的钉子部位将矩形擦除一部分，如图 6-2-8 所示。

（9）按照这种方法，依次在其他各个关键帧的矩形中将应该遮挡住钉子的部位擦除，并在第 37 帧处插入空白关键帧，此时第 32 帧的效果及时间轴状态如图 6-2-9 所示。

（10）右键单击图层"遮罩"，在弹出的快捷菜单中选择"遮罩层"命令，使其对下面的钉子起遮罩作用，制作出"动画序列"元件从外部飞入并悬挂在钉子上的动画效果。

（11）按 Ctrl+F8 组合键创建新的影片剪辑元件"导航动画"，展开"高级"选项卡，单击"源文件"按钮，打开"查找 FLA 文件"对话框，选择项目 5 中制作好的"摄影网站导航.fla"文件，如图 6-2-10 所示；单击"打开"按钮后，在弹出的"选择元件"对话框中选择"导航动画"元件,如图 6-2-11 所示,单击"确定"按钮完成新元件的创建。

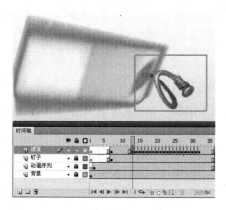

图6-2-7

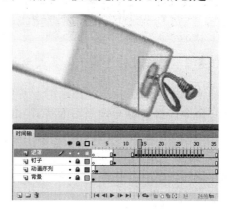

图6-2-8

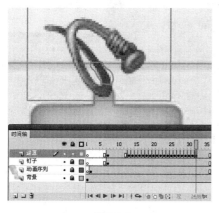

图6-2-9

图6-2-10

（12）新建图层,命名为"导航动画",在第 32 帧处插入空白关键帧,从库中将"导航动画"元件拖入舞台,设置坐标位置为"X：275,Y：82",使其与图层"动画序列"中的元件完全重合,如图 6-2-12 所示。

图6-2-11

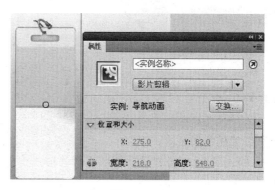

图6-2-12

【高职高专新课程体系规划教材·计算机系列】

（13）在第 37 帧、第 55 帧和第 60 帧处分别插入关键帧，调整第 37 帧中元件的 Alpha 值为 0%，第 55 帧元件的横坐标位置为"X：100"，第 60 帧中元件的横坐标位置为"X：90"，在第 32～37 帧、第 37～55 帧、第 55～60 帧之间创建传统补间动画。

### 子任务 2　制作"关于我们"页面动画

（1）按 Ctrl+F8 组合键创建新的影片剪辑元件 about，选择"文件"→"导入"→"导入到库"命令，将素材文件"页面背景.png"导入到库中，并将其拖入舞台，设置坐标位置为"X：0，Y：0"，如图 6-2-13 所示。

（2）选择"文件"→"导入"→"导入到库"命令，将素材文件夹"关于我们"中的所有图片导入到库中，并将 photo01.jpg 拖入舞台，设置坐标位置为"X：23，Y：25"，如图 6-2-14 所示。

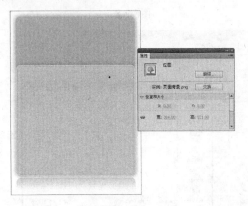 

图6-2-13　　　　　　　　　　　　　　　　　　　图6-2-14

（3）新建图层，使用文本工具输入如图 6-2-15 所示的文字，设置字体为"宋体"，字号为"16 点"，颜色为"黑色"，文字坐标位置为"X：86，Y：170"。

（4）继续输入如图 6-2-16 所示的文字，设置字体为"宋体"，字号为"12 点"，颜色为"黑色"，文字坐标位置为"X：86，Y：220"。

图6-2-15　　　　　　　　　　　　　　　　　　　图6-2-16

（5）新建图层，使用线条工具在水平方向绘制一条直线，并在"属性"面板上设置笔触颜色为"蓝灰色（#6A80A5）"，线条样式为"点状线"，线条宽度为305，坐标位置为"X：38，Y：265"；然后在垂直方向也绘制一条同样的直线，高度为173，坐标位置为"X：192，Y：275"，效果如图6-2-17所示。

（6）新建图层，使用文本工具分别输入文字"关于我们"和"新作欣赏"，设置字体为"宋体"，字号为"14点"，颜色为"黑色"，文字坐标位置分别为"X：43，Y：283"和"X：212，Y：283"，效果如图6-2-18所示。

图6-2-17　　　　　　　　　　　　　　图6-2-18

（7）新建图层，从库中将"边框1"拖入舞台，设置其坐标位置为"X：36，Y：306"，然后在按住Ctrl键的同时将该边框水平向右拖动进行复制，放置在坐标为"X：207，Y：306"的位置，如图6-2-19所示。

（8）从库中将"边框2"拖入舞台，设置其坐标位置为"X：206，Y：376"，然后在按住Ctrl键的同时将该边框水平向右拖动复制两次，分别放置在坐标为"X：253，Y：376"和"X：300，Y：376"的位置，如图6-2-20所示。

图6-2-19　　　　　　　　　　　　　　图6-2-20

（9）新建图层，从库中将photo02.jpg～photo09.jpg拖入舞台，调整位置使其分别与白

【高职高专新课程体系规划教材·计算机系列】

色边框居中对齐，效果如图 6-2-21 所示。

（10）新建图层，使用文本工具输入如图 6-2-22 所示的文字，设置字体为"宋体"，字号为"12 点"，颜色为"黑色"，文字坐标位置为"X：40，Y：374"。

图6-2-21　　　　　　　　　　　　　　　　图6-2-22

（11）现在为图片添加动作代码，使鼠标经过该图片时，图片的亮度有所变化。首先选中图片 photo02.jpg，按下 F8 键将其转换为影片剪辑元件 photo2，并在"属性"面板上设置其实例名称也为 photo2，然后依照这种方法依次将图片 photo03.jpg～photo09.jpg 也转换为影片剪辑元件 photo3～photo9，并为其设置实例名称 photo3～photo9。

（12）然后双击元件 photo2 进入其编辑窗口，分别在第 10 帧和第 20 帧处插入关键帧，并在第 1～10 帧之间和第 10～20 帧之间创建传统补间动画，接着选中第 10 帧，在属性面板的色彩效果选项中选择"样式"为"高级"，调整图片的红、绿、蓝偏移量都为 40，以此增加图片的亮度。新建图层，分别在第 1 帧和第 10 帧处打开"动作-帧"面板，并输入代码"stop();"。此时的效果及时间轴状态如图 6-2-23 所示。

图6-2-23

（13）依照上面的制作方法，依次为元件 photo3～photo9 制作亮度变化动画效果。接着返回到元件 about 的编辑窗口，新建图层，打开"动作-帧"面板，为元件 photo2 添加如下动作脚本。

```
photo2.addEventListener(MouseEvent.ROLL_OVER,liang2);    //鼠标滑过，调用函数 liang2
photo2.addEventListener(MouseEvent.ROLL_OUT,an2);        //鼠标滑出，调用函数 an2
function liang2(e:MouseEvent):void{
    photo2.gotoAndPlay(2);              //从元件 photo2 的第 2 帧开始播放，图片变亮
}
function an2(e:MouseEvent):void{
    photo2.gotoAndPlay(11);            //从元件 photo2 的第 11 帧开始播放，图片恢复原样
}
```

（14）为其他几个元件也添加相应的动作脚本，具体代码如图 6-2-24 所示。

图6-2-24

**子任务 3　制作"视觉空间"页面动画**

（1）按 Ctrl+F8 组合键创建新的影片剪辑元件 view，从库中将"页面背景.png"拖入舞台，设置坐标位置为"X：0，Y：0"。然后选择"文件"→"导入"→"导入到库"命令，将素材文件夹"视觉空间"中的所有图片导入到库中，并将 photo10.jpg 拖入舞台，设置坐标位置为"X：23，Y：25"，如图 6-2-25 所示。

（2）新建图层，使用文本工具输入文字"视觉空间"，设置字体为"宋体"，字号为"16 点"，颜色为"黑色"，文字坐标位置为"X：86，Y：180"，如图 6-2-26 所示。

（3）继续使用文本工具输入如图 6-2-27 所示的文字，设置字体为"宋体"，字号为"12 点"，颜色为"黑色"，文字坐标位置为"X：86，Y：207"；然后使用线条工具在水平方向绘制一条直线，设置笔触颜色为"蓝灰色（#6A80A5）"，线条样式为"点状线"，

高职高专新课程体系规划教材·计算机系列

线条宽度为"305"，坐标位置为"X：38，Y：265"。

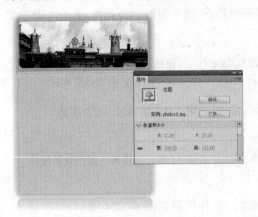

图6-2-25　　　　　　　　　　　　　　　　图6-2-26

（4）新建图层，使用文本工具输入文字"行摄天下"，设置字体为"宋体"，字号为"14点"，颜色为"黑色"，文字坐标位置为"X：42，Y：280"，如图6-2-28所示。

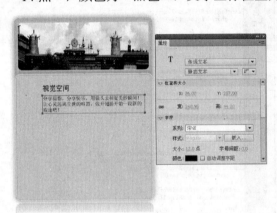

图6-2-27　　　　　　　　　　　　　　　　图6-2-28

（5）新建图层，从库中将"边框3"拖入舞台，设置坐标位置为"X：36，Y：302"，然后在按住Ctrl键的同时拖动白色边框，将其复制3次，并调整位置，效果如图6-2-29所示。

（6）按住Shift键将4个边框同时选中，按F8键将其转换为影片剪辑元件smallimage，并将其实例名称命名为smallimage；然后双击该元件进入编辑窗口，在第4帧处按F5键插入普通帧。接着，新建图层，从库中将图片photo11.png～photo14.png依次拖入舞台，分别放置在4个白色边框上，调整位置使它们居中对齐，效果如图6-2-30所示。

（7）分别选中这4张图片，并按F8键将其转换为影片剪辑元件photo11～photo14，并在属性面板上设置其实例名称分别为photo11～photo14。然后双击元件photo11进入其编辑窗口，分别在第10帧和第20帧插入关键帧，并在第1～10帧之间和第10～20帧之间创建传统补间动画，接着选中第10帧，在"属性"面板的"色彩效果"选项中选择"样式"为"高级"，调整图片的红、绿、蓝偏移量都为40，以此增加图片的亮度。新建图层，分别在第1帧和第10帧处打开"动作-帧"面板，并输入代码"stop();"。此时的效果及时间轴状态如图6-2-31所示。

图6-2-29

图6-2-30

（8）返回到元件smallimage的编辑窗口，依照上面的制作方法，依次为其他3个图片制作亮度变化的动画效果。

（9）在元件smallimage的编辑窗口中，选中"图层2"的第2帧，插入空白关键帧，从库中将图片photo15.png～photo18.png拖入舞台，同样放置在4个白色边框上，如图6-2-32所示。

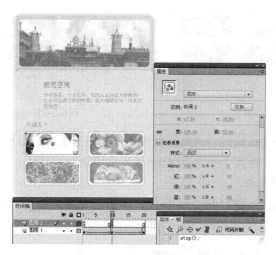

图6-2-31

图6-2-32

（10）依照前面的制作方法，分别选中这4张图片，按F8键将其转换为影片剪辑元件photo15～photo18，并在"属性"面板上设置其实例名称分别为photo15～photo18。接着依次双击各元件进入编辑窗口，制作出图片亮度变化的动画效果。

（11）返回到元件smallimage的编辑窗口，选中"图层2"的第3帧，插入空白关键帧，从库中将图片photo19.png～photo22.png拖入舞台，同样放置在4个白色边框上，如图6-2-33所示。

【高职高专新课程体系规划教材·计算机系列】

（12）依照前面的制作方法，分别选中这 4 张图片，并按 F8 键将其转换为影片剪辑元件 photo19～photo22，并在"属性"面板上设置其实例名称分别为 photo19～photo22。接着依次双击元件进入编辑窗口，制作出图片亮度变化的动画效果。

（13）返回到元件 smallimage 的编辑窗口，选中图层 2 的第 4 帧，插入空白关键帧，从库中将图片 photo23.png～photo26.png 拖入舞台，同样放置在 4 个白色边框上，如图 6-2-34 所示。

（14）依照前面的制作方法，分别选中这 4 张图片，并按 F8 键将其转换为影片剪辑元件 photo23～photo26，并在"属性"面板上设置其实例名称分别为 photo23～photo26。接着依次双击元件进入编辑窗口，制作出图片亮度变化的动画效果。

（15）新建图层，依次输入文字"Prev"、"1"、"2"、"3"、"4"和"Next"，并使用线条工具在每个字的下面绘制一条横线，调整位置后，逐一选中各文字及其下面的横线，将其转换为影片剪辑元件 prev、1、2、3、4 和 next，然后在"属性"面板上将其属性名称分别命名为 prev、b1、b2、b3、b4 和 next。此时的效果如图 6-2-35 所示。

图6-2-33            图6-2-34            图6-2-35

（16）下面来为每个图片元件添加动作代码，当鼠标指针移动到图片上时，图片变亮；当鼠标指针移出图片时，图片恢复原样；还要为下面的 prev 等元件添加动作代码，使得当鼠标单击页面数字时可以跳转到相应的页面。

（17）首先新建图层，在第 1 帧按 F9 键打开"动作-帧"面板，先为元件 photo11 输入如下代码。

```
photo11.addEventListener(MouseEvent.ROLL_OVER,liang1);
photo11.addEventListener(MouseEvent.ROLL_OUT,an1);
function liang1(e:MouseEvent):void{
    photo11.gotoAndPlay(2);
    }
function an1(e:MouseEvent):void{
    photo11.gotoAndPlay(11);
    }
```

接着依次为其他 3 个影片剪辑元件输入相应代码，为了防止自动播放影片剪辑，还要添加 stop 代码，此时该帧上的所有代码如图 6-2-36 所示。

（18）在第 2 帧处插入空白关键帧，然后在"动作-帧"面板上为当前的 4 个图片元件添加如图 6-2-37 所示的动作脚本。

图6-2-36

图6-2-37

（19）接着分别在第 3 帧、第 4 帧处插入空白关键帧，并在"动作-帧"面板上为当前的 4 个图片元件添加如图 6-2-38、图 6-2-39 所示的动作脚本。

图6-2-38

图6-2-39

（20）新建图层，选中第 1 帧，在"动作-帧"面板上为元件 prev 等添加相应的动作脚

【高职高专新课程体系规划教材·计算机系列】

本，具体代码及当前的时间轴状态如图 6-2-40 所示。

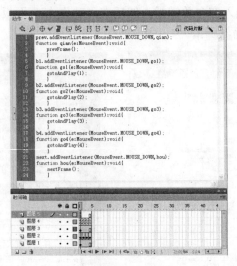

图6-2-40

（21）返回到 view 的编辑窗口，在"图层 1"的第 2 帧处按 F5 键插入普通帧，在"图层 2"的第 2 帧处插入空白关键帧，使用文本工具输入如图 6-2-41 所示的文字，字体设置及坐标位置与第 1 帧中的文字相同。

（22）在"图层 3"的第 2 帧处插入空白关键帧，从库中将"关闭.png"拖入舞台，并等比缩放到原来的 20%，设置坐标位置为"X：330，Y：240"，按 F8 键将其转换为影片剪辑元件 close，将其实例名称命名为 close；接着在"图层 4"的第 2 帧处插入空白关键帧，从库中将"边框 4.png"拖入舞台，设置坐标位置为"X：37，Y：258"，如图 6-2-42 所示，将其转换为影片剪辑元件 bigimage，将其实例名称命名为 bigimage。

图6-2-41

图6-2-42

（23）双击元件 bigimage 进入编辑窗口，在第 16 帧处按 F5 键插入普通帧。接着新建图层，从库中将 photo11b.png 拖入舞台，调整位置使其与白色边框居中对齐，然后将其转换为影片剪辑元件 photo11b，并在"属性"面板上将其实例名称命名为 photo11b，接着双击该元件进入其编辑窗口，在第 15 帧处插入关键帧，在第 1～15 帧之间创建传统补间动画，调整第 1 帧中元件的亮度为 100%。为了防止元件的重复播放，新建图层，并在第 15 帧处插入空白关键帧，打开"动作-帧"面板，输入代码"stop();"，如图 6-2-43 所示。

（24）返回元件 bigimage 编辑窗口，在"图层 2"的第 2 帧处插入空白关键帧，从库中将 photo12b.png 拖入舞台，调整位置后将其转换为影片剪辑元件 photo12b，并在"属性"面板上将其实例名称命名为 photo12b。双击该元件进入其编辑窗口后依照前面的制作方法制作出元件的亮度变化动画效果，如图 6-2-44 所示。

图6-2-43

图6-2-44

（25）按照此方法，在元件 bigimage 中"图层 2"的第 3～16 帧处依次插入空白关键帧，并从库中将 photo13b.png～photo26b.png 逐一拖入舞台，与白色边框居中对齐后转换为影片剪辑元件，并命名实例名称为 photo13b～photo26b，接着制作出各自的亮度变化动画效果。

（26）新建图层，从库中将元件 prev 和 next 拖入舞台，放在图片的下面，效果及当前的时间轴状态如图 6-2-45 所示。接着在"属性"面板上将这两个元件的实例名称分别命名为 prev2 和 next2。

（27）新建图层，在第 1 帧处打开"动作-帧"面板为这两个元件添加动作脚本，具体代码及此时的时间轴状态如图 6-2-46 所示。

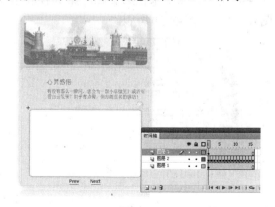

图6-2-45

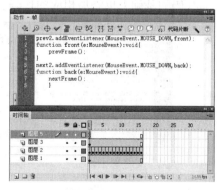

图6-2-46

高职高专新课程体系规划教材·计算机系列

（28）返回到元件 view 的编辑窗口，新建图层，在第 1 帧处打开"动作-帧"面板，输入如下代码。

```
stop();                          //防止动画自动播放
function big1(){                 //定义一个函数，用于实现显示大图片的效果
    gotoAndStop(2);              //跳转到第 2 帧，显示大图片
    bigimage.gotoAndStop(1);     //显示第 1 张大图
}
```

接下来继续定义显示其他大图的函数。因为共有 16 张图片，所以需定义 16 个函数，具体代码如图 6-2-47 所示。

图6-2-47

（29）双击元件 smallimage 进入其编辑窗口，打开"图层 4"中第 1 帧的"动作"面板，在已有代码的基础上添加如下代码。

```
photo11.addEventListener(MouseEvent.MOUSE_DOWN,big1); //当鼠标单击第 1 张图时，调用函
                                                      //数 big1
function big1(e:MouseEvent):void{
    this.parent["big1"]();   //调用父级函数 big1，实现显示大图片效果
}
```

继续为 photo12 等添加相应代码，如图 6-2-48 所示。接下来在第 2 帧、第 3 帧和第 4 帧已有代码的基础上也添加相应的代码，如图 6-2-49～图 6-2-51 所示。

图6-2-48

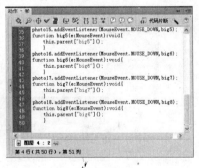

图6-2-49

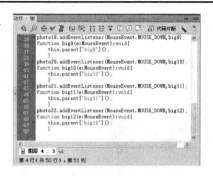

图6-2-50　　　　　　　　　　　　　　图6-2-51

（30）在第 2 帧处插入空白关键帧，输入如下代码，实现单击 close 元件返回小图片窗口的动画效果。

```
import flash.events.MouseEvent;
stop();
close.addEventListener(MouseEvent.MOUSE_DOWN,small);
function small(e:MouseEvent):void{
    gotoAndStop(1);
}
```

### 子任务 4　制作"影像故事"页面动画

（1）按 Ctrl+F8 组合键创建新的影片剪辑元件 story，从库中将"页面背景.png"拖入舞台，设置坐标位置为"X：0，Y：0"。然后选择"文件"→"导入"→"导入到库"命令，将素材文件夹"影像故事"中的所有图片导入到库中，并将 photo27.jpg 拖入舞台，设置坐标位置为"X：23，Y：25"，如图 6-2-52 所示。

（2）新建图层，使用文本工具输入文字"影像故事"，设置字体为"宋体"，字号为"16 点"，颜色为"黑色"，文字坐标位置为"X：86，Y：180"，如图 6-2-53 所示。

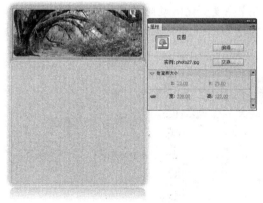

图6-2-52　　　　　　　　　　　　　　图6-2-53

（3）继续使用文本工具输入如图 6-2-54 所示的文字，设置字体为"宋体"，字号为"12 点"，颜色为"黑色"，文字坐标位置为"X：86，Y：207"；然后使用线条工具在

【高职高专新课程体系规划教材·计算机系列】

水平方向绘制一条直线，设置笔触颜色为"蓝灰色（#6A80A5）"，线条样式为"点状线"，线条宽度为305，坐标位置为"X：38，Y：255"。

（4）新建图层，从库中将"边框 5.png"拖入舞台，设置坐标位置为"X：33，Y：260"；接着将 photo28.png 拖入舞台，调整位置与白色边框居中对齐，如图 6-2-55 所示。

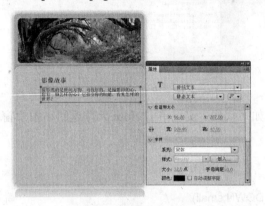

图6-2-54

图6-2-55

（5）使用文本工具输入如图 6-2-56 所示的文字，设置字体为"宋体"，字号为"12点"，颜色为"黑色"。

（6）新建图层，再次拖入"边框 5.png"，设置坐标位置为"X：277，Y：329"；接着将 photo29.png 拖入舞台，调整位置与白色边框居中对齐，如图 6-2-57 所示。最后，使用文本工具输入如图 6-2-58 所示的文字。

（7）新建图层，拖入"边框 6.png"，设置坐标位置为"X：30，Y：393"；接着将 photo30.png 拖入舞台，调整位置与白色边框居中对齐，如图 6-2-59 所示。接着将"小图标.png"拖入舞台 3 次，调整位置后，使用文本工具在其右侧输入如图 6-2-60 所示的文字。

（8）依次选中图片 photo28.png、photo29.png、photo30.png，按 F8 键分别将其转换为影片剪辑元件 photo28、photo29、photo30，然后依次双击各元件进入其编辑窗口，依照前面的制作方法在第 1 帧和第 20 帧之间制作出图片亮度变化的动画效果。

（9）新建图层，打开"动作-帧"面板，为这 3 个元件添加动作脚本，用于控制图片的亮度变化，具体代码如图 6-2-61 所示。

图6-2-56

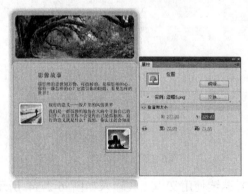

图6-2-57

高职高专新课程体系规划教材·计算机系列

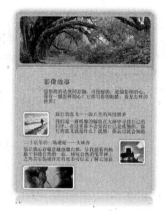

图6-2-58               图6-2-59               图6-2-60

### 子任务5 制作"会员服务"页面动画

（1）按 Ctrl+F8 组合键创建新的影片剪辑元件 service，从库中将"页面背景.png"拖入舞台，设置坐标位置为"X：0，Y：0"。然后选择"文件"→"导入"→"导入到库"命令，将素材文件夹"会员服务"中的所有图片导入到库中，并将 photo31.jpg 拖入舞台，设置坐标位置为"X：23，Y：25"，如图 6-2-62 所示。

图6-2-61                              图6-2-62

（2）新建图层，使用文本工具输入文字"会员服务"，设置字体为"宋体"，字号为"16 点"，颜色为"黑色"，文字坐标位置为"X：86，Y：180"。新建图层，从库中将"边框 6.png"拖入舞台，设置坐标位置为"X：75，Y：209"。接着将图片 photo32.png 拖入舞台，调整其位置与白色边框居中对齐，如图 6-2-63 所示。

（3）继续使用文本工具输入如图 6-2-64 所示的文字，设置字体为"宋体"，字号为"12 点"，颜色为"黑色"；然后使用线条工具在水平方向绘制一条直线，设置笔触颜色为"蓝灰色（#6A80A5）"，线条样式为"点状线"，线条宽度为305，坐标位置为"X：38，Y：332"。

【高职高专新课程体系规划教材·计算机系列】

图6-2-63　　　　　　　　　　　　　　　　图6-2-64

（4）新建图层，使用文本工具输入文字"会员之家"，设置字体为"宋体"，字号为"14 点"，颜色为"黑色"，文字坐标位置为"X：40，Y：340"。新建图层，从库中将"边框 7.png"拖入舞台，设置坐标位置为"X：35，Y：360"；再将图片 photo33.png 拖入舞台，调整其位置与白色边框居中对齐，如图 6-2-65 所示。

（5）新建图层，将"小图标.png"拖入舞台并多次复制，调整位置后，使用文本工具在其右侧输入如图 6-2-66 所示的文字。

图6-2-65　　　　　　　　　　　　　　　　图6-2-66

（6）接着依次选中 photo32.png 和 photo33.png，按 F8 键分别将其转换为影片剪辑元件 photo32 和 photo33，分别双击这两个元件，进入其编辑窗口，依照前面的制作方法在第 1～20 帧之间制作出图片亮度变化的动画效果。

（7）新建图层，打开"动作-帧"面板，为这两个元件添加动作脚本，用于控制图片的亮度变化，具体代码如图 6-2-67 所示。

（8）至此，第 4 个页面也已制作完毕，下面要把这 4 个页面组合到一个影片剪辑中。按 Ctrl+F8 组合键新建影片剪辑元件 page，在第 1 帧拖入元件 about；在第 2 帧插入空白关键帧，拖入元件 view；在第 3 帧插入空白关键帧，拖入元件 story；在第 4 帧插入空白关键帧，拖入元件 service；并将这 4 个元件的坐标位置都设置为"X：0，Y：0"。

（9）新建图层，将第 1 帧的帧标签命名为 p1，第 2 帧的帧标签命名为 p2，第 3 帧的帧标签命名为 p3，第 4 帧的帧标签命名为 p4。新建图层，分别在第 1 帧到第 4 帧上插入关键帧，输入代码"stop();"。此时的时间轴状态如图 6-2-68 所示。

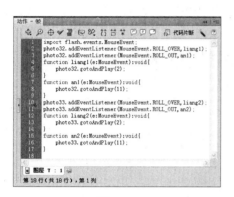

图6-2-67

图6-2-68

（10）返回到"场景 1"的编辑窗口，在图层"导航动画"的下面新建图层，命名为"导航页面"，在第 55 帧插入空白关键帧，从库中将元件 page 拖入舞台，设置坐标位置为"X：300，Y：110"，并将元件的实例名称命名为 page，如图 6-2-69 所示。接着分别在第 85、90、95、115、116 和 145 帧处插入关键帧，调整第 55 帧中元件的横坐标位置为"X：800"，第 95 帧中元件的横坐标位置为"X：350"，第 115 帧中元件的横坐标位置为"X：-400"，第 116 帧中元件的横坐标位置为"X：1000"，第 145 帧中元件的横坐标位置为"X：300"，并在第 55～85 帧之间、第 90～95 帧之间、第 95～115 帧之间和第 116～145 帧之间创建传统补间动画。

图6-2-69

（11）在图层"导航动画"的第 90、115、116 和 145 帧处插入关键帧，调整第 115 帧中元件的横坐标位置为"X：-600"，第 116 帧元件的横坐标位置为"X：800"，并在第 90～115 帧之间和第 116～145 帧之间创建传统补间动画。

（12）新建图层，命名为"标签"，在第 37 帧处插入空白关键帧，命名帧标签为 s1，在第 90 帧处插入空白关键帧，命名帧标签为 s2。新建图层，命名为 actions，分别在第 37、85 和 145 帧处插入关键帧，并输入代码"stop();"。

（13）在影片剪辑元件"导航动画"上双击进入编辑窗口，选中第 38 帧并展开"动作-帧"面板，在已有代码的基础上添加如图 6-2-70 所示的代码，实现单击导航选项就跳转到相应页面的动画效果。

图6-2-70

（14）返回"场景 1"，将素材文件 sound.mp3 导入到库中，然后新建图层，在第 31 帧处插入关键帧，在"属性"面板上展开"声音"选项卡，设置声音名称为 sound.mp3。至此，整个网站动画就制作完毕了。可以对动画进行测试，测试完毕后保存源文件。

## 6.2.4  知识点总结

本节实例制作的难点在于影片剪辑之间的相互访问，以及从影片剪辑内部访问主时间轴。在 Flash 文档中创建一个影片剪辑或者将一个影片剪辑放在其他影片剪辑中，这个影片剪辑便会成为该文档或其他影片剪辑的子级，而该文档或其他影片剪辑则成为父级。嵌套影片剪辑之间的关系是层次结构关系，即对父级所做的更改会影响到子级。每层的根时间轴是该层上所有影片剪辑的父级，并且因为根时间轴是最顶层的时间轴，所以它没有父级。在"影片浏览器"面板中，可以选择"显示元件定义"命令查看文档中嵌套影片剪辑的层次结构。

如果要在父级影片剪辑（如实例 pic1）的时间轴上添加代码，使子级影片剪辑（如实例 pic2）跳转到第 2 帧开始播放，需要使用点语法实现，即 pic1.pic2.gotoAndPlay(2)。

如果要在子级影片剪辑的时间轴上添加代码，使父级影片剪辑的时间轴跳转到第 2 帧开始播放，则需要使用 this.parent 进行访问，即 this.parent.gotoAndPlay(2)；如果要使父级影片剪辑内嵌套的另一个影片剪辑（如实例 pic3）的时间轴跳转到第 2 帧开始播放，则需要使用 this.parent.["实例名称"]进行访问，即 this.parent.["pic3"].gotoAndPlay(2)。

与此类似，如果要从子级影片剪辑调用父级影片剪辑时间轴上定义的函数（如函数count），同样要使用 this.parent.["函数名"]进行访问，即 this.parent. ["count"] ()。

如果要从影片剪辑内部访问主时间轴，则要使用 MovieClip(root)进行访问，例如要在影片剪辑（如实例 pic1）的时间轴上添加代码，使主时间轴跳转到第 2 帧进行播放，所用代码应为 MovieClip(root).gotoAndPlay(2)。

# 6.3　任务 3——制作汽车网站

在制作汽车网站动画时，要结合企业文化特色和汽车产品特色，树立汽车品牌形象；并整合企业的产品、服务，尽可能地展示汽车的优越性；在页面设计方面，需要符合汽车产品的定位，如商务车可以使用比较偏商务风格的设计手法。网站的整体风格不仅要符合汽车的产品定位，还需要有良好的创意，才能吸引浏览者。

## 6.3.1　实例效果预览

本节实例效果如图 6-3-1 所示。

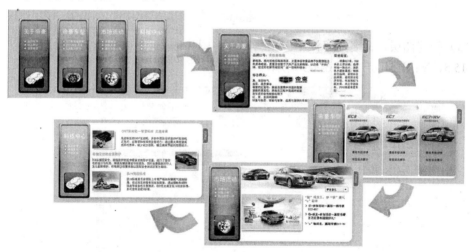

图6-3-1

## 6.3.2　技能应用分析

1．通过控制元件的可视性制作第一个导航页面。
2．使用 UILoader 组件实现外部调用图片效果，制作第二个导航页面。
3．结合 UILoader 组件和 ComboBox 组件实现列表显示效果，制作第三个导航页面。
4．综合运用 ActionScript 3.0 脚本语言通过加载外部 SWF 文件实现网站的制作。

【高职高专新课程体系规划教材·计算机系列】

### 6.3.3 制作步骤解析

**子任务1 制作"关于帝豪"页面动画**

（1）新建 Flash 文件，在"属性"面板上设置动画帧频为"FPS：30"，舞台尺寸为"550×340 像素"，舞台颜色为"灰青色（#CADCDF）"。

（2）将"图层 1"命名为"背景"，选择"文件"→"导入"→"导入到库"命令，将素材文件"页面背景.png"以及"关于帝豪"文件夹中的所有图片导入，然后从库中将图片"页面背景.png"拖入舞台，设置坐标位置为"X：0，Y：0"，如图 6-3-2 所示。

图6-3-2

（3）新建图层，命名为"汽车"，从库中将图片 car.png 拖入舞台，设置坐标位置为"X：15.5，Y：7.5"，如图 6-3-3 所示。

图6-3-3

（4）新建图层，命名为"品牌故事"，使用文本工具输入文字"品牌口号：开创新格局"，设置字体为"黑体"，字体大小为"14 点"，字体颜色为"黑色"，坐标位置为"X：49，Y：95"；然后选中文字"开创新格局"，设置其颜色为"红色（#FF4B21）"，效果如图 6-3-4 所示。

（5）继续使用文本工具输入有关品牌故事的文字内容，具体文字可参考素材文件"汽车网站文本.txt"，设置字体为"黑体"，字体大小为"12 点"，字体颜色为"黑色"，宽度为 348，坐标位置为"X：49，Y：120"，效果如图 6-3-5 所示。

图6-3-4　　　　　　　　　　　　　　　　图6-3-5

（6）新建图层，命名为more1，使用文本工具输入文字"read more…"，设置字体为Arial，字体大小为"12点"，字体颜色为"红色（＃FF4B21）"，坐标位置为"X：300，Y：160"。然后，按F8键将文字转换为影片剪辑元件more，接着双击该元件进入编辑窗口。新建"图层2"，使用矩形工具绘制一个宽度为96、高度为24的白色矩形，并将"图层2"移到more 1图层的下面作为文字的背景，效果如图6-3-6所示。

图6-3-6

（7）返回到"场景 1"编辑窗口，在舞台上选中元件 more，并将其实例名称命名为more1。

（8）新建图层，命名为"标志释义"。使用文本工具输入文字"标志释义："，设置字体为"黑体"，字体大小为"14点"，字体颜色为"黑色"，坐标位置为"X：49，Y：180"。继续输入有关标志释义的文字内容（参考素材文件"汽车网站文本.txt"），设置字体为"黑体"，字体大小为"12点"，字体颜色为"黑色"，坐标位置为"X：49，Y：205"。从库中将素材图片 logo.jpg 拖入舞台，设置坐标位置为"X：160，Y：190"，效果如图 6-3-7 所示。

（9）新建图层，命名为"分割线"，使用线条工具沿垂直方向绘制一条直线，并在"属性"面板上设置笔触颜色为"灰青色（#CADADF）"，笔触高度为3，样式为"点状线"，坐标位置为"X：395，Y：106"，效果如图 6-3-8 所示。

【高职高专新课程体系规划教材·计算机系列】

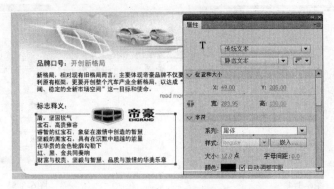

图6-3-7

图6-3-8

（10）新建图层，命名为"荣誉殿堂"。使用文本工具输入文字"荣誉殿堂："，设置字体为"黑体"，字体大小为"14点"，字体颜色为"黑色"，坐标位置为"X：403，Y：95"。继续输入有关荣誉殿堂的文字内容（参考素材文件"汽车网站文本.txt"），设置字体为"黑体"，字体大小为"12点"，字体颜色为"黑色"，坐标位置为"X：403，Y：119"。从库中将影片剪辑元件 more 拖入舞台，设置坐标位置为"X：430，Y：265"，并在"属性"面板上将该元件的实例名称命名为 more2，效果如图 6-3-9 所示。

图6-3-9

（11）按 Ctrl+F8 组合键打开"创建新元件"对话框，新建一个影片剪辑元件 story，使用矩形工具在舞台上绘制一个矩形，设置矩形宽度为 155，高度为 215，笔触颜色为"无"，填充颜色为"浅蓝色（#66CCFF）"，坐标位置为"X：0，Y：0"，如图6-3-10所示。

（12）选中矩形，按F8键将其转换为影片剪辑元件"蓝色矩形"，接着在"属性"面板上展开"滤镜"选项，为其添加投影滤镜，设置模糊角度为200°，"距离"为"1像素"，颜色为"灰色（#999999）"，如图6-3-11所示。

图6-3-10　　　　　　　　　　　　　　　图6-3-11

（13）新建图层，使用矩形工具再次绘制一个矩形，设置矩形宽度为155，高度为200，笔触颜色为"无"，填充颜色为"白色"，坐标位置为"X：0，Y：15"，如图6-3-12所示。

（14）新建图层，使用文本工具输入与更多品牌故事相关的文字内容（参考素材文件），设置字体为"黑体"，字体大小为"12点"，字体颜色为"黑色"，文本框宽度为140，高度为200，坐标位置为"X：0，Y：15"；并在"属性"面板上将文本类型设置为"动态文本"，实例名称为storytxt，如图6-3-13所示。

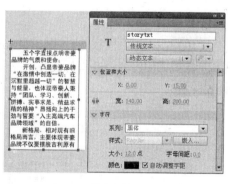

图6-3-12　　　　　　　　　　　　　　　图6-3-13

（15）打开"组件"面板，选中 User Interface 目录下的 UIScrollBar 组件并将其拖动到文本框的右侧，使其吸附到文本框上，然后在"属性"面板的"组件参数"选项组中设置scrollTargetName 的值为 storytxt，如图6-3-14所示。

（16）新建图层，使用文本工具输入文字"品牌故事"，设置字体为"黑体"，字体大小为"12点"，字体颜色为"黑色"，坐标位置为"X：0，Y：0"，如图6-3-15所示。

（17）新建图层，从库中将素材图片"关闭按钮.png"拖入舞台，设置坐标位置为"X：138，Y：0"，并按下F8键将其转换为影片剪辑元件 close，将其实例命名为 closebtn，如图6-3-16所示。

（18）在"库"面板上右键单击元件 story，在弹出的快捷菜单中选择"直接复制"命令，打开"直接复制元件"对话框，设置名称为 honor，如图6-3-17所示。

【高职高专新课程体系规划教材·计算机系列】

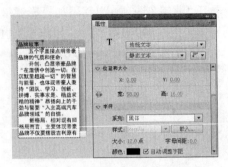

图6-3-14　　　　　　　　　　　　　　图6-3-15

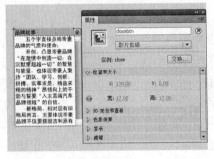

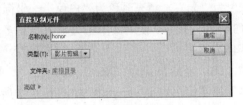

图6-3-16　　　　　　　　　　　　　　图6-3-17

（19）在"库"面板上双击元件 honor 进入其编辑窗口，然后将原有的文字替换为与更多荣誉相关的内容，并将标题处的文字"品牌故事"替换为"荣誉殿堂"，如图 6-3-18 所示。

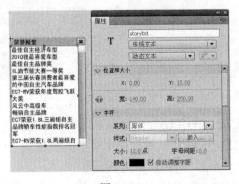

图6-3-18

（20）返回"场景1"编辑窗口，新建图层，命名为"更多故事"，从库中将元件 story 拖入舞台，设置坐标位置为"X：377，Y：95"，将其实例名称命名为 story，如图 6-3-19 所示。

（21）新建图层，命名为"更多荣誉"，从库中将元件 honor 拖入舞台，设置坐标位置为"X：377，Y：95"，将其实例名称命名为 honor，如图 6-3-20 所示。

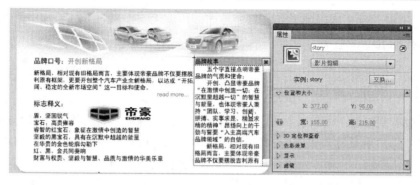

图6-3-19

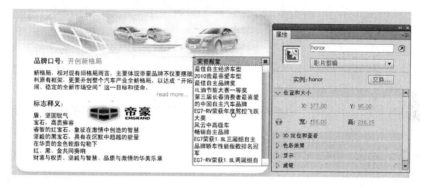

图6-3-20

（22）新建图层，命名为 actions，打开"动作-帧"面板，为元件 more1、more2 添加事件侦听器，当鼠标单击该元件时，就在舞台上显示元件 story 或 honor；并为元件 story 和 honor 内部的元件 closebtn 添加事件侦听器，当鼠标单击事件被触发时，就将元件 story 或 honor 隐藏。相应的代码如下所示。

```
import flash.events.MouseEvent;
story.visible=false;
honor.visible=false;
more1.addEventListener(MouseEvent.CLICK,readm1);
more2.addEventListener(MouseEvent.CLICK,readm2);
story.closebtn.addEventListener(MouseEvent.CLICK,closewin);
honor.closebtn.addEventListener(MouseEvent.CLICK,closewin);
function readm1(e:MouseEvent):void{
        story.visible=true;
    }
function readm2(e:MouseEvent):void{
        honor.visible=true;
    }
function closewin(e:MouseEvent):void{
        story.visible=false;
        honor.visible=false;
    }
```

（23）至此，汽车网站的第一个导航页面制作完毕。选择"文件"→"保存"命令将其存储为 about.fla，并选择"文件"→"导出"→"导出影片"命令将其输出为 about.swf 文件。

**子任务 2　制作"帝豪车型"页面动画**

（1）接着制作第二个导航页面。新建 Flash 文件，在"属性"面板上设置动画帧频为"FPS：30"，舞台尺寸为"550×340 像素"，舞台颜色为"灰青色（#CADCDF）"。

（2）将"图层 1"命名为"背景"，选择"文件"→"导入"→"导入到库"命令，将素材文件"页面背景.png"、"关闭按钮.png"以及"帝豪车型"文件夹中的图片及各车型子文件夹 small 里的图片全部导入，然后从库中将图片"页面背景.png"拖入舞台，设置坐标位置为"X：0，Y：0"。

（3）新建图层，命名为"车型"，然后从库中将素材图片 ec8.png、ec7.png 和 ec7-rv.png 拖入舞台，设置 ec8.png 的坐标位置为"X：46，Y：17"，ec7.png 的坐标位置为"X：208，Y：17"，ec7-rv.png 的坐标位置为"X：370，Y：17"，如图 6-3-21 所示。

（4）新建图层，命名为"参数配置"，使用文本工具在舞台上输入文字"查看车型详情"，设置字体为"黑体"，字体大小为"12 点"，字体颜色为"黑色"，坐标位置为"X：72，Y：210"，如图 6-3-22 所示。

图6-3-21

图6-3-22

（5）选中文字"查看车型详情"，按 F8 键将其转换为按钮元件"参数配置"，然后双击该元件进入编辑窗口。在"指针经过"帧上按 F6 键插入关键帧，并修改文字的颜色为"蓝色（#0066CC）"，然后从库中将素材图片"箭头.png"拖入舞台，设置坐标位置为"X：80，Y：3"；在"点击"帧中按 F5 键延长帧，如图 6-3-23 所示。

（6）使用矩形工具在文字周围绘制一个任意颜色的矩形，并按 F8 键将其转换为图形元件"矩形"，在"属性"面板上调整其透明度为 0%，此时的效果及时间轴状态如图 6-3-24 所示。

（7）返回"场景 1"编辑窗口，选中"参数配置"元件，在"属性"面板上将其实例名称命名为 para1；然后按住 Ctrl 键的同时将该元件水平向右移动进行复制，设置其坐标位置为"X：234，Y：210"，并将其实例名称修改为 para2；再复制一次，设置其坐标位置为"X：296，Y：210"，并将其实例名称修改为 para3。此时的效果如图 6-3-25 所示。

（8）新建图层，命名为"车型展示"。在"库"面板上右键单击"参数配置"按钮元件，在弹出的快捷菜单中选择"直接复制"命令，打开"直接复制元件"对话框，修改元件名称为"车型展示"，然后单击"确定"按钮。双击"车型展示"元件进入编辑窗口，将"弹起"帧和"指针经过"帧中的文字修改为"车型亮点展示"，如图6-3-26所示。

图6-3-23

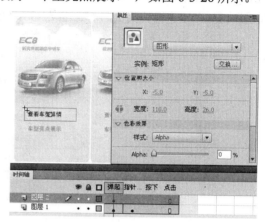

图6-3-24

图6-3-25

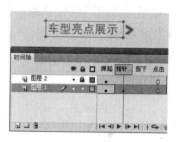

图6-3-26

（9）返回"场景1"的编辑窗口，选中图层"车型展示"的第1帧，从库中将元件"车型展示"拖入舞台，设置坐标位置为"X：72，Y：240"，并将其实例名称命名为show1，如图6-3-27所示。

（10）依照前面的方法，将元件"车型展示"连续复制两次，分别设置其坐标位置为"X：234，Y：240"和"X：396，Y：240"，并将实例名称修改为show2和show3，如图6-3-28所示。

图6-3-27

图6-3-28

【高职高专新课程体系规划教材·计算机系列】

（11）按 Ctrl+F8 组合键创建一个新的影片剪辑元件 ec8para，从库中将素材图片"ec8 参数.jpg"拖入舞台，设置坐标位置为"X：0，Y：0"。新建图层后，将素材图片"关闭按钮.png"也拖入舞台，设置坐标位置为"X：460，Y：8"，按 F8 键将其转换为影片剪辑元件 closebtn 并将其实例名称命名为 closebtn，如图 6-3-29 所示。

图6-3-29

（12）依照此方法，创建新的影片剪辑元件 ec7para 和 ec7rvpara，并分别拖入素材素材图片"ec7 参数.jpg"和"ec7rv 参数.jpg"，以及元件 closebtn，调整好坐标位置后将元件的实例名称命名为 closebtn，效果分别如图 6-3-30 和图 6-3-31 所示。

图6-3-30　　　　　　　　　　　　　　　　图6-3-31

（13）返回"场景 1"，在"库"面板上分别右键单击元件 ec8para、ec7para 和 ec7rvpara，执行"属性"命令，并在打开的"元件属性"对话框上展开"高级"选项卡，选中"为 ActionScript 导出"复选框，分别将这 3 个元件创建为 ActionScript 类。接着新建图层，命名为 actions，在第 1 帧处打开"动作-帧"面板，为元件 para1、para2 和 para3 添加事件侦听器，当鼠标单击事件被触发时，就在舞台上添加相应的影片剪辑。同时，为 3 个 closebtn 元件添加侦听器，用于移除相应的影片剪辑。具体代码如图 6-3-32 所示。

（14）按 Ctrl+F8 组合键创建一个新的影片剪辑元件 ec8show，在"图层 1"的第 1 帧处使用基本矩形工具绘制一个矩形，设置坐标位置为"X：0，Y：0"，宽度为 490，高度为 305，笔触颜色为"无"，填充颜色为"白色"，矩形边角半径为 20，如图 6-3-33 所示。

```
import flash.display.MovieClip;
import flash.events.MouseEvent;
var ec8:ec8para=new ec8para();
var ec7:ec7para=new ec7para();
var ec7rv:ec7rvpara=new ec7rvpara();
var array:Array=new Array();
array.push(ec8,ec7,ec7rv);
para1.addEventListener(MouseEvent.CLICK,ec8win);
para2.addEventListener(MouseEvent.CLICK,ec7win);
para3.addEventListener(MouseEvent.CLICK,ec7rvwin);
function ec8win(e:MouseEvent):void{
    addChild(ec8);
    ec8.x=46;
    ec8.y=17;
    ec8.closebtn.addEventListener(MouseEvent.CLICK,closewin1);
}
function ec7win(e:MouseEvent):void{
    addChild(ec7);
    ec7.x=46;
    ec7.y=17;
    ec7.closebtn.addEventListener(MouseEvent.CLICK,closewin2);
}
function ec7rvwin(e:MouseEvent):void{
    addChild(ec7rv);
    ec7rv.x=46;
    ec7rv.y=17;
    ec7rv.closebtn.addEventListener(MouseEvent.CLICK,closewin3);
}
function closewin1 (e:MouseEvent):void{
    removeChild(ec8);
}
function closewin2 (e:MouseEvent):void{
    removeChild(ec7);
}
function closewin3 (e:MouseEvent):void{
    removeChild(ec7rv);
}
```

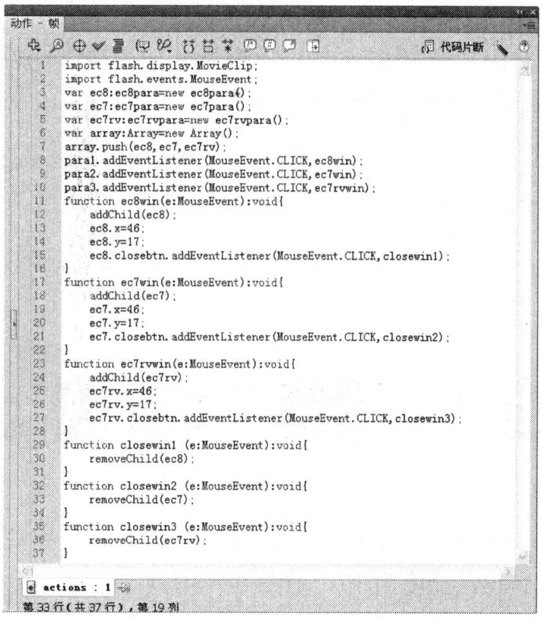

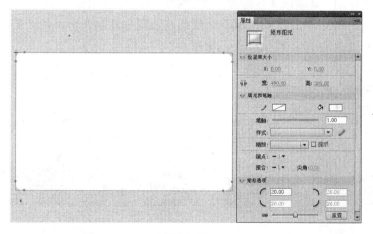

图6-3-32

图6-3-33

（15）新建图层，从库中将素材图片 ec8s1.jpg 拖入舞台，设置其坐标位置为“X：25，Y：235”。接着拖入素材图片 ec8s2.jpg，设置其坐标位置为“X：132，Y：235”。继续拖入图片 ec8s3.jpg～ec8s10.jpg，将其纵坐标位置都设置为“Y：235”，横坐标的位置依次在前一张图片的基础上增加图片的宽度 107。此时，这 10 张图片将排成一行，如图 6-3-34 所示。

图6-3-34

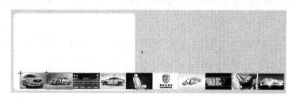

（16）分别选中这 10 张图片，依次将其转换为影片剪辑元件 btn1～btn10，并将其实例名称命名为 btn1～btn10；之后将这 10 张图片全部框选，将其转换为影片剪辑元件 ec8small，并将其实例名称命名为 ec8small，如图 6-3-35 所示。

图6-3-35

（17）新建图层，使用矩形工具绘制一个填充色为任意色的矩形，设置矩形坐标为"X：25，Y：230"，宽度为 428，高度为 77，如图 6-3-36 所示。

（18）右键单击该图层，在弹出的快捷菜单中选择"遮罩层"命令，使其对下面的一排图片起到遮罩作用，只显示 4 张图片。新建图层，从库中拖入素材图片"翻页箭头.png"，设置其坐标位置为"X：457，Y：260"，然后将该图片复制一份，并水平翻转 180° 后，设置其坐标位置为"X：0，Y：260"，如图 6-3-37 所示。

图6-3-36

图6-3-37

（19）分别选中两个箭头图片，将其转换为影片剪辑元件 left 和 right，并将其实例名称命名为 left 和 right。

（20）新建图层，打开组件面板，选择 UILoader 组件并拖入舞台，设置组件宽度为 466，高度为 217，坐标位置为"X：7，Y：0"，实例名称为 img，并在"组件参数"选项组中设置 source 值为"../素材/帝豪车型/ec8/big/b1.jpg"，即第一张大图片的路径，如图 6-3-38 所示。

（21）新建图层，从库中拖入素材图片"关闭按钮.png"，设置其坐标位置为"X：465，Y：0"。按 F8 键将其转换为影片剪辑元件 closebtn，并将其实例名称命名为 closebtn，如图 6-3-39 所示。

【高职高专新课程体系规划教材·计算机系列】

图 6-3-38

（22）新建图层，在第 1 帧处打开"动作-帧"面板。首先为两个翻页箭头元件添加控制代码，当单击事件被触发时，图片元件 ec8small 就要向左或向右移动一张图片的宽度，以便显示出下一张图片，对应的代码如图 6-3-40 所示。

图 6-3-39

图 6-3-40

（23）接下来要实现单击下面的小图片时，在上面的组件窗口中显示对应的大图片的功能，就要为每个小图片的元件 btn1～btn10 分别添加侦听器，当事件触发时，就使组件 img 的 source 属性指向相应图片的存放位置，因此，需要在已有代码的基础上继续添加代码，如图 6-3-41 所示。

（24）返回"场景 1"，在"库"面板上右键单击元件 ec8show，选择"属性"命令，在打开的"元件属性"对话框中展开"高级"选项卡，选中"为 ActionScript 导出"复选框，将该元件创建为 ActionScript 类；接着在图层 actions 的第 1 帧上打开"动作-帧"面板，并在已有代码的基础上添加如图 6-3-42 所示的代码，使元件 ec8show 中的 closebtn 起作用。

（25）依照步骤（14）～步骤（24）的制作方法，依次制作出影片剪辑元件 ec7show 和 ec7rvshow。其中，元件 ec7show 对应的效果和代码如图 6-3-43 所示。元件 ec7rvshow 对应的效果和代码如图 6-3-44 所示。

（26）至此，汽车网站的第 2 个导航页面已制作完毕。选择"文件"→"保存"命令将其存储为 models.fla。然后选择"文件"→"导出"→"导出影片"命令，将其输出为 models.swf 文件。

【高职高专新课程体系规划教材·计算机系列】

```
12  ec8small.btn1.addEventListener(MouseEvent.CLICK, img1);
13  ec8small.btn2.addEventListener(MouseEvent.CLICK, img2);
14  ec8small.btn3.addEventListener(MouseEvent.CLICK, img3);
15  ec8small.btn4.addEventListener(MouseEvent.CLICK, img4);
16  ec8small.btn5.addEventListener(MouseEvent.CLICK, img5);
17  ec8small.btn6.addEventListener(MouseEvent.CLICK, img6);
18  ec8small.btn7.addEventListener(MouseEvent.CLICK, img7);
19  ec8small.btn8.addEventListener(MouseEvent.CLICK, img8);
20  ec8small.btn9.addEventListener(MouseEvent.CLICK, img9);
21  ec8small.btn10.addEventListener(MouseEvent.CLICK, img10);
22  function img1(e:Event) {
23      img.source = "../素材/帝豪车型/ec8/big/b1.jpg";}
24  function img2(e:Event) {
25      img.source = "../素材/帝豪车型/ec8/big/b2.jpg";}
26  function img3(e:Event) {
27      img.source = "../素材/帝豪车型/ec8/big/b3.jpg";}
28  function img4(e:Event) {
29      img.source = "../素材/帝豪车型/ec8/big/b4.jpg";}
30  function img5(e:Event) {
31      img.source = "../素材/帝豪车型/ec8/big/b5.jpg";}
32  function img6(e:Event) {
33      img.source = "../素材/帝豪车型/ec8/big/b6.jpg";}
34  function img7(e:Event) {
35      img.source = "../素材/帝豪车型/ec8/big/b7.jpg";}
36  function img8(e:Event) {
37      img.source = "../素材/帝豪车型/ec8/big/b8.jpg";}
38  function img9(e:Event) {
39      img.source = "../素材/帝豪车型/ec8/big/b9.jpg";}
40  function img10(e:Event) {
41      img.source = "../素材/帝豪车型/ec8/big/b10.jpg";}
```

第 41 行（共 42 行），第 45 列

图6-3-41

```
38  var ec8s:ec8show=new ec8show();
39  show1.addEventListener(MouseEvent.CLICK, ec8win2);
40  function ec8win2(e:MouseEvent):void{
41      addChild(ec8s);
42      ec8s.x=40;
43      ec8s.y=17;
44      ec8s.closebtn.addEventListener(MouseEvent.CLICK, closewin4);
45  }
46  function closewin4(e:MouseEvent):void{
47      removeChild(ec8s);
48  }
```

actions : 1
第 16 行（共 48 行），第 2 列

图6-3-42

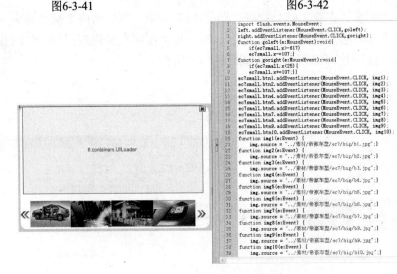

```
1   import flash.events.MouseEvent;
2   left.addEventListener(MouseEvent.CLICK, goleft);
3   right.addEventListener(MouseEvent.CLICK, goright);
4   function goleft(e:MouseEvent):void{
5       if(ec7small.x>-617)
6       ec7small.x-=107;}
7   function goright(e:MouseEvent):void{
8       if(ec7small.x<25){
9       ec7small.x+=107;}}
10  ec7small.btn1.addEventListener(MouseEvent.CLICK, img1);
11  ec7small.btn2.addEventListener(MouseEvent.CLICK, img2);
12  ec7small.btn3.addEventListener(MouseEvent.CLICK, img3);
13  ec7small.btn4.addEventListener(MouseEvent.CLICK, img4);
14  ec7small.btn5.addEventListener(MouseEvent.CLICK, img5);
15  ec7small.btn6.addEventListener(MouseEvent.CLICK, img6);
16  ec7small.btn7.addEventListener(MouseEvent.CLICK, img7);
17  ec7small.btn8.addEventListener(MouseEvent.CLICK, img8);
18  ec7small.btn9.addEventListener(MouseEvent.CLICK, img9);
19  ec7small.btn10.addEventListener(MouseEvent.CLICK, img10);
20  function img1(e:Event) {
21      img.source = "../素材/帝豪车型/ec7/big/b1.jpg";}
22  function img2(e:Event) {
23      img.source = "../素材/帝豪车型/ec7/big/b2.jpg";}
24  function img3(e:Event) {
25      img.source = "../素材/帝豪车型/ec7/big/b3.jpg";}
26  function img4(e:Event) {
27      img.source = "../素材/帝豪车型/ec7/big/b4.jpg";}
28  function img5(e:Event) {
29      img.source = "../素材/帝豪车型/ec7/big/b5.jpg";}
30  function img6(e:Event) {
31      img.source = "../素材/帝豪车型/ec7/big/b6.jpg";}
32  function img7(e:Event) {
33      img.source = "../素材/帝豪车型/ec7/big/b7.jpg";}
34  function img8(e:Event) {
35      img.source = "../素材/帝豪车型/ec7/big/b8.jpg";}
36  function img9(e:Event) {
37      img.source = "../素材/帝豪车型/ec7/big/b9.jpg";}
38  function img10(e:Event) {
39      img.source = "../素材/帝豪车型/ec7/big/b10.jpg";}
```

图6-3-43

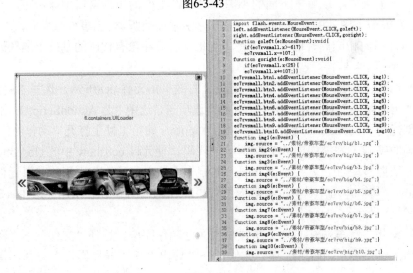

```
1   import flash.events.MouseEvent;
2   left.addEventListener(MouseEvent.CLICK, goleft);
3   right.addEventListener(MouseEvent.CLICK, goright);
4   function goleft(e:MouseEvent):void{
5       if(ec7rvsmall.x>-617)
6       ec7rvsmall.x-=107;}
7   function goright(e:MouseEvent):void{
8       if(ec7rvsmall.x<25){
9       ec7rvsmall.x+=107;}}
10  ec7rvsmall.btn1.addEventListener(MouseEvent.CLICK, img1);
11  ec7rvsmall.btn2.addEventListener(MouseEvent.CLICK, img2);
12  ec7rvsmall.btn3.addEventListener(MouseEvent.CLICK, img3);
13  ec7rvsmall.btn4.addEventListener(MouseEvent.CLICK, img4);
14  ec7rvsmall.btn5.addEventListener(MouseEvent.CLICK, img5);
15  ec7rvsmall.btn6.addEventListener(MouseEvent.CLICK, img6);
16  ec7rvsmall.btn7.addEventListener(MouseEvent.CLICK, img7);
17  ec7rvsmall.btn8.addEventListener(MouseEvent.CLICK, img8);
18  ec7rvsmall.btn9.addEventListener(MouseEvent.CLICK, img9);
19  ec7rvsmall.btn10.addEventListener(MouseEvent.CLICK, img10);
20  function img1(e:Event) {
21      img.source = "../素材/帝豪车型/ec7rv/big/b1.jpg";}
22  function img2(e:Event) {
23      img.source = "../素材/帝豪车型/ec7rv/big/b2.jpg";}
24  function img3(e:Event) {
25      img.source = "../素材/帝豪车型/ec7rv/big/b3.jpg";}
26  function img4(e:Event) {
27      img.source = "../素材/帝豪车型/ec7rv/big/b4.jpg";}
28  function img5(e:Event) {
29      img.source = "../素材/帝豪车型/ec7rv/big/b5.jpg";}
30  function img6(e:Event) {
31      img.source = "../素材/帝豪车型/ec7rv/big/b6.jpg";}
32  function img7(e:Event) {
33      img.source = "../素材/帝豪车型/ec7rv/big/b7.jpg";}
34  function img8(e:Event) {
35      img.source = "../素材/帝豪车型/ec7rv/big/b8.jpg";}
36  function img9(e:Event) {
37      img.source = "../素材/帝豪车型/ec7rv/big/b9.jpg";}
38  function img10(e:Event) {
39      img.source = "../素材/帝豪车型/ec7rv/big/b10.jpg";}
```

图6-3-44

【高职高专新课程体系规划教材·计算机系列】

**子任务 3　制作"市场活动"页面动画**

（1）接着制作第 3 个导航页面。新建 Flash 文件，在"属性"面板上设置动画帧频为"FPS：30"，舞台尺寸为"550×340 像素"，舞台颜色为"灰青色（#CADCDF）"。

（2）将"图层 1"命名为"背景"，选择"文件"→"导入"→"导入到库"命令，将素材文件"页面背景.png"以及"信息中心"文件夹中的图片 car.png 导入，然后从库中将图片"页面背景.png"拖入舞台，设置其坐标位置为"X：0，Y：0"。

（3）新建图层，命名为"汽车"，从库中将素材图片 car.png 拖入舞台，设置其坐标位置为"X：14，Y：10"，如图 6-3-45 所示。

图6-3-45

（4）新建图层，命名为"列表"，打开"组件"面板，选择组件 ComboBox 并将其拖入到舞台，设置其坐标位置为"X：410，Y：96"，命名其实例名称为 mylist，如图 6-3-46 所示。

图6-3-46

（5）接着在"属性"面板上展开"组件参数"选项，单击参数 dataProvider 后的值编辑按钮，打开如图 6-3-47 所示的"值"对话框。

（6）在"值"对话框中单击 ✚ 按钮，添加第一个列表标签，并将 label 值更改为"梦享豪礼"，在 data 后输入相应的图片路径"../素材/信息中心/pic1.png"，如图 6-3-48 所示。

（7）继续添加标签，并更改相应的 label 值和 data 值，如图 6-3-49 所示。单击"确定"按钮之后，按 Ctrl+Enter 组合键测试动画。此时，舞台上的标签效果如图 6-3-50 所示。

图6-3-47                    图6-3-48

图6-3-49                    图6-3-50

（8）新建图层，命名为"活动内容"，然后在"组件"面板中选择组件 UILoader 并将其拖入舞台，设置其坐标位置为"X：40，Y：120"，宽度为470，高度为187，实例名称为 loadwindow；接着展开"组件参数"选项，在参数 source 后输入图片路径，如"../素材/信息中心/pic2.png"，如图 6-3-51 所示。

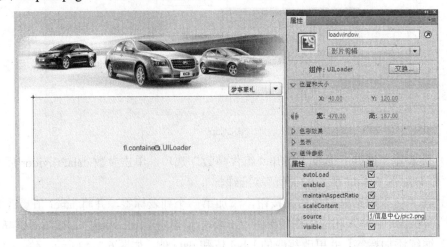

图6-3-51

（9）新建图层，命名为 actions，在第 1 帧处打开"动作-帧"面板，输入如下代码。

```
mylist.addEventListener(Event.CHANGE, loadFile);
//列表的 CHANGE 事件被触发，调用 loadFile 函数
function loadFile(e:Event):void {
        loadwindow.source = e.target.selectedItem.data;
//将列表组件的 data 参数值赋予组件 loadwindow 的数据源
}
```

（10）按 Ctrl+Enter 组合键测试动画，效果如图 6-3-52 所示。

（11）至此，汽车网站的第 3 个导航页面制作完毕。选择"文件"→"保存"命令将其存储为 info.fla，并选择"文件"→"导出"→"导出影片"命令将其输出为 info.swf 文件。

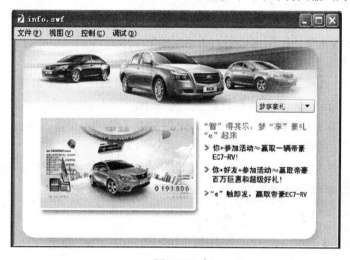

图6-3-52

### 子任务4　制作"科技中心"页面动画

（1）接着制作第 4 个导航页面。新建 Flash 文件，在"属性"面板上设置动画帧频为"FPS：30"，舞台尺寸为"550×340 像素"，舞台颜色为"灰青色（#CADCDF）"。

（2）将"图层 1"命名为"背景"，选择"文件"→"导入"→"导入到库"命令，将素材文件"页面背景.png"以及"科技中心"文件夹中的图片全部导入，然后从库中将图片"页面背景.png"拖入舞台，设置坐标位置为"X：0，Y：0"。

（3）新建图层，从库中将素材图片"技术.png"、"安全.png"和"环保.png"拖入舞台，分别设置各图片的坐标位置为"X：47，Y：38"、"X：410，Y：126"和"X：46，Y：210"，如图 6-3-53 所示。

（4）使用文本工具分别在 3 张图片的右侧输入相关的介绍文字（参考素材文件"汽车网站文本.txt"），并设置标题文字的字体为"黑体"，字体大小为"14 点"，字体颜色为"红色（#FF4B21）"；内容文字大小为"12 点"，字体颜色为"黑色"，效果如图 6-3-54 所示。

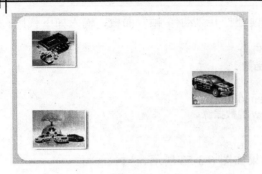

图6-3-53 图6-3-54

（5）至此，汽车网站的第 4 个导航页面已制作完毕。选择"文件"→"保存"命令将其存储为 scie.fla，并选择"文件"→"导出"→"导出影片"命令将其输出为 scie.swf 文件。

（6）准备好这 4 个导航页面之后，还需要将它们和前面已经制作好的导航页面组合起来，形成一个完整的网站。

（7）打开项目 5 中制作好的源文件"汽车网站导航.fla"，按 Ctrl+F8 组合键创建一个新的影片剪辑元件 menu，然后将素材图片"导航.png"导入到库中，并拖放到舞台上，设置其坐标位置为"X：0，Y：0"。然后，使用文本工具输入文本"menu"，并将其旋转 −90°，调整位置后的效果如图 6-3-55 所示。

图6-3-55

（8）在"属性"面板上右键单击元件 menu，在弹出的快捷菜单中选择"属性"命令，打开"元件属性"对话框，展开"高级"选项卡，选中"为 ActionScript 导出"复选框，将这个元件创建为 ActionScript 类。

（9）返回主场景，选择第 1 帧，打开"动作-帧"面板，在原有的定义变量代码之后添加如下代码。

```
var myurl:URLRequest = new URLRequest();
var loader:Loader = new Loader();
var mc:MovieClip;
var mymc:MovieClip;
var pro:menu=new menu();
```

（10）在 onTick 函数体中的代码"i++"之前添加如下代码。

```
this["m"+i].addEventListener(MouseEvent.CLICK,idr); //鼠标单击事件触发，调用函数 idr
```

（11）定义相应的函数，在所有代码之后添加如下代码。

```
function idr(e:MouseEvent):void{
    if(e.currentTarget==m1){
        myurl.url = "about.swf";
        mymc=m1 as MovieClip;
     }
     else if(e.currentTarget==m2){
        myurl.url = "models.swf";
        mymc=m2 as MovieClip;
    }
    else if(e.currentTarget==m3){
        myurl.url = "info.swf";
        mymc=m3 as MovieClip;
     }
     else{
        myurl.url = "scie.swf";
        mymc=m4 as MovieClip;
    }
    loading();
}
```

以上代码用于判断当前鼠标单击的对象，并将该对象要加载的页面文件赋予变量 myurl.url，同时也将该对象赋予影片剪辑变量 mymc。由于判断之后就要进行页面文件的加载操作，因此要调用函数 loading()。

（12）定义函数 loading()，代码如下。

```
function loading():void{
unloadmenu();
    mymc.visible=true;
    mymc.x=80;
    mymc.y=170;
    mymc.removeEventListener(MouseEvent.CLICK,idr);
    loader.contentLoaderInfo.addEventListener(Event.COMPLETE,doLoad);
    loader.load(myurl);
}
```

以上代码首先调用函数 unloadmenu()，使舞台上的所有导航元件在加载文件之前消失；接着，将鼠标单击的对象显示在舞台上，并设置其相应的坐标位置，同时移除了该对象的事件侦听器，使鼠标单击事件不再可用，从而避免了页面文件的重复加载；最后，通过 loader 加载器判断页面文件是否已加载完成，如果完成则调用函数 doLoad，并使用 load 方法加载相应的页面文件。

（13）接着定义函数 unloadmenu()和 doLoad()，需在所有代码之后添加如下代码。

【高职高专新课程体系规划教材·计算机系列】

```
function unloadmenu():void{
    for (var j=1;j<5;j++){
        this["m"+j].visible=false;
    }
}
function doLoad(e:Event):void{
    mc = e.target.content as MovieClip;
    this.addChild(mc);
    new Tween(mc,"alpha",Strong.easeOut,0,1,1,true);
    new Tween(mc,"scaleX",Strong.easeOut,0.1,1,1,true);
    new Tween(mc,"scaleY",Strong.easeOut,0.1,1,1,true);
    new Tween(mc,"x",Back.easeOut,0,170,1,true);
    new Tween(mc,"y",Back.easeOut,100,155,1,true);
    mc.play();
    addChild(pro);
    pro.x=700;
    pro.y=180;
    pro.addEventListener(MouseEvent.CLICK,daohang);
    swapChildren(mc,mymc);   //交换两个元件的排列次序，使元件 mymc 在 mc 之上
}
```

函数 unloadmenu()通过一个循环，将所有导航元件的 visible 属性设置为 false，从而达到使导航元件消失的目的；函数 doLoad()首先将加载的内容存入影片剪辑变量 mc 中，并使用 addChild 方法将其添加到舞台上，同时通过 Tween 类达到页面文件逐渐显现的动画效果；在页面文件显示的同时，也在舞台上添加了之前定义的 menu 类所对应的元件，当该元件的鼠标单击事件被触发时，调用函数 daohang()。

（14）定义函数 daohang()，代码如下。

```
function daohang(e:MouseEvent):void{
    removeChild(pro);
    removeChild(mymc);
    removeChild(mc);
    mc = null;
    i=1;
    timer.reset();
    timer.start();
}
```

当 menu 类的实例 pro 触发鼠标单击事件时，调用函数 daohang()，使用 removeChild()方法移除舞台上所有的元件，并将元件 mc 清空，用于存储之后加载的页面文件。在舞台清空之后，需要让 4 个导航元件重新显示，因此要将变量 i 的值重置为 1，并使用 reset()方法和 start()方法使计时器 timer 重新开始计时。

（15）至此，整个汽车网站动画已制作完毕。按 Ctrl+Enter 组合键测试动画效果，单击第 1 个导航元件的效果如图 6-3-56 所示。测试完毕后将源文件另存为"汽车网站.fla"。

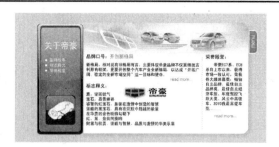

图6-3-56

## 6.3.4　知识点总结

本节实例的制作中不但沿用了前面学习过的缓动类 Tween 和计时器类 Timer，还多次使用 addChild()方法在舞台上添加对象。这些都是很常用的技术，读者要多加练习并熟练掌握。除此之外，本实例还多次用到组件以及调用外部文件的方法和技术，下面进行详细介绍。

如果要加载外部的 SWF、JPG、PNG 或 GIF 文件，使用 UILoader 组件可以节省不少时间。首先，从"组件"面板中将 UILoader 组件拖入舞台，通过设置该组件的 source 属性，可以加载 SWF 等格式的文件到该组件中。其基本语法为如下。

```
UILoader 组件的实例名称.source="外部文件存放的路径";
```

比如，如果本实例要在组件中加载"信息中心"文件夹中的图片 pic2.png，应用使用如下代码。

```
Loadwindow.source="../素材/信息中心/pic2.png";
```

其中，".."表示回到上级目录。在本实例中，与 UILoader 组件配合使用的还有 ComboBox 组件，每当用户从列表中选择某个项目时，就要将该项目对应的数据源加载入 UILoader 组件中，因此，在文件"信息中心.swf"制作中采用如下代码。

```
mylist.addEventListener(Event.CHANGE, loadFile);
function loadFile(e:Event):void {
        loadwindow.source = e.target.selectedItem.data;
}
```

除了可以使用组件加载外部文件之外，Loader 类也可用来加载 SWF 等文件。它使用 load()方法来启动加载，被加载的显示对象将作为 Loader 对象的子级被添加。Loader 类通常要和 URLRequest 类配合使用，具体方法如下。

```
var URL 路径:String = "URL 地址"; //定义变量，存储要加载的文件路径
var URLRequest 对象:URLRequest = new URLRequest(URL 路径);        //将提交的数据存入
                                                                //URLRequest 对象中
var Loader 对象: Loader = new Loader(URLRequest 对象); //将读取到的数据存入 Loader 对象中
```

即：首先由 URLRequest 对象向指定地址发出数据请求，然后由 Loader 对象按照 URLRequest 对象携带的信息完成文件的加载。

【高职高专新课程体系规划教材·计算机系列】

# 短片及片头动画制作

时下流行的 Flash 短片、片头动画、网络动画等集构图、画面、情节、音乐等多种形式为一体，借助它，创作者可以诠释自己内心的情感，而这正是 Flash 动画的魅力所在。

## 7.1 任务 1——制作 MV 动画

MV 是 Flash 动画中很重要的一种表现形式，它通常以动画的形式讲述一个故事，或通过一个故事情节阐述某首歌曲。本实例改编自民间传说"愚公移山"，分成若干个场景来完成。动画中的细节较多，如人物对话时的表情、动作等，要注意刻画；同时，还要注意不同场景的布置、人物对话的配音等，制作时需要非常耐心和细心。

### 7.1.1 实例效果预览

本节实例效果如图 7-1-1 所示。

图7-1-1

## 7.1.2　技能应用分析

1．根据传说故事进行 Flash 动画脚本的创作。

2．运用基本动画形式完成人物细节刻画，如人物对话、表情等。

3．整个动画较长，因此根据故事情节将动画分成了若干个场景来实现。

4．根据故事中的对话配音，制作出人物对话的动画效果。

## 7.1.3　制作步骤解析

（1）选择"文件"→"打开"命令，打开素材文件"愚公移山素材.fla"，修改文档的帧频为 12fps。新建"黑框"图层，绘制一个比舞台大的黑色矩形，然后在黑色矩形旁边绘制一个大小为"550×400 像素"的白色矩形，并在"属性"面板中将其位置设置为"X：0；Y：0"，利用"同色相焊接，异色相剪切"的属性，删除白色矩形，就得到了类似于窗户口的黑色矩形，如图 7-1-2 所示。将该图层的显示方式设置为轮廓显示，延长至 430 帧，如图 7-1-3 所示。

图7-1-2

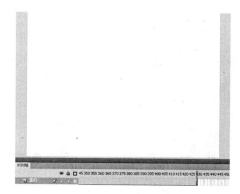

图7-1-3

（2）新建"背景"图层，从库中拖入相应的背景图片，摆放好图片的相对位置，如图 7-1-4 所示。

（3）新建图层"开始字幕"，在第 1 帧处拖入元件"开始字幕"，放到场景合适位置，然后在第 30、85 和 100 帧处分别插入关键帧。修改第 1 帧、第 100 帧中"开始字幕"元件的透明度为 0，然后在第 1～30 帧、第 85～100 帧之间创建传统补间动画，实现字幕的淡入和淡出效果，如图 7-1-5 所示。

（4）在"背景"图层的第 110 帧、第 135 帧处分别插入关键帧，将第 135 帧的背景放大移动，使画面中的房屋处于画布的中间位置，实现镜头向前推动，移动到房屋部分的效果，如图 7-1-6 所示。在第 146 帧处插入关键帧，将此帧上背景的透明度值设为 0，淡出场景。在第 110～135 帧、第 135～146 帧之间创建传统补间动画，然后在第 147 帧处插入空白关键帧，结束这一背景的显示。

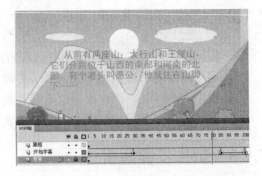

图7-1-4　　　　　　　　　　　　　　图7-1-5

（5）新建"背景音乐"图层，在第2帧中插入关键帧，从库中将音乐"背景"插入场景，在"属性"面板中设置"同步"方式为"事件"和"重复"。

（6）新建图形元件"愚公"，将库中人物文件夹中"元件39"～"元件46"的头、右手、左手、眼睛等分别放置在不同的图层，并利用逐帧动画形成愚公说话的形象，如图 7-1-7 所示。

图7-1-6　　　　　　　　　　　　　　图7-1-7

（7）新建图形元件"愚公（在窗口前）"，先绘制背景，然后拖入元件"愚公"，最后添加房子和窗户图层，并调整图层的顺序，如图 7-1-8 所示。

（8）返回主场景，新建图层"愚公"，然后将元件"愚公（在窗口前）"放置在第130～224帧、第310～429帧之间，以用于对话场景，如图 7-1-9 所示。

（9）新建"儿子2"影片剪辑元件，将库中"儿子2素材"文件夹中的元件分别放置在不同的图层，并利用逐帧动画形成儿子2说话的形象，如图 7-1-10 所示。

（10）新建影片剪辑元件"愚公儿子说话"，将"儿子2"拖入该元件，新建一个图层，将库中"背景"文件夹下的"元件75"拖入，调整相对位置，并延长两个图层至第100帧，如图 7-1-11 所示。

图7-1-8　　　　　　　　　　　　　　　　　图7-1-9

图7-1-10　　　　　　　　　　　　　　　图7-1-11

（11）返回主场景，新建"愚公儿子"图层，在第 225 帧插入关键帧，将元件"愚公儿子说话"放至该帧，在该图层第 310 帧插入空白关键帧。

（12）新建"愚公思考"图层，拖入库中"背景"文件夹中的元件"思考"，然后在第 310～317 帧、第 410～415 帧之间创建元件"思考"淡入淡出的效果，并在第 416 帧处插入空白关键帧，如图 7-1-12 所示。

（13）新建"人物配音"图层，在第 170～235 帧、第 236～396 帧、第 397～598 帧之间依次插入愚公与他儿子对话的声音片段；新建"字幕"图层，在相应的位置依次插入愚公与他儿子之间对话的内容，如图 7-1-13 所示。

（14）新建 AS 图层，在第 1 帧处将库中"背景"文件夹中的 play 按钮拖放至场景中，并在"属性"面板中将按钮实例名称定义为 btn1，如图 7-1-14 所示，同时在该帧处输入文本"愚公移山"作为 MV 动画标题。在第 2 帧处插入空白关键帧，使按钮和标题消失。

【高职高专新课程体系规划教材·计算机系列】

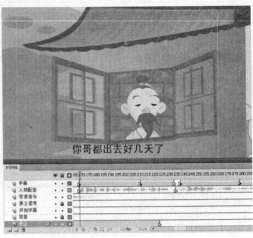

图7-1-12                              图7-1-13

（15）在 AS 图层的第 1 帧处，添加如下动作脚本。

```
stop();
btn1.addEventListener(MouseEvent.CLICK, fl_ClickToGoToAndPlayFromFrame1);
function fl_ClickToGoToAndPlayFromFrame1(event:MouseEvent):void
{
    gotoAndPlay(2);
}
```

此段脚本实现的功能是：第 1 帧处动画停止，当单击播放按钮时，从第 2 帧开始播放动画。至此，第一个场景愚公与儿子对话已完成。

（16）新建"场景 2"，用同样的方法创建"黑框"图层。新建"移山倡议"图层，将元件"移山倡议"放置在该图层的第 1～70 帧之间，在第 71 帧插入空白关键帧。新建"背景音乐"图层，在图层的第 1 帧处将音乐文件 1101583 拖入场景，设置"同步"方式为"数据流"，如图 7-1-15 所示。

图7-1-14                              图7-1-15

（17）新建"移山敢死队"图层，在第 71 帧处放入元件"移山敢死队"，在第 81～110 帧之间创建画面逐渐缩小的补间动画，并使该元件显示延长至第 170 帧。

（18）在"背景音乐"图层的第 70 帧插入关键帧，将库中的声音文件 200992 拖入场景，并设置其"同步"方式为"数据流"。新建"人物配音"图层，在第 1 帧处将声音文件 602524 拖放到该层，同样设置其"同步"方式为"数据流"。至此，第二个场景移山敢死队成立已完成，如图 7-1-16 所示。

（19）新建"场景 3"，用同样的方法创建"黑框"图层。新建"移山镜头"图层，拖入元件 92，将其放置在第 1 帧。在第 100 帧和第 130 帧插入关键帧，将第 130 帧中的元件放大、下移，并设置其透明度值为 0，在第 100～130 帧之间创建传统补间动画，如图 7-1-17 所示。

图7-1-16

图7-1-17

（20）新建"背景音乐"图层，在第 1～145 帧中插入音乐文件 1101575。新建"人物配音"图层，在第 1～27 帧、第 28～74 帧和第 75～147 帧之间也插入相应的声音效果，如图 7-1-18 所示。

（21）参照图形元件"愚公"和"儿子 2"的制作方法，创建"河曲智叟"元件、"玉帝"元件与"操蛇之神"元件，用于制作后面的动画效果，分别如图 7-1-19、图 7-1-20 和图 7-1-21 所示。

图7-1-18

图7-1-19

【高职高专新课程体系规划教材·计算机系列】

图7-1-20 图7-1-21

（22）新建元件"愚公与智叟对话"，创建"背景"图层，然后再新建一个图层，制作出智叟由远到近的动画，将图形元件"愚公"放于顶层，并将第 8 帧转换为关键帧，稍微调整愚公的状态，制作出愚公与智叟之间对话的场景，如图 7-1-22 所示。

（23）返回主场景，新建"愚公与智叟"图层，拖入元件"愚公与智叟对话"，将其放置在第 100～423 帧之间。

（24）选择"字幕"图层，在第 148、183、198、223、260、297、333、350、372 和 395 帧处分别插入关键帧，输入愚公和智叟对话的内容，同时新建"人物配音"图层，在相应的位置分别插入相应的对话声音文件，如图 7-1-23 所示。

图7-1-22 图7-1-23

（25）新建"过渡字幕"图层，在第 425～474 帧之间插入图形元件"字幕（若干年后）"，并分别在第 425～435 帧、第 464～474 帧之间制作淡入和淡出的动画效果，如图 7-1-24 所示。

（26）新建元件"操蛇之神与玉帝对话"，创建背景图层，再将步骤（21）中制作的"操蛇之神"元件与"玉帝"元件分别拖入不同的图层，制作出两者的对话场景，如图 7-1-25 所示。

（27）返回主场景，新建"操蛇与玉帝"图层，在第 474 帧处插入关键帧，将元件"操蛇之神与玉帝对话"拖入场景，在第 477 帧处插入关键帧，延长该图层至第 740 帧。然后在"字幕"图层的第 490、504、542、588、628 和 670 帧处分别插入关键帧，输入"操蛇之神"与"玉帝"对话的内容，如图 7-1-26 所示。

高职高专新课程体系规划教材·计算机系列

（28）在"人物配音"图层的对应位置插入对话声音文件，并设置"同步"的方式为"数据流"，如图 7-1-27 所示。

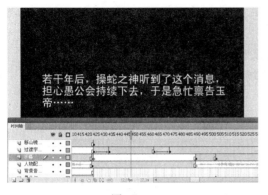

图7-1-24

图7-1-25

图7-1-26

图7-1-27

（29）新建"结尾字幕"图层，在第 738 帧插入关键帧，插入元件 195，在第 738～746 帧之间实现字幕淡入的动画效果。新建"按钮"图层，在第 746 帧中制作"重播"按钮，并定义按钮实例名称为 btn2，在该帧加入如下动作脚本，实现动画的重播。

```
stop();
btn2.addEventListener(MouseEvent.CLICK, fl_ClickToGoToScene_1);
function fl_ClickToGoToScene_1(event:MouseEvent):void
{
    MovieClip(this.root).gotoAndPlay(2, "场景 1");
}
```

（30）保存动画文件。至此，愚公移山动画制作完成。

## 7.1.4　知识点总结

本节实例中的动画较长，为了便于制作和管理，采用了分场景制作的方式。一个场景就类似于话剧中的一幕，使用场景可以更好地组织动画。场景的顺序和动画的顺序有关，在默认情况下是顺序播放的。

选择"插入"→"场景"命令或"窗口"→"其他面板"→"场景"命令，均可以添加一个新的场景。

"场景"面板如图 7-1-28 所示，在其中可以对场景进行以下操作。

（1）用鼠标上下拖动某个场景，可以改变场景的先后顺序。

（2）单击添加按钮，可添加新的场景。

（3）单击复制按钮，可对所选场景进行复制。

（4）单击删除按钮，会弹出一个提示对话框，提示用户是否真的要删除所选场景。

（5）单击选中某场景，可进入该场景中进行编辑。

（6）双击场景名称，可以对场景进行重命名。

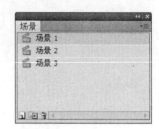

图7-1-28

# 7.2 任务 2——制作产品展示动画

本节实例采用的是菜单式动画，简短的动画开头后，左侧将以菜单形式列出产品的相关信息，单击左侧菜单，可在右侧展示区显示出产品图片和相关文字信息。本实例主要应用了按钮和动作脚本的相关知识。

## 7.2.1 实例效果预览

本节实例效果如图 7-2-1 所示。

图7-2-1

## 7.2.2    技能应用分析

1. 使用遮罩完成动画 LOGO 显示的动态效果。
2. 使用 3D 属性制作出矩形的三维旋转效果。
3. 添加动作脚本，实现单击按钮跳转到相应关键帧的效果。

## 7.2.3    制作步骤解析

### 子任务 1    制作产品展示片头

（1）创建一个空白 Flash 文档（ActionScript 3.0），设置文档的大小为"800×600 像素"，背景颜色为白色，其他参数保持默认，然后将其保存到指定的文件夹中。

（2）选择"文件"→"导入"→"导入到库"命令，将素材文件夹中的素材导入到库中。将"图层 1"重命名为"背景"图层，将库中素材 1.jpg 拖至舞台中央，调整好位置，如图 7-2-2 所示。

（3）在"背景"图层的第 104 帧处插入帧，将背景图片的显示时间延长。

（4）新建图层"翻板"，选择"插入"→"新建元件"命令，在弹出的对话框中设置元件名称为"翻板动画"，类型为"影片剪辑"，单击"确定"按钮创建一个空白的元件。

（5）将元件中的"图层 1"重命名为"翻转"。使用矩形工具，在"属性"面板中调整圆角半径为 20，然后在绘图区绘制一个圆角矩形对象，并设置描边为无，填充为蓝色，透明度为 50%，如图 7-2-3 所示。

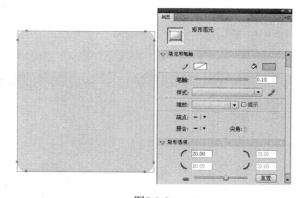

图7-2-2　　　　　　　　　　　　　　　　　　　　　图7-2-3

（6）保持该对象的选中状态，按 F8 键，在弹出的"转换为元件"对话框中设置元件名称为"翻板"，单击"确定"按钮将其转换为元件。

（7）在"翻板"图层的第 22 帧处插入帧，然后双击右侧的第一个帧段，将其全部选中。单击鼠标右键，在弹出的快捷菜单中选择"创建补间动画"命令。再次单击鼠标右键，在弹出的快捷菜单中选择"3D 补间"命令。

（8）将播放头放置在第 22 帧，保持该对象的选中状态，选择"窗口"→"变形"命令，

【高职高专新课程体系规划教材·计算机系列】

打开"变形"面板，在"3D 旋转"栏中设置 X 参数为 360，使其沿 X 轴方向旋转 360°，如图 7-2-4 所示。

（9）将播放头放置在第 1 帧，保持该对象的选中状态，在"变形"面板中调整横向和纵向缩放均为 0%，将该对象缩小到无，然后在"3D 旋转"栏中调整 X 参数为 0，并定义关键帧，如图 7-2-5 所示。

（10）将播放头放置在第 11 帧，在舞台中向上拖动该对象，形成一个关键帧（不修改"变形"面板中的任何参数），如图 7-2-6 所示。

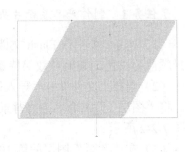

图7-2-4　　　　　　　　　图7-2-5　　　　　　　　　图7-2-6

（11）将播放头放置在第 1 帧，选中该元件，打开"属性"面板，为其添加模糊滤镜，并调整"模糊 X"和"模糊 Y"为 20 像素，其他参数保持默认值，如图 7-2-7 所示。

（12）将播放头放置在第 22 帧，选中该元件，在"属性"面板中设置"模糊 X"和"模糊 Y"为 0 像素，其他参数保持默认值，如图 7-2-8 所示。

（13）保持对象的选中状态，在"属性"面板中为其添加投影滤镜，设置"模糊 X"和"模糊 Y"为 5 像素，"角度"为 90°，"距离"为 5 像素，其他参数保持默认值，如图 7-2-9 所示。

图7-2-7　　　　　　　　　图7-2-8　　　　　　　　　图7-2-9

（14）选中该图层中的任意一帧，单击鼠标右键，在弹出的快捷菜单中选择"转换为逐帧动画"命令。

（15）新建图层，并命名为"脚本"。选中该图层的最后一帧，单击鼠标右键，在弹出的快捷菜单中选择"动作"命令，打开"动作-帧"面板，添加代码"stop();"，如图 7-2-10所示。

（16）回到主场景，在"翻板"图层的第 6 帧处插入关键帧，从"库"面板中将"翻板动画"元件拖放至该帧。由于该元件的第 1 帧尺寸非常小，所以要耐心地调整其相应位置，如图 7-2-11 所示。

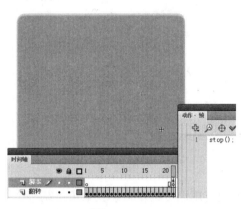
图7-2-10

图7-2-11

（17）在主场景中创建一个新的图层，命名为"透明"。在该图层的第 25 帧插入关键帧，使用矩形工具，在"属性"面板中调整圆角半径为 10，填充颜色为灰色，并设置透明度为 50%，在场景中绘制一个圆角矩形对象，如图 7-2-12 所示。

（18）选中透明矩形，按 F8 键将其转换成名称为"透明"的影片剪辑元件。

（19）在"时间轴"面板中双击右侧的帧段，将其全部选中。单击鼠标右键，在弹出的快捷菜单中选择"创建补间动画"命令。将播放头调整到第 35 帧，使用任意变形工具将透明对象放大，如图 7-2-13 所示。

图7-2-12

图7-2-13

【高职高专新课程体系规划教材·计算机系列】

（20）新建图层，并命名为 LOGO。在该图层的第 20 帧处创建一个关键帧，将库中的 logo.jpg 和 logobom.jpg 文件拖放至场景中，调整其位置如图 7-2-14 所示。

（21）新建图层，并命名为"遮罩层"。在该图层上单击鼠标右键，在弹出的快捷菜单中选择"属性"命令，打开"图层属性"对话框，设置图层的类型为"遮罩层"，如图 7-2-15 所示。

图7-2-14

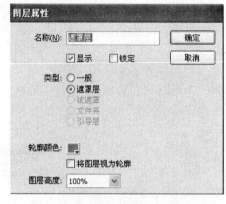

图7-2-15

（22）在"遮罩层"的第 20 帧处插入关键帧，使用矩形工具在场景左上角绘制一个细窄的矩形对象，如图 7-2-16 所示。

（23）在该图层的第 60 帧处插入关键帧，使用任意变形工具将该对象高度放大，将整个 LOGO 对象完全覆盖，如图 7-2-17 所示。

（24）右键单击该图层的第 20 帧，在弹出的快捷菜单中选择"创建补间形状"命令，制作图形的变形动画效果。

图7-2-16

（25）在 LOGO 图层上单击鼠标右键，在弹出的快捷菜单中选择"属性"命令，打开"图层属性"对话框，设置图层的类型为"被遮罩"，如图 7-2-18 所示。

图7-2-17

图7-2-18

（26）至此，创建了 LOGO 图像的遮罩效果，将这两个图层锁定即可看到遮罩效果。

**子任务 2 制作产品展示菜单**

（1）选择"插入"→"新建元件"命令，在弹出的"新建元件"对话框中设置元件名称为"导航板"，类型为"影片剪辑"。

（2）使用矩形工具绘制一个圆角矩形对象，调整填充为线性渐变，并旋转一定的角度，如图 7-2-19 所示。

（3）在该图层的第 40 帧处插入帧，延长该图层的显示时间。

（4）在"时间轴"面板中双击右侧的第一个帧段，将其全部选中，然后单击鼠标右键，在弹出的快捷菜单中选择"创建补间动画"命令。再次单击鼠标右键，在弹出的快捷菜单中选择"3D 补间"命令。

（5）将播放头放置在第 1 帧，保持该对象的选中状态，在"变形"面板中，调整横向和纵向的缩放为 0%（将该对象缩小到无），在"3D 旋转"中调整 X 为-144.0，定义关键帧，如图 7-2-20 所示。

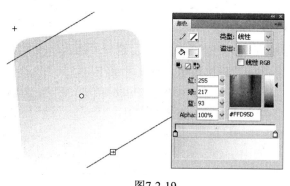

图7-2-19　　　　　　　　　　　　　　图7-2-20

（6）将播放头调整到第 10 帧，保持该对象的选中状态。在"变形"面板中，调整横向和纵向的缩放为 29%，在"3D 旋转"栏中调整 X 为-102.2，定义关键帧，如图 7-2-21 所示。

（7）将播放头调整到第 27 帧，保持该对象的选中状态，在"变形"面板中，调整横向和纵向的缩放为 83.9%，在"3D 旋转"中调整 X 为-23.2，定义关键帧，如图 7-2-22 所示。

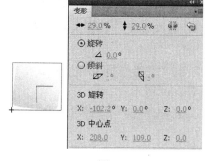

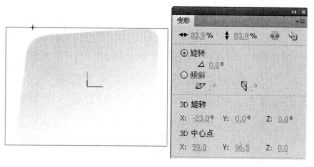

图7-2-21　　　　　　　　　　　　　图7-2-22

【高职高专新课程体系规划教材·计算机系列】

（8）将播放头调整到第 32 帧，保持该对象的选中状态，在"变形"面板中，调整横向和纵向的缩放为 100%，在"3D 旋转"中调整 X 为 0，定义关键帧，如图 7-2-23 所示。

（9）保持该对象的选中状态，在"属性"面板中为其添加投影滤镜，调整"模糊 X"和"模糊 Y"的参数为 5 像素，"角度"为 45°，"距离"为 5 像素，其他参数保持默认，如图 7-2-24 所示。

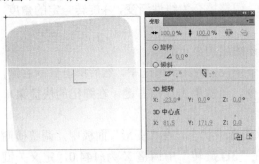

图7-2-23

图7-2-24

（10）选中该图层中任意一帧，单击鼠标右键，在弹出的快捷菜单中选择"转换为逐帧动画"命令。此时的时间轴状态如图 7-2-25 所示。

（11）新建图层"首页"，在其第 32 帧处创建一个关键帧，选择"插入"→"新建元件"命令，在弹出的对话框中新建一个名称为"首页按钮"的按钮元件，如图 7-2-26 所示。

图7-2-25

图7-2-26

（12）在该元件的"弹起"帧中创建一个关键帧，使用文本工具创建一个文本框并输入"首页"，打开"属性"面板，设置字体为"黑体"，字号为"15 点"，并在"变形"面板上设置旋转角度为-4°，如图 7-2-27 所示。

（13）在"时间轴"面板中分别为"指针经过"和"按下"帧添加关键帧。创建一个新的图层，命名为"方块"，将库中"灰色方块"拖放至舞台中，如图 7-2-28 所示。

（14）在"方块"图层的"指针经过"帧处插入关键帧，选中"灰色方块"，打开"属性"面板，单击"交换"按钮，选择"库"中的"蓝色方块"，用蓝色方块替换灰色方块。在该图层的"按下"帧处插入关键帧，如图 7-2-29 所示。

（15）创建新的图层，并命名为"对勾"。将"库"中的"对号"拖至舞台并放在相应的位置上，在该图层的"按下"帧处插入关键帧，如图 7-2-30 所示。

（16）通过复制的方法得到 4 个相同的按钮，并修改其名称分别为"丽人行系列"、"眼之魅系列"、"绅士派系列"和"适用场合"。

（17）在"导航板"元件中新建 4 个图层，每隔两个关键帧放置一个对应的按钮元件，并依次为这 5 个按钮定义实例名称，分别为 index_btn、liren_btn、yan_btn、ss_btn 和 place_btn，如图 7-2-31 所示。

（18）新建图层，并命名为"脚本"。选中该图层的最后一帧，单击鼠标右键，在弹出的快捷菜单中选择"动作"命令，在打开的"动作-帧"面板中添加代码"stop();"。

（19）返回主场景，创建一个新的图层，命名为"导航板"。在该图层的第 20 帧处插入关键帧，从库中将"导航板"元件拖放至舞台中，如图 7-2-32 所示。因为该元件的第 1 帧尺寸非常小，所以需要耐心调整相应的位置。

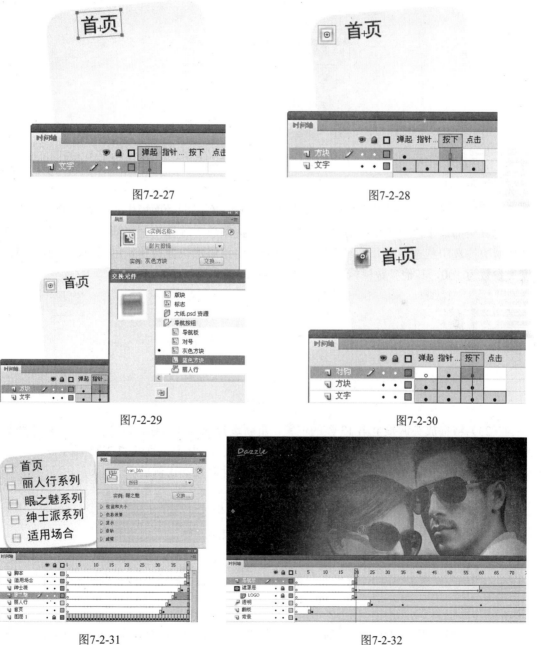

图7-2-27　　　　　　　　　　　图7-2-28

图7-2-29　　　　　　　　　　　图7-2-30

图7-2-31　　　　　　　　　　　图7-2-32

【高职高专新课程体系规划教材·计算机系列】

（20）选择"插入"→"新建元件"命令，在弹出的对话框中设置元件名称为"首页板"，类型为"影片剪辑"，单击"确定"按钮。

（21）修改默认的"图层 1"为"版块 1"，将库中的"小纸"元件拖放至舞台中，如图 7-2-33 所示。

图7-2-33

（22）在该图层的第 3 帧处和第 50 帧处插入帧。在时间轴面板中双击右侧的第 2 个帧段，将其全部选中，单击鼠标右键，在弹出的快捷菜单中选择"创建补间动画"命令。保持该对象的选中状态，打开"属性"面板，为该对象添加快捷调整颜色滤镜，调整"对比度"参数为 100，其他参数保持默认，如图 7-2-34 所示。

图7-2-34

（23）将播放头调整至第 13 帧的位置，重新选择该元件对象，在"属性"面板中将调整颜色滤镜中的"对比度"参数设置为 0，其他参数保持默认，如图 7-2-35 所示。

（24）将播放头放置在第 3 帧的位置，将该元件对象等比例放大。

图7-2-35

（25）创建一个新的图层，并命名为"品牌理念"。在该图层的第 13 帧处创建一个关

高职高专新课程体系规划教材·计算机系列

键帧，使用文本工具创建一个文本框，输入"品牌理念"4 个字，然后打开"属性"面板，设置字体为"黑体"，字号为"23 点"，颜色为"黑色"，如图 7-2-36 所示。

（26）在"时间轴"面板中将鼠标放在图层"品牌理念"关键帧之后的任一灰色帧上双击，将这部分灰色帧全部选中，然后单击鼠标右键，在弹出的快捷菜单中选择"创建补间动画"命令，此时该对象会转换为元件，在弹出的对话框中将其命名为"品牌理念"。

（27）选中第 17 帧，在该帧上单击鼠标右键，在弹出的快捷菜单中选择"插入关键帧"→"全部"命令，在该位置以当前对象的属性创建关键帧，如图 7-2-37 所示。

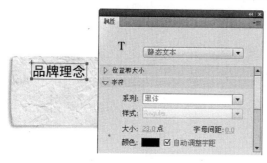

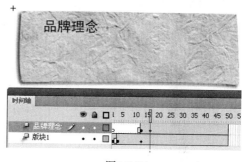

图7-2-36　　　　　　　　　　　　　　　　图7-2-37

（28）将播放头放置在该图层的第 13 帧，选中该对象，打开"属性"面板，展开"色彩效果"选项，设置"样式"为 Alpha，其值为 0%，并将该对象向右移动一段距离，如图 7-2-38 所示。

（29）插入新图层，并命名为"品牌内容"。在该图层的第 13 帧处插入关键帧，然后选择"插入"→"新建元件"命令，插入一个名称为"品牌内容"的空白元件。在该元件的编辑窗口中，使用文本工具创建一个文本框，输入如图 7-2-39 所示的内容，并在"属性"面板中设置相应的字体和字号。

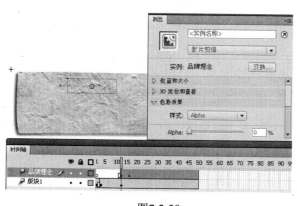

图7-2-38　　　　　　　　　　　　　　　　图7-2-39

（30）在"时间轴"面板中双击右侧的帧段，单击鼠标右键，在弹出的快捷菜单中选择"创建补间动画"命令。选中第 17 帧，在该帧上单击鼠标右键，在弹出的快捷菜单中选择"插入关键帧"→"全部"命令，在该位置以当前对象的属性创建关键帧。

【高职高专新课程体系规划教材·计算机系列】

（31）将播放头放置在该图层的第 13 帧处，选中该对象，打开"属性"面板，展开"色彩效果"选项，设置"样式"为 Alpha，其值为 0%，如图 7-2-40 所示。

（32）按照相同的方法，再制作出两个不同的版块，每一段要间隔 10 帧左右，并采用纵向排列的方式（可以使用"对齐"面板进行精确的控制）。新建图层，命名为"脚本"，选中该图层的最后一帧，在"动作-帧"面板中添加代码"stop();"。制作好的效果如图 7-2-41 所示。

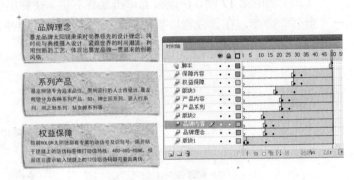

图7-2-40　　　　　　　　　　　图7-2-41

（33）按照相同的方法，制作出影片剪辑元件"丽人行"、"眼之魅"、"绅士派"和"适用场合"。可以使用库中"大纸"、"中纸"进行随意的设计，做好的效果分别如图 7-2-42～图 7-2-45 所示。

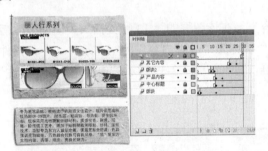

图7-2-42　　　　　　　　　　　图7-2-43

图7-2-44　　　　　　　　　　　图7-2-45

（34）返回主场景，新建"版块"图层，在第 100 帧处插入关键帧，将影片剪辑元件"首页板"拖放至该帧的适当位置，如图 7-2-46 所示。

（35）继续在该图层的第 101～104 帧处分别插入关键帧，然后将影片剪辑元件"丽人行"、"眼之魅"、"绅士派"和"适用场合"分别放置到各个关键帧中，如图 7-2-47 所示。

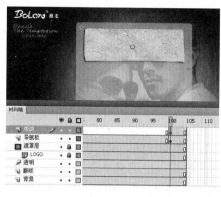

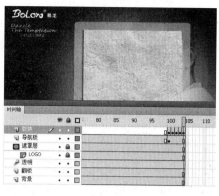

图7-2-46　　　　　　　　　　　　　　　　　图7-2-47

（36）创建新的图层并命名为"脚本"。在该图层的第 100 帧处插入关键帧，单击鼠标右键，在弹出的快捷菜单中选择"动作"命令，打开"动作-帧"面板，输入如下动作代码。

```
stop();
navigation.index_btn.addEventListener(MouseEvent.CLICK,index);
//为实例名为 index_btn 的按钮添加一个事件侦听函数
function index(event:MouseEvent):void{
      gotoAndStop(100);    //单击该按钮时，播放头转到并停止在第 100 帧
}
navigation.liren_btn.addEventListener(MouseEvent.CLICK,product);
//为实例名为 liren_btn 的按钮添加一个事件侦听函数
function product(event:MouseEvent):void{
      gotoAndStop(101);    //单击该按钮时，播放头转到并停止在第 101 帧
}
navigation.yan_btn.addEventListener(MouseEvent.CLICK,server);
//为实例名为 yan_btn 的按钮添加一个事件侦听函数
function server(event:MouseEvent):void{
      gotoAndStop(102);    //单击该按钮时，播放头转到并停止在第 102 帧
}
navigation.ss_btn.addEventListener(MouseEvent.CLICK,message);
//为实例名为 ss_btn 的按钮添加一个事件侦听函数
function message(event:MouseEvent):void{
      gotoAndStop(103);    //单击该按钮时，播放头转到并停止在第 103 帧
}
navigation.place_btn.addEventListener(MouseEvent.CLICK,about);
//为实例名为 place_btn 的按钮添加一个事件侦听函数
function about(event:MouseEvent):void{
      gotoAndStop(104);    //单击该按钮时，播放头转到并停止在第 104 帧
}
```

【高职高专新课程体系规划教材·计算机系列】

### 7.2.4　知识点总结

当动画中存在若干个相似的模块时，可对模块进行一些细节上的修改，如背景的替换、内容形式的更换等，这样才能保证动画风格一致但又不过于死板。

## 7.3　任务3——制作网站片头动画

Flash 网站片头动画以其独特的魅力在网站制作中备受青睐。制作时，应根据网站的主题择取关键内容，并保证风格基调与网站相同，具体制作上应尽量"简"、"短"、"精"。本任务所制作的片头动画中，所有元素都取自于戏曲，以生、旦、净、末、丑等戏剧名词为线索，通过颇具古味的繁体文字、错落有致的戏剧脸谱，将网站的主题完美地表现了出来。

### 7.3.1　实例效果预览

本节实例效果如图 7-3-1 所示。

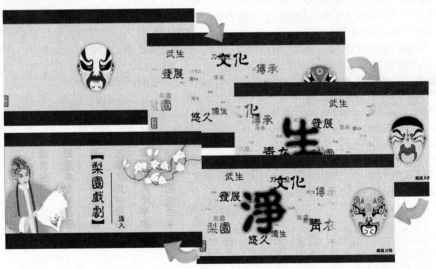

图7-3-1

### 7.3.2　技能应用分析

1. 本实例根据网站的内容和风格，选取京剧脸谱为主要的动画对象。
2. 以京剧选段作为网站片头动画的配音，使观众完全融入到戏曲环境中。
3. 背景文字采用具有古典特色的汉鼎繁淡古体，并且随意进行排列。
4. 根据文字"生旦净末丑"的出现，运用脚本控制相对应的脸谱停止和放大。

### 7.3.3  制作步骤解析

（1）创建一个空白 Flash 文档（ActionScript 3.0），设置其大小"700×400 像素"，其他参数保持默认值，然后将其保存到指定的文件夹中。

（2）选择"文件"→"导入"→"导入到库"命令，将素材文件夹中的声音文件和位图文件导入到影片的元件库中，便于后面制作时调用。

（3）将"图层 1"重命名为"黑框"，绘制一个比舞台大的黑色矩形，然后在黑色矩形旁边绘制一个 700×400 像素的白色矩形，并设置其位置为"X：0，Y：0"。利用"同色相焊接，异色相剪切"的属性，删除白色矩形，可得到一个类似于窗户口的黑色矩形。将该图层的显示方式设置为轮廓显示，延长至第 570 帧，最后在舞台工作区的上下两端再绘制出两个浅黑色的矩形挡边，如图 7-3-2 所示。

（4）在舞台的右下角输入文字"跳过片头"，设置其字体为"汉鼎繁淡古体"，字号为 14，颜色为"黑色"，如图 7-3-3 所示。

图7-3-2                                    图7-3-3

（5）按 F8 键将文字转换为一个按钮元件"跳转按钮"，然后为其添加一个发光的滤镜效果，设置模糊为 3，强度为 60%，颜色为"浅黑色（#333333）"，如图 7-3-4 所示。

（6）在"属性"面板中为该按钮添加实例名称 btn1。新建图层 AS，在其第 1 帧添加如下动作代码。

```
btn1.addEventListener(MouseEvent.CLICK, fl_ClickToGoToAndPlayFromFrame1);
function fl_ClickToGoToAndPlayFromFrame1(event:MouseEvent):void
{
    gotoAndStop(570);
}
```

（7）将第 570 帧转换为关键帧，删除其中的按钮元件（此时片头动画已经播放完毕，不再需要该元件）。

（8）锁定"黑框"图层，在其下方插入一个新的图层，将其命名为"背景"。从元件库中将位图文件 photo01 拖曳到该图层中，调整好其位置和大小，如图 7-3-5 所示。

（9）在"背景"图层舞台工作区的左下角，绘制一枚红色的印章，并将其转换为影片剪辑元件"印章"。通过"属性"面板为其添加一个发光的滤镜效果，设置模糊为 4，强度为 60%，颜色为红色，如图 7-3-6 所示。

图7-3-4

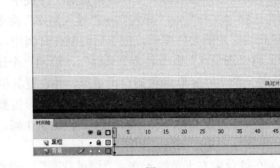

图7-3-5

（10）在"背景"图层的上方插入一个新的图层，将其命名为"脸谱"，将库中素材"脸谱 01"拖至该图层的舞台工作区中，并按 F8 键将其转换为影片剪辑元件"化妆"，然后通过"属性"面板为其添加一个发光的滤镜效果，设置模糊为 20，强度为 40%，颜色为黑色，如图 7-3-7 所示。

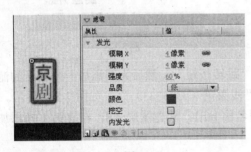

图7-3-6

图7-3-7

（11）双击进入"化妆"元件的编辑窗口，插入一个新的图层，在该图层的第 10 帧中对照如图 7-3-8 所示的人物脸型，绘制出京剧脸谱上的白底色。

（12）在第 30 帧处插入关键帧，为第 10 帧创建补间形状动画，并修改第 10 帧中图形的填充色为透明白色，这样就得到了白底色渐渐显现的动画效果。

（13）参照上面的方法，在一个新的图层中，编辑出眼睛部位的黑色油彩逐渐显现的形状补间动画，如图 7-3-9 所示。

（14）使用同样的方法编辑出脸谱上其他油彩依次显

图7-3-8

高职高专新课程体系规划教材·计算机系列

现的动画效果，这样就完成了一个绘制脸谱的动画，如图 7-3-10 所示。

图7-3-9

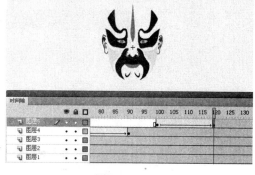
图7-3-10

（15）选择最后一帧，为其添加动作代码"stop();"。

（16）回到主场景中，将"脸谱"图层的第 130 帧和第 140 帧转换为关键帧，然后将第 140 帧中的影片剪辑"化妆"移动到舞台的右端，再选中第 130 帧创建传统补间动画，如图 7-3-11 所示。

（17）将第 141 帧转换为关键帧，在影片剪辑"化妆"上单击鼠标右键，在弹出的快捷菜单中选择"直接复制元件"命令，复制得到一个新的影片剪辑，将其命名为"脸谱"，如图 7-3-12 所示。

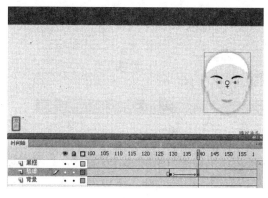
图7-3-11

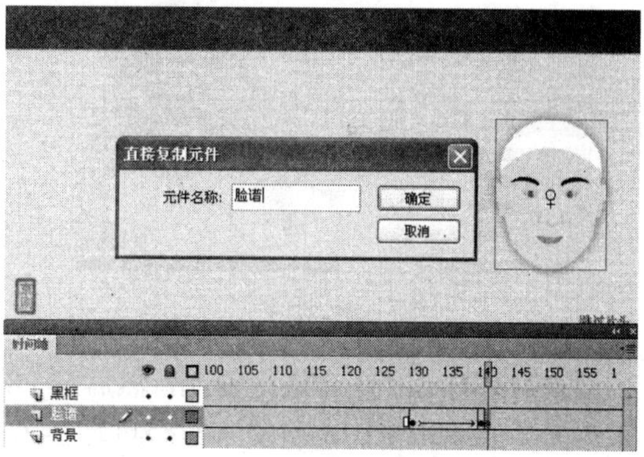

图7-3-12

（18）进入该元件的编辑窗口中，除保留"图层 1"的第 1 帧外，删除其余所有帧，然后在第 1 帧中将库中的"脸谱 02"拖放至该帧，如图 7-3-13 所示。

（19）将该元件的第 2～21 帧全部转换为空白关键帧，并将库中"脸谱 03"～"脸谱 22"依次放置在第 2～21 帧处，如图 7-3-14 所示。

（20）回到主场景中，通过"属性"面板将元件"脸谱"的实例名称定义为 faceA。

图7-3-13

（21）对影片剪辑"脸谱"进行复制，然后在舞台工作

【高职高专新课程体系规划教材·计算机系列】

区的空白处单击鼠标右键,在弹出的快捷菜单中选择"粘贴到当前位置"命令,将复制的影片剪辑粘贴到原来的位置上,如图 7-3-15 所示。

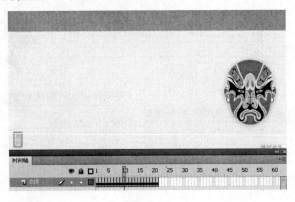

图7-3-14

(22)通过"属性"面板定义其实例名称为 face,再删除掉该影片剪辑上的滤镜效果。

(23)在脸谱图层的下方插入一个新的图层,将其命名为"文字",在该图层的第 140 帧处插入关键帧,使用汉鼎繁淡古字体输入一些与京剧有关的黑色文字,然后调整它们大小和位置并进行组合,如图 7-3-16 所示。

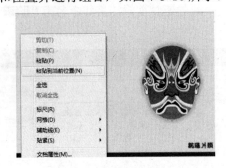

图7-3-15

图7-3-16

(24)对文字组合进行复制,然后按 F8 键将其转换为影片剪辑元件"文字"。双击进入该元件的编辑窗口,将文字组合再转换为一个新的影片剪辑元件"移动文字 A",并修改其透明度为 70%,如图 7-3-17 所示。

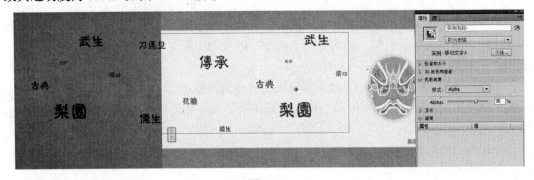

图7-3-17

（25）双击进入元件"移动文字 A"的编辑窗口中，将所有的组合转换为影片剪辑元件"文字 A"，然后用 80 帧的长度编辑和文字向右移动的动画效果，如图 7-3-18 所示。

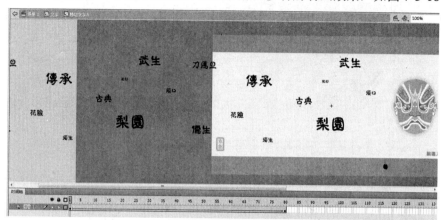

图7-3-18

（26）回到影片剪辑"文字"的编辑窗口，延长图层的显示帧到第 354 帧。参照影片剪辑元件"移动文字 A"的编辑方法，在一个新的图层中编辑出新的影片剪辑元件"移动文字 B"，如图 7-3-19 所示。

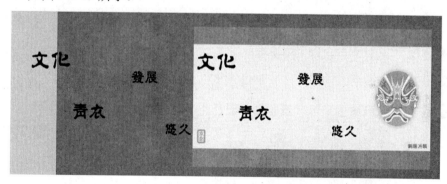

图7-3-19

（27）在"图层 1"的下方插入一个新的图层，将"图层 1"的第 1 帧复制并粘贴到该图层的第 1 帧上，然后修改该帧中影片剪辑的大小为原来的 50%，透明度为 40%，这样就得到了 3 层文字移动的动画，更具层次感，如图 7-3-20 所示。

（28）通过"属性"面板依次为 3 个图层中的影片剪辑设置实例名称为 wordA、wordB 和 wordC。

（29）在所有图层的上方插入一个新的图层，在该图层的第 41 帧中使用 180 号的黑色汉鼎繁淡古字体输入文字"生"，调整好位置，然后通过"属性"面板为其添加一个模糊的滤镜效果，设置"模糊 X"为 60 像素，"模糊 Y"为 5 像素，如图 7-3-21 所示。

（30）在第 42 帧处插入关键帧，将该帧中的文字向右移动，然后修改其"模糊 X"的值为 40，如图 7-3-22 所示。

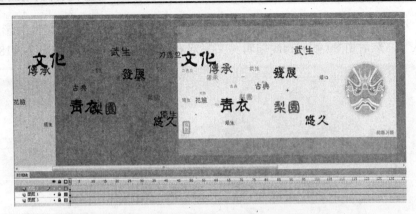

图7-3-20

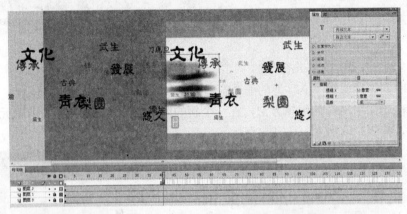

图7-3-21

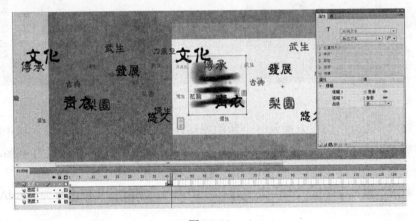

图7-3-22

（31）参照上面的方法，再用两帧编辑出文字"生"移动到舞台中央的动画，如图 7-3-23 所示。

（32）参照文字"生"移入的编辑方法，在第 80～83 帧之间编辑出文字移出的动画效果，如图 7-3-24 所示。

（33）参照步骤（29）～步骤（32），编辑出文字"旦"、"净"、"末"、"丑"

依次移入画面并移出的逐帧动画，然后分别为它们添加上相应的动作代码。选中第 354 帧，为其添加动作代码"stop();"，如图 7-3-25 所示。

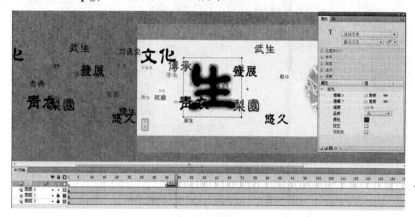

图7-3-23

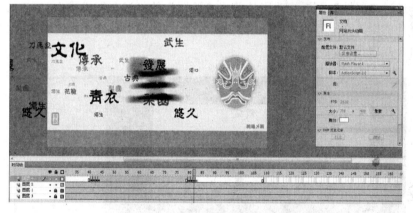

图7-3-24

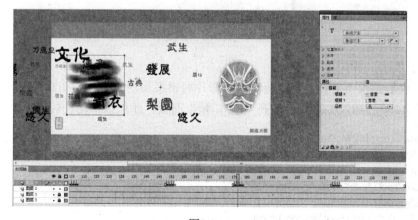

图7-3-25

（34）在所有图层的上方插入一个新的图层，在该图层中绘制一个覆盖舞台的矩形，使用"透明白色→白色→白色→透明白色"的线性渐变填充色对其进行填充，然后按 F8

【高职高专新课程体系规划教材·计算机系列】

键将其转换为影片剪辑元件"遮罩"，如图 7-3-26 所示。

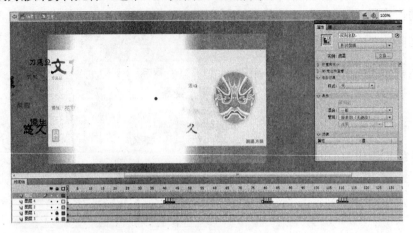

图7-3-26

（35）通过"属性"面板修改影片剪辑"遮罩"的"混合"模式为 Alpha。回到主场景中，将影片剪辑"文字"的"混合"模式设置为"图层"，这样就实现了对文字的模糊遮罩，如图 7-3-27 所示。

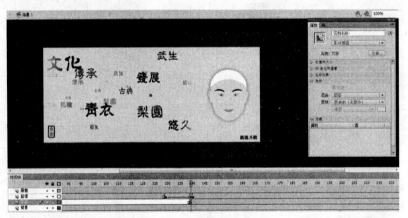

图7-3-27

（36）双击进入"文字"影片剪辑，为影片剪辑添加动作脚本。新建"图层 6"，在该图层的第 44 帧处插入关键帧，打开"动作-帧"面板，添加如下动作代码。

```
import flash.display.MovieClip;
import fl.transitions.Tween;
import fl.transitions.easing.*;
MovieClip(root).faceA.gotoAndStop(13);
MovieClip(root).face.gotoAndStop(13);
var mc:MovieClip=MovieClip(root).face;
new Tween(mc,"alpha",Regular.easeOut,1,0,1,true);
new Tween(mc,"scaleX",Regular.easeOut,1,1.5,1,true);
new Tween(mc,"scaleY",Regular.easeOut,1,1.5,1,true);
```

（37）继续在该图层的第 80 帧处插入关键帧，添加如下动作代码，使影片剪辑 faceA 继续播放。

```
MovieClip(root).faceA.gotoAndPlay(14);
```

（38）使用同样的方法在之后的第 113、149、179、215、248、284、315 和 350 帧处分别添加步骤（36）和步骤（37）的动作脚本，修改其中的停止和播放帧数，使得当画面中出现"生"、"旦"、"净"、"末"、"丑"时分别出现与其相应的脸谱效果。

（39）在"文字"图层的第 160 帧处插入关键帧，将第 140 帧中的影片剪辑"文字"的 Alpha 值设置为 0%，创建第 140～160 帧之间的传统补间动画，实现文字的淡入效果，如图 7-3-28 所示。

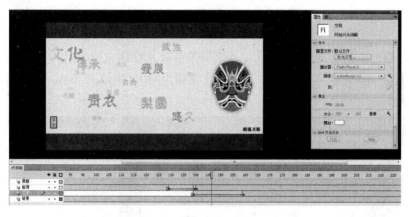

图7-3-28

（40）在第 520～540 帧之间，分别编辑出影片剪辑"脸谱"、"文字"淡出舞台的动画效果，如图 7-3-29 所示。

图7-3-29

（41）在"脸谱"图层的第 541 帧处插入关键帧，将库中的"画面 1"、"画面 2"拖入舞台，输入一段与京剧相关的文字，设置文字颜色为"#ACACAC"，Alpha 值为 10%，如图 7-3-30 所示。

【高职高专新课程体系规划教材·计算机系列】

图7-3-30

（42）框选这 3 部分内容，按 F8 键将其转换为影片剪辑元件"进入界面"，通过"属性"面板为其添加一个发光的滤镜效果，设置模糊为 30，强度为 60%，颜色为红色，如图 7-3-31 所示。

图7-3-31

（43）在第 541～550 帧之间，编辑出影片剪辑"进入界面"淡入的动画效果，如图 7-3-32 所示。

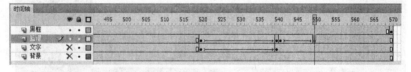

图7-3-32

（44）在"文字"图层的第 550 帧处插入空白关键帧，编辑出网站的名称"梨园戏剧进入"，再将其转换为按钮元件"按钮"，并添加一个黑色发光的滤镜效果，然后在第 550～570帧之间，编辑出该按钮元件淡入的动画效果，如图 7-3-33 所示。

（45）为第 570 帧添加动作代码"stop();"。

（46）双击按钮元件"按钮"，进入其编辑窗口，将"点击"帧转换为空白关键帧，然后对照文字"进入"的位置，绘制一个矩形，作为该按钮的反应区，如图 7-3-34 所示。

【高职高专新课程体系规划教材·计算机系列】

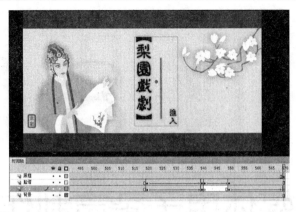

图7-3-33　　　　　　　　　　　　　　图7-3-34

（47）回到主场景，选中"黑框"图层的第 1 帧，为其添加声音文件 sound01.mp3，设置"同步"方式为"事件"，重复 2 次。

（48）保存文件，测试影片。

## 7.3.4　知识点总结

在本节实例中，使用滤镜、混合和动作脚本 3 种方式完成了网站片头动画的制作。

（1）导入宣纸纹理图案作为影片背景，应用中国戏剧中的角色脸谱和戏曲音乐背景，展现传统曲艺文化主题。

（2）脸谱的快速变换动画，与对应的戏剧角色类型、介绍文字动画紧密结合，不仅使动画效果引人入胜，而且展现了戏曲特色，介绍了各种脸谱的角色名称，起到了宣传文化、推广戏曲的作用。

（3）应用混合功能编辑模糊遮罩动画，美化文字及戏剧角色图形的画面效果，使每个画面元素都精致、美观，将传统文化的艺术特色展现得淋漓尽致，给人一种赏心悦目的视觉享受。

# 项 8 目

# 多媒体电子杂志制作

电子杂志是一种非常好的媒体表现形式，兼具平面与多媒体的双重特点，可以充分体现互联网媒体容易传播的特点，并且融入了图形图像、文字、声音、视频、交互等功能。

## 8.1　任务1——制作产品介绍电子杂志

制作Flash电子杂志时，通常需要将Flash软件和其他软件结合使用。本任务将使用Flash软件制作电子杂志的内页，然后使用电子杂志制作软件 ZineMaker 对其进行合成。杂志的翻页功能通过编写动作脚本实现。

### 8.1.1　实例效果预览

本节实例效果如图 8-1-1 所示。

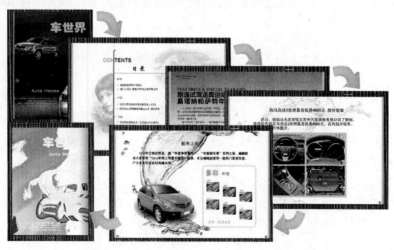

图8-1-1

## 8.1.2 技能应用分析

1. 本实例的主要内容包括汽车新闻、行情、导购等栏目。
2. 单击杂志中的"上一页"、"下一页"按钮或者按方向键，可以控制杂志的翻页。
3. 单击"封面"或者"封底"，可以迅速跳转到封面页或封底页。

## 8.1.3 制作步骤解析

（1）创建一个空白 Flash 文档（ActionScript 2.0）。设置文档的大小为"950×650 像素"，帧频为"FPS：25"，背景为"黑色"，然后将其保存到指定的文件夹中。

（2）选择"文件"→"导入"→"导入到舞台"命令，打开"导入到舞台"对话框，选择包含图层信息的"汽车.psd"文件，然后在"将图层转换为"下拉列表框中选择"Flash 图层"选项，并选中"将图层置于原始位置"复选框，如图 8-1-2 所示，然后单击"确定"按钮。

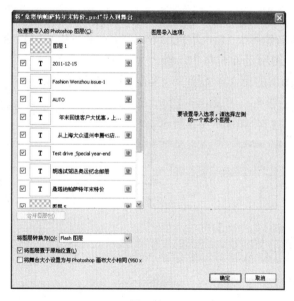

图8-1-2

（3）为了方便制作动画，从 AUTO 图层开始，为该图层及以下的图层选中"为此图层创建影片剪辑"复选框，以及将此文本图层导入为"选项中的"矢量轮廓"单选按钮，然后单击"确定"按钮，如图 8-1-3 所示。

（4）将"图层 1"、"2011-12-15"和"Afternoon"图层的 3 张位图剪切到 AUTO 图层的 AUTO 影片剪辑内部，并与原来的位置重合，如图 8-1-4 所示。重新命名"图层 5"为"左车"，"图层 3"为"右车"，"图层 4"为"中车"，"5"为背景。这一步的操作是为了将该内页左上角的主题内容合并成一个影片剪辑来制作动画，表现一本杂志主题内容的动画制作风格可以一样。

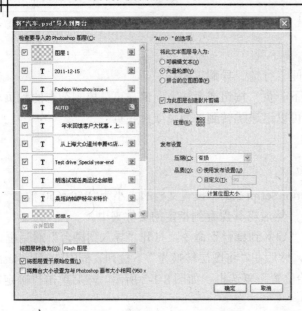

图8-1-3

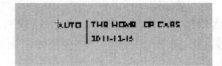

图8-1-4

（5）在主场景中新建一个 Music 图层，导入"汽车.mp3"，设置"同步"模式为"开始"。

（6）将"背景"图层延伸至第 137 帧。

（7）将 AUTO 图层的第 1 帧拖到第 4 帧，然后在第 12 帧处插入关键帧。将第 4 帧中的影片剪辑拖动到舞台外部，在第 4~12 帧之间创建传统补间动画，设置缓动值为 100，并延伸该图层至第 137 帧，如图 8-1-5 所示。

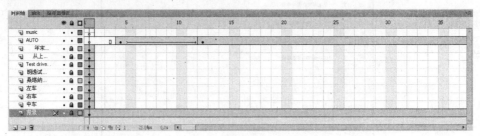

图8-1-5

（8）在"左车"、"右车"、"中车"3 个图层的第 10 帧处分别插入关键帧，并把 3 个图层第 1 帧中的影片剪辑都略作缩小，沿着车轮的方向移动缩小的汽车，在 3 个图层的第 1~10 帧之间创建传统补间动画，并设置其缓动值分别为 70、60 和 80，如图 8-1-6 所示。移动"左车"图层的传统补间，使其位于第 15~24 帧，移动"右车"图层的传统补间，使其位于第 22~32 帧，移动"中车"图层的传统补间，使其位于第 6~15 帧，然后将 3 个图层分别延伸至第 137 帧。

（9）将 Test drive_Special year-end 图层的第 1 帧拖到第 13 帧，然后双击进入该图层的影片剪辑内部，按 Ctrl+B 组合键将文字打散，单击鼠标右键，在弹出的快捷菜单中选择"分散到图层"命令，为每个文字建立一个图层，并按 F8 键分别将其转换为影片剪辑元件。按住 Shift 键，并选中所有图层的第 10 帧，插入关键帧。按住 Shift 键选中"图层 2"~"图层26"的第1帧,使用任意变形工具把所有文字的大小都稍微拉长一点,然后在"属性"面板的"色彩效果"选项中把Alpha设置为0%,并分别在"图层2"~"图层26"的第1~10帧之间创建传统补间动画。将"图层2"~"图层25"依次往右移动一帧,并全部延伸至第34帧,如图8-1-7所示。最后,在"图层1"的第34帧处插入关键帧,添加动作脚本"stop();"。

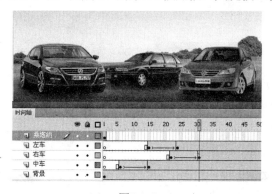

图8-1-6

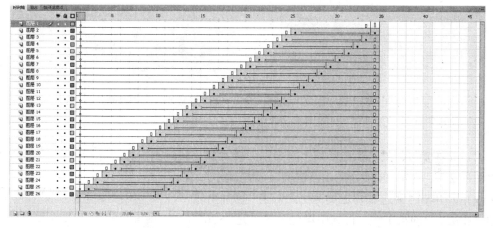

图8-1-7

(10)将"朗逸试驾送奥运纪念邮册"图层的第1帧拖到第56帧,然后双击进入该图层的影片剪辑内部。新建一个"图层2",复制"图层1"的第1帧,粘贴到"图层2"的第1帧,选中"图层2"中的文字,按F8键将其转换为影片剪辑"元件26"。双击"元件26"进入其编辑窗口,按Ctrl+B组合键将所有文字打散,设置"颜色"面板如图8-1-8所示,渐变为黑色到白色透明,用颜料桶工具填充颜色,然后在第5、12、28帧分别插入关键帧。使用渐变变形工具对第1、5、12、28帧的填充效果进行设置,如图8-1-9所示,使第1帧中的黑色全部消失,第5帧和第12帧中的黑色部分显示(第5帧中的黑色多于第12帧),第28帧全部变成黑色。

图8-1-8

【高职高专新课程体系规划教材·计算机系列】

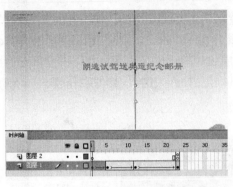
第1帧

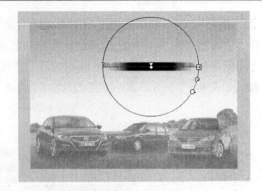
第5帧

第12帧

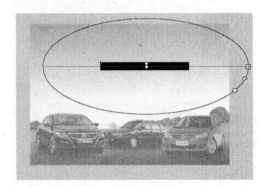
第28帧

图8-1-9

（11）在第 1、5、12、28 帧之间分别创建补间形状动画。在"元件 26"内部新建一个"图层 2"，在第 28 帧处插入关键帧，添加动作脚本"stop();"。单击"朗逸试驾送奥运纪念邮册"影片剪辑，选中"图层 2"的第 1 帧，再选中舞台上的"元件 26"，在"属性"面板的"显示"选项中设置"混合"模式为 Alpha，如图 8-1-10 所示。

图8-1-10

（12）回到"场景 1"中，选中"朗逸试驾送奥运纪念邮册"影片剪辑，在"属性"面板的"显示"选项中设置"混合"模式为"图层"，如图 8-1-11 所示。

（13）将"桑塔纳帕萨特年末特价"图层的第 1 帧拖到第 75 帧，然后双击进入该图层的影片剪辑内部，新建"图层 2"，复制"图层 1"的第 1 帧，粘贴到"图层 2"的第 1 帧，选中"图层 2"中的文字，按 F8 键将其转换为影片剪辑"元件 27"。双击"元件 27"进入其编辑窗口，按 Ctrl+B 组合键将所有文字打散，设置"颜色"面板如图 8-1-8 所示，用颜料桶工具填充颜色，然后在第 5、12、28 帧处分别插入关键帧，使用渐变变形工具对第 1、5、12、28 帧的填充效果进行设置，设置方法参见步骤（10）。

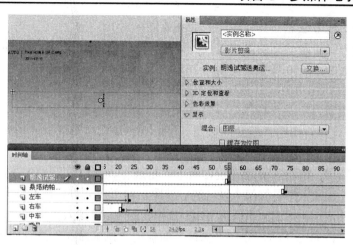

图8-1-11

（14）将其他两个图层中的正文文字放在同一个图层上，按 F8 键将其转换为影片剪辑"元件 28"，并将第 1 帧拖到第 101 帧。双击进入"元件 28"的编辑窗口，新建一个"图层 2"，复制"图层 1"的第 1 帧，粘贴到"图层 2"的第 1 帧，然后选中"图层 2"中的文字，按 F8 键将其转换为影片剪辑"元件 29"。双击进入"元件 29"的编辑窗口，绘制一个矩形，使其大小刚好可以覆盖正文，然后删除原文字。设置"颜色"面板，如图 8-1-8 所示，用颜料桶工具填充颜色，然后在第 1 帧和第 35 帧处分别插入关键帧。使用渐变变形工具对第 1 帧和第 35 帧的填充效果进行设置，使第 1 帧为全透明，第 35 帧为全黑色，然后在第 1～35 帧之间创建补间形状动画。

（15）在"元件 29"内部新建一个"图层 2"，在第 35 帧插入关键帧，添加动作脚本"stop();"。设置"元件 29"显示的混合模式为 Alpha，"元件 28"显示的混合模式为"图层"，如图 8-1-12 所示。

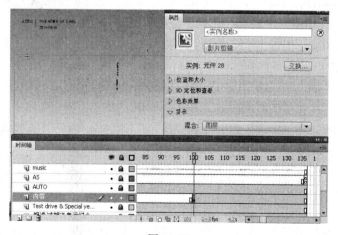

图8-1-12

（16）将所有的图层延伸至第 137 帧。在"场景 1"中新建一个 AS 图层，在第 137 帧中插入关键帧，添加脚本"stop();"，测试影片。

【高职高专新课程体系规划教材·计算机系列】

（17）参照上述方法制作其他内页的动画效果。

（18）下面介绍目录动画的制作过程。创建一个空白 Flash 文档（ActionScript 2.0），设置文档的大小为 950×650 像素，帧频为 25fps，然后将其保存到指定的文件夹中，命名为 CONTENTS。

（19）选择"文件"→"导入"→"导入到舞台"命令，打开"导入"对话框，选择"汽车目录.psd"文件，单击"确定"按钮，将所有图层以位图的方式导入。

（20）对图层中的内容按照动画的设计进行合并。将所有的背景内容进行合并，并重命名为"背景"图层。删除所有空图层，留下"目录"、"内容"、"背景"3 个图层。

（21）单击"目录"图层的第 1 帧，选中该图层的所有元素，按 F8 键将其转换为"目录"影片剪辑元件，单击"目录"图层的第 10 帧，按 F6 键插入关键帧，选择第 1 帧中的影片剪辑，将其稍微向上移动，并在"属性"面板的"色彩效果"选项中设置"样式"为 Alpha，其值为 0%，并在第 1～10 帧之间创建传统补间动画，如图 8-1-13 所示。

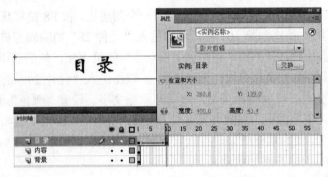

图8-1-13

（22）单击"内容"图层的第 1 帧，选中该图层的所有元素，按 F8 键将其转换为"目录文字"影片剪辑元件。单击"内容"图层的第 13 帧，按 F6 键插入关键帧。选择第 1 帧中的影片剪辑，将其稍微向上移动，并在"属性"面板的"色彩效果"选项中设置"样式"为 Alpha，其值为 0%。在第 1～13 帧之间创建传统补间动画。按下 Shift 键选中第 1～13 帧，将其拖到第 10～22 帧。

（23）将所有的图层都延长至第 25 帧。新建图层 AS，在第 25 帧处插入关键帧，添加动作脚本"stop();"。此时的时间轴状态如图 8-1-14 所示。

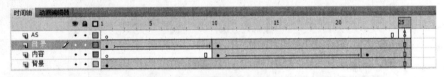

图8-1-14

（24）在"目录"图层上方新建一个"按钮"图层，在该图层的第 22 帧处插入关键帧。使用矩形工具绘制一个矩形，设置轮廓线的颜色为"#999999"，填充的颜色为"#DDDDDD"，矩形的形状和大小如图 8-1-15 所示，其长度刚好可以覆盖住目录中最长的标题文字。

（25）按 F8 键将该矩形条转换为按钮元件，命名为"按钮"。双击进入元件内部，选择"弹起"帧中的矩形，按 F8 键将其转换为图形元件，命名为"矩形条"；在"点击"帧中插入关键帧，删除"弹起"中帧的矩形条；导入音乐 sound2.mp3，在"指针经过"帧中加入该声音文件，并设置"同步"模式为"事件"。回到"场景 1"中，复制按钮元件若干次，使其覆盖住所有的标题文字，如图 8-1-16 所示。

图8-1-15

图8-1-16

（26）分别为每个按钮添加相应的动作脚本，具体的脚本代码可参考源文件。

（27）按 Ctrl+Enter 组合键测试目录的动画效果。

（28）下面利用杂志合成软件 ZineMaker 将前面制作的各 Flash 页面合成一个汽车杂志。ZineMaker 软件的主界面如图 8-1-17 所示。

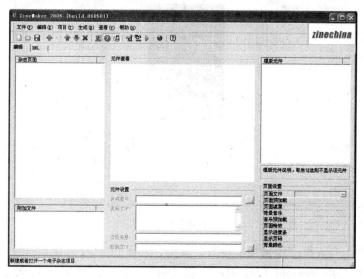
图8-1-17

（29）ZineMaker 自带了 4 个模板，可以利用它们快速制作出电子杂志。这里使用本书配套光盘中所带的大小为 950×650 像素的软皮风格杂志模板进行制作。首先，将模板文件"950-650 软皮风格杂志模板部落版.tmf"复制到 ZineMaker 安装目录下的 template 文件夹中；然后启动 ZineMaker 软件，新建一个杂志，并选择前面导入的素材模板，如图 8-1-18 所示；最后单击"确定"按钮。

【高职高专新课程体系规划教材 · 计算机系列】

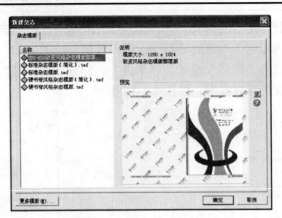

图8-1-18

（30）添加模板页面，替换封面、封底和相关杂志信息。在右侧"模板元件"列表框中选择"封面图片"选项，然后单击"替换图片"文本框后面的 图标，选择前面制作好的封面文件，如图 8-1-19 所示。按照同样的方法，将"背景图片"和"封底图片"替换前面制作好的背景文件和封底文件。

图8-1-19

"模板元件"列表框中包括很多参数。其中，zine_title 表示杂志的版本号；zine_date 表示杂志的制作日期；content_page 表示当前页的页码；default_volume 表示音乐的默认音量；url1 和 url2 表示杂志封面可以链接到的两个网址；form_title 表示标题样式；fullscreen 表示是否全屏打开；email.swf、frontinfo.swf 和 button.swf 分别表示邮箱、首页和按钮的动画效果。这些参数都可以通过"设置变量"行进行修改。

（31）添加 Flash 页面，包括目录和内页。单击 按钮，选择"添加 Flash 内页"选项，打开添加 Flash 的对话框，在"杂志页面"列表框中选择 CONTENTS.swf 文件，单击"打开"按钮，即可将杂志目录添加到电子杂志中，如图 8-1-20 所示。

图8-1-20

　　其他 Flash 页面的添加方法与此相同，添加的顺序为杂志目录中的顺序。所有页面添加完毕后的效果如图 8-1-21 所示。此时，如发现所添加页面有误，可以单击 ⬆⬇ 按钮调整页面的顺序，也可以单击 ✖ 按钮删除错误的内页。

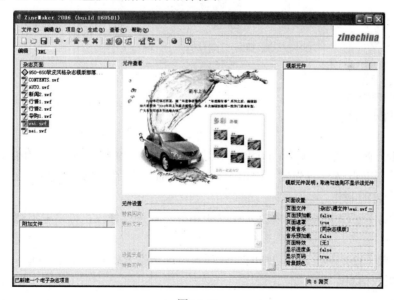

图8-1-21

　　（32）预览杂志。单击"杂志设置"按钮，打开"生成设置"对话框，如图 8-1-22 所示，在此可以修改所生成电子杂志的保存目录。选择"启动画面"选项卡，在"选择文件"下拉列表框中选择"无启动画面"选项，如图 8-1-23 所示，然后单击"确定"按钮。最后，单击"预览杂志"按钮，就可以查看电子杂志的整体效果了。

【高职高专新课程体系规划教材·计算机系列】

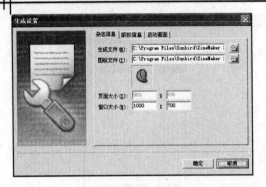 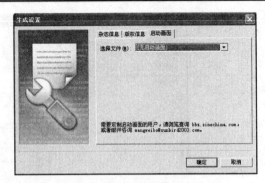

图8-1-22                    图8-1-23

（33）生成杂志。预览效果满意后，单击"生成杂志"按钮，打开"生成电子杂志"对话框，如图 8-1-24 所示。单击"打开文件夹"按钮，即可生成一个 magzine.exe 文件。至此，完成了电子杂志的全部制作。

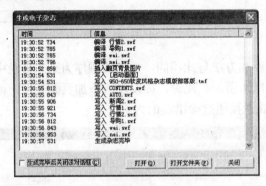

图8-1-24

## 8.1.4　知识点总结

（1）电子杂志制作软件 ZineMaker 不支持 ActionScript 2.0 版本以上的脚本。

（2）使用 Flash 软件首先制作出电子杂志的封面、目录和内页，然后添加到 ZineMaker 中完成电子杂志的制作。

（3）在制作过程中需要对模板元件中的相关信息进行修改，可参考步骤（30）中的相关内容。

（4）步骤（32）中在"启动画面"选项卡中选择"无启动画面"选项，可去掉电子杂志生成后的版权信息。

# 8.2　任务 2——制作电子菜谱

本任务将制作一个电子菜谱，当顾客单击菜谱下方的缩略图时，将在笔记本形式的菜谱上显示菜品的详细信息。

## 8.2.1    实例效果预览

本节实例效果如图 8-2-1 所示。

图8-2-1

## 8.2.2    技能应用分析

1. 本实例制作了一个笔记本样式的电子菜谱。

2. 菜谱下方自动滚动所有菜品的缩略图，顾客单击中意的菜品后，笔记本左侧将显示相应菜品的大图，右侧则展示相应菜品的口味、工艺、价格等信息。

3. 本电子菜谱的制作主要使用了动态文本，通过动态调用存储了菜品信息的数组实现顾客选菜功能。

## 8.2.3    制作步骤解析

（1）创建一个空白 Flash 文档（ActionScript 3.0），设置文档的大小为"700×450 像素"，其他为默认设置，然后将其保存到指定的文件夹中。

（2）执行"文件"→"导入"→"导入到库"命令，将配套光盘中的背景素材和菜谱图片导入到库中。将"图层 1"重命名为"背景"图层，将背景图片拖入场景中，调整其大小至与舞台合适，如图 8-2-2 所示。

（3）创建新的图层，并命名为"文本"。使用文本工具在右侧页面中创建一个文本框，输入"● 菜品口味："，属性设置为"动态文本"，并设置字体为"微软雅黑"，字号为"17 点"，颜色为"黑色"，如图 8-2-3 所示。

（4）使用同样的方法继续创建 5 个文本框，并分别输入"● 主要工艺："、"● 主要食材："、"● 等待时间："、"● 价格："和"● 适宜人群："，设置相同的字体和字号。使用选择工具将所有的文本框选中，选择"窗口"→"对齐"命令，打开"对齐"

【高职高专新课程体系规划教材·计算机系列】

面板，单击"左对齐"和"垂直平均间隔"按钮，将所有选中的文本框左对齐并均匀分布，如图 8-2-4 所示。

图8-2-2

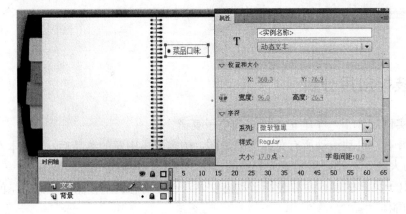

图8-2-3

（5）创建新的图层，命名为"餐吧"。使用文本工具在右侧页面文本框下方输入文字"余味餐吧"，属性设置为"静态文本"，并设置字体为"汉鼎繁淡古体"，字号为"30点"，颜色为"黑色"，如图 8-2-5 所示。

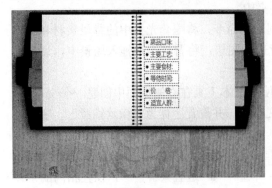

图8-2-4

图8-2-5

（6）创建新的图层，命名为"动态文本"。使用文本工具在右侧页面上方创建一个文本框，不输入任何内容，如图 8-2-6 所示。

（7）使用选择工具选中该文本框，打开"属性"面板，设置其实例名称为 Pro_Name，文本框为"动态文本"，字体为"微软雅黑"，大小为"37 点"，颜色为"黑色"，段落格式为"居中对齐"，其他参数保持默认，如图 8-2-7 所示。

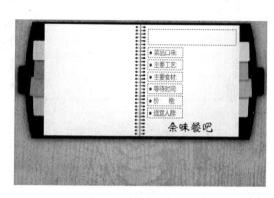

图8-2-6

图8-2-7

（8）使用文本工具在右侧页面"● 菜品口味："文本框后绘制一个新文本框，不输入任何内容，如图 8-2-8 所示。

（9）使用选择工具选中该文本框，打开"属性"面板，设置其实例名称为 Pro_Taste，文本框为"动态文本"，字体为"微软雅黑"，大小为"17 点"，颜色为"黑色"，段落格式为"居中对齐"，其他参数保持默认，如图 8-2-9 所示。

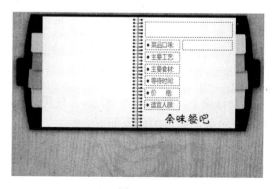

图8-2-8

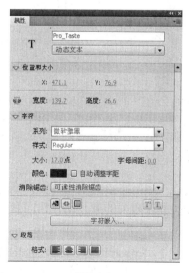

图8-2-9

（10）使用同样的方法，再创建 5 个动态文本框，并分别定义其实例名称为 Pro_Craft、Pro_Data、Pro_Time、Pro_Price 和 Pro_Fit，其他参数保持不变。按照步骤（4）中的方法将这些动态文本框左对齐并垂直水平间隔，如图 8-2-10 所示。这里，将所有文本框定义为不同的实例名称是为了便于后面编写脚本时调用。

（11）创建新的图层，并命名为"侍者"。从"库"面板中将"侍者"图片两次拖入场景中，使其分别位于场景的左下角和右下角，调整至合适大小，并将其中一个进行水平翻转，如图 8-2-11 所示。

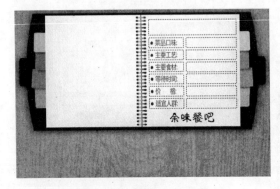
图8-2-10

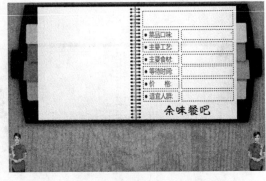
图8-2-11

（12）将左面侍者影片剪辑的实例名称设置为 Btn_L，将右面侍者影片剪辑的实例名称设置为 Btn_R，如图 8-2-12 所示。至此，完成了电子菜谱的图形编辑，将文件进行保存。

（13）下面来进行菜谱脚本文件的编写。选择"文件"→"新建"命令，打开"新建文档"对话框，选择"ActionScript 文件"选项，如图 8-2-13 所示，然后单击"确定"按钮创建一个 ActionScript 文件。

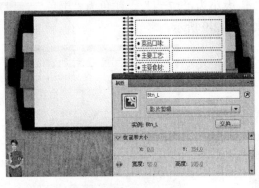
图8-2-12

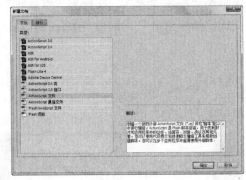
图8-2-13

（14）将该脚本文件保存在动画文件的同一个目录下，并命名为 Show。使用 import 语句导入相关的类并创建相同名称的自定义类和主函数，具体的代码如下。

```
package {
    import flash.display.Sprite;
    import flash.events.Event;
    import flash.events.MouseEvent;
```

```
import flash.utils.getDefinitionByName;
import flash.display.MovieClip;
import flash.utils.Timer;
import flash.events.TimerEvent;
import flash.filters.GlowFilter;
import flash.display.DisplayObject;
import fl.transitions.TransitionManager;
import fl.transitions.easing.*;
import fl.transitions.Transition;
import fl.transitions.*;
public class Show extends Sprite {
    private var Img_Num:int;
    private var MC_Img_S:MovieClip;
    private var speed:int=1;                          //图片移动速度
    private var Img_S_Arr:Array;
    private var n:int;
    private var Mask_Rect:Sprite;
    private var MC_Img_B:MovieClip = new MovieClip();
    private var glowfilter:GlowFilter;                //发光滤镜
    private var glowfilter2:GlowFilter;               //发光滤镜
    private var Filters_Arr:Array;                    //滤镜数组
    private var Filters_Arr2:Array;                   //滤镜数组
    private var Pro_Arr:Array;                        //产品信息数组
    private var Trans_Arr:Array;                      //过滤效果数组
    private var transParam:Object;                    //过滤效果参数
    private var Dir:String="R";
    public function Show():void {
        init();                                       //初始化
    }
```

（15）创建函数 init()。该函数通过调用几个主要函数实现电子菜谱的初始化，具体代码如下。

```
private function init():void{
    Pro_Infor();                      //存储产品信息
    Draw_Rect();                      //绘制遮罩层
    Img_S_Filter();                   //创建小图片滤镜
    Show_Img();                       //显示小图片
    Move_Img_R(null);                 //实现小图片向右滚动
    Load_Img_B(1);                    //加载第 1 个产品的大图片
    Move_Dir();                       //侦听指示滚动方向对象的鼠标单击事件
}
```

（16）创建函数 Pro_Info()。该函数用于将各种菜品的参数存储到一个数组中，具体的代码如下。

```
private function Move_Dir():void{
    Btn_L.buttonMode = true;
    Btn_R.buttonMode = true;          //为指示滚动方向的对象启用按钮模式
```

【高职高专新课程体系规划教材·计算机系列】

```
        Btn_L.addEventListener(MouseEvent.CLICK,Move_Img_L);
        Btn_R.addEventListener(MouseEvent.CLICK,Move_Img_R);    //侦听对象的鼠标单击事件
        }
//产品信息
private function Pro_Infor():void{
        Pro_Arr = new Array();                              //创建用于存储产品信息的数组
        Pro_Arr[1]=["东坡肉","酱香","蒸","猪肉","20 分钟","38 元","所有"];
        Pro_Arr[2]=["风味四季豆","咸甜","炒","豆类","10 分钟","28 元","年轻人"];
        Pro_Arr[3]=["吉祥藕脯","甜味","煮","藕","10 分钟","25 元","年轻人"];
        Pro_Arr[4]=["香菇土豆片","咸鲜","炒","菌菇","10 分钟","28 元","所有"];
        Pro_Arr[5]=["卤水花生","微辣","煮","花生","5 分钟","15 元","年轻人"];
        Pro_Arr[6]=["香菇烧鸡块","中辣","烧","鸡块肉","15 分钟","30 元","所有"];
        //将产品的详细信息存储到数组中
        }
```

（17）创建函数 Img_S_Filter()。该函数的作用是创建两个不同的滤镜对象效果，实现当鼠标经过和离开小尺寸图片时的显示效果，具体的代码如下。

```
private function Img_S_Filter():void{
        glowfilter = new GlowFilter();                      //创建发光滤镜对象
        glowfilter.alpha = 0.5;                             //发光滤镜的 Alpha 透明度值
        glowfilter.blurX = 10;
        glowfilter.blurY = 10;                              //发光滤镜的水平模糊量和垂直模糊量
        glowfilter.color = 0x8A8A8A;                        //发光的颜色
        glowfilter.quality = 2;                             //发光滤镜的应用次数
        glowfilter.strength =2;
        Filters_Arr = new Array();                          //创建用于存储滤镜的数组
        Filters_Arr.push(glowfilter);                       //向数组中追加滤镜对象
        glowfilter2 = new GlowFilter();
        glowfilter2.alpha = 0.7;
        glowfilter2.blurX = 10;
        glowfilter2.blurY = 10;
        glowfilter2.color = 0xFFFFFF;
        glowfilter2.quality = 2;
        glowfilter2.strength =2;
        Filters_Arr2 = new Array();
        Filters_Arr2.push(glowfilter2);
        }
```

（18）创建函数 Draw_Rect()。该函数通过 Shape 对象的 Graphics 方法绘制一个矩形对象，作为小尺寸图片的遮罩层，具体的代码如下。

```
private function Draw_Rect():void{
        var Mask_x:int=50;                                  //遮罩层的 x 坐标
        var Mask_y:int=stage.stageHeight-120;               //遮罩层的 y 坐标
        var Mask_w:int = 120*5;                             //遮罩层的宽度
        var Mask_h:int = 120;                               //遮罩层的高度
        Mask_Rect = new Sprite();                           //创建 Sprite 对象
        Mask_Rect.graphics.beginFill(0x000000);             //定义图形填充颜色
        Mask_Rect.graphics.drawRect(Mask_x,Mask_y,Mask_w,Mask_h);        //绘制矩形
```

```
        Mask_Rect.graphics.endFill()                    //结束填充样式
    }
```

（19）创建函数 Show_Img()。该函数的作用是将所有小尺寸图片显示在舞台中，并为其应用矩形遮罩层；同时，侦听小尺寸图片对象的鼠标单击、经过和离开事件。具体的代码如下。

```
//显示小图片
private function Show_Img():void{
    Img_Num = 6;                                        //小图片显示个数
    MC_Img_S = new MovieClip();                         //创建存储小图片的容器
    Img_S_Arr = new Array();                            //创建存储小图片的数组
    //通过 for 循环语句将小图片存储在容器中
    for (var i:int=1;i<=Img_Num;i++){
        var cla:Class = getDefinitionByName("Img_S_0"+i) as Class;
        //根据自定义的小图片类创建新类
        Img_S_Arr[i] = new cla();                       //实例化新类并将其存储到数组中
        MC_Img_S.addChild(Img_S_Arr[i]);               //将小图片添加到容器中
        Img_S_Arr[i].x=stage.stageWidth-(Img_S_Arr[i].width+5)*i;
        Img_S_Arr[i].y=stage.stageHeight - Img_S_Arr[i].height-10;
        //定义小图片对象的坐标
        Img_S_Arr[i].buttonMode=true;                   //启用小图片对象的按钮模式
        Img_S_Arr[i].useHandCursor=true;                //启用小图片对象的手形光标
        Img_S_Arr[i].addEventListener(MouseEvent.CLICK,Show_Img_B);
        //侦听小图片对象的鼠标单击事件
        Img_S_Arr[i].addEventListener(MouseEvent.MOUSE_OVER,Stop_Move);
        //侦听小图片对象的鼠标经过事件
        Img_S_Arr[i].addEventListener(MouseEvent.MOUSE_OUT,Start_Move);
        //侦听小图片对象的鼠标离开事件
        Img_S_Arr[i].filters = Filters_Arr;            //为小图片对象应用滤镜效果
        }
    addChild(MC_Img_S);                                 //将容器显示在舞台中
    MC_Img_S.mask = Mask_Rect;                          //为容器应用遮罩层
    }
```

（20）创建 Stop_Move()和 Start_Move()函数。Stop_Move()函数用于停止小图片的移动，Start_Move()函数用于开始小图片的移动。具体的代码如下。

```
//停止小图片移动
private function Stop_Move(event:MouseEvent):void{
    removeEventListener(Event.ENTER_FRAME,Move_R);
    removeEventListener(Event.ENTER_FRAME,Move_L);     //移除侦听时间轴事件
    var mc:MovieClip = event.target as MovieClip;      //实例化事件目标对象
    mc.filters = [];                                    //清除对象的滤镜效果
    mc.filters = Filters_Arr2;                          //为对象添加滤镜效果
    }
//开始小图片移动
private function Start_Move(event:MouseEvent):void{
    if (Dir=="R"){                                      //如果 Dir 变量为 R，即向右滚动
        addEventListener(Event.ENTER_FRAME,Move_R);
```

【高职高专新课程体系规划教材·计算机系列】

```
        //添加侦听时间轴事件，调用 Move_R()函数使小图片向右滚动
    }else{
        addEventListener(Event.ENTER_FRAME,Move_L);
        //添加侦听时间轴事件，调用 Move_L()函数使小图片向左滚动
        }
    var mc:MovieClip = event.target as MovieClip;
    mc.filters = [];                                //清除对象的滤镜效果
    mc.filters = Filters_Arr;                       //为对象添加滤镜效果
    }
```

（21）创建函数 Show_Img_B()。该函数通过调用 Del_All()和 Load_Img_B()函数，删除大尺寸图片容器中的所有子对象，并重新加载与被单击小尺寸图片相对应的大尺寸图片。具体代码如下。

```
//显示大图片
private function Show_Img_B(event:MouseEvent):void{
    Del_All();                                       //删除容器中的所有子对象
    var target:DisplayObject = event.target as DisplayObject;
    var num:int = MC_Img_S.getChildIndex(target)+1;  //获取小图片的排列次序
    Load_Img_B(num);                                 //根据小图片的排列次序显示相应大图片
    }
                                                     //加载大图片
private function Load_Img_B(num):void{
    var cla:Class = getDefinitionByName("Img_B_0"+num) as Class;
    //根据自定义的大图片类创建新类
    var Img_B:MovieClip = new cla();                 //实例化大图片类
    transition();                                    //随机产生过滤效果
    MC_Img_B.addChild(Img_B);                        //将大图片添加到容器中
    addChild(MC_Img_B);                              //将容器显示在舞台中
    var trans:TransitionManager = new TransitionManager(Img_B);//创建过渡效果对象
    trans.startTransition(transParam);               //启动创建的过渡实例
    MC_Img_B.x=63;
    MC_Img_B.y=-38;                                  //大图片容器的 x/y 坐标
    Load_Pro_Inf(num);                               //加载产品信息
    }
```

（22）创建函数 transition()。该函数将指定的过渡效果放置到数组中，并通过 Math 对象的 random()方法随机应用其中的一种效果。具体代码如下。

```
//产生随机过渡效果
private function transition():void{
    Trans_Arr = new Array();                         //创建用于存储过渡效果的数组
    Trans_Arr.push(Blinds);
    Trans_Arr.push(Fade);
    Trans_Arr.push(Iris);
    Trans_Arr.push(PixelDissolve);
    Trans_Arr.push(Wipe);                            //向数组中追加过渡效果
    var i:int = Math.round(Math.random()*4);         //定义随机数
    transParam = new Object();                       //创建 Object 对象
    transParam.type = Trans_Arr[i];                  //定义过渡效果的类型
```

```
    transParam.direction = Transition.IN;
    transParam.duration=2;
    transParam.easing = Elastic.easeInOut;          //指定要应用的过渡效果类
    }
```

（23）创建函数 Load_Pro_Inf()。该函数根据导入的 num 参数值，将相应的菜品信息显示在舞台的动态文本中。具体代码如下。

```
//加载菜品信息
private function Load_Pro_Inf(num):void{
    Pro_Name.text=Pro_Arr[num][0];
    Pro_Taste.text=Pro_Arr[num][1];
    Pro_Craft.text=Pro_Arr[num][2];
    Pro_Data.text=Pro_Arr[num][3];
    Pro_Time.text=Pro_Arr[num][4];
    Pro_Price.text=Pro_Arr[num][5];
    Pro_Fit.text=Pro_Arr[num][6];
    //在动态文本中显示指定产品的详细信息
    }
private function Del_All():void{
    if (MC_Img_B.numChildren!=0){          //如果大图片容器中的子对象个数不为 0
        while(MC_Img_B.numChildren >0){     //当大图片容器中的子对象个数不为 0
            MC_Img_B.removeChildAt(0);      //删除容器中最底层的对象
            }
        }
    }
```

（24）创建函数 Move_Img_R()。该函数移除侦听向左移动的时间轴事件，并添加侦听向右移动的时间轴事件，通过调用 Move_R()函数实现小尺寸图片的向右滚动。具体代码如下。

```
//小图片向右移动
private function Move_Img_R(event:MouseEvent):void{
    Dir = "R";                                      //定义 Dir 变量为 R，即指示小图片向右滚动
    removeEventListener(Event.ENTER_FRAME,Move_L)   //移除侦听时间轴事件
    addEventListener(Event.ENTER_FRAME,Move_R);
    //添加侦听时间轴事件，调用 Move_R()函数
    }
private function Move_R(event:Event):void{
    for (var i:int = 1;i<=Img_Num;i++){
        if (Img_S_Arr[i].x>=stage.stageWidth){
            //如果小图片的 x 坐标超出了舞台的宽度
            var n:int =i-1;
            if (n==0){
                n=6;
                }
            Img_S_Arr[i].x=Img_S_Arr[n].x-Img_S_Arr[i].width-10;
            //重新定义该小图片的位置，在下一张图片的左侧
            }
        Img_S_Arr[i].x=Img_S_Arr[i].x+speed;
        //实现小图片向右滚动
        }
```

【高职高专新课程体系规划教材·计算机系列】

```
        }
//小图片向左移动
private function Move_Img_L(event:MouseEvent):void{
    Dir = "L";                                              //定义 Dir 变量为 L，即向左滚动
    addEventListener(Event.ENTER_FRAME,Move_L);
    //添加侦听时间轴事件，调用 Move_L()函数
    removeEventListener(Event.ENTER_FRAME,Move_R)           //移除侦听时间轴事件
    }
private function Move_L(event:Event):void{
    for (var i:int = 1;i<=Img_Num;i++){
        if (Img_S_Arr[i].x<=-Img_S_Arr[i].width+20){
                                                            //如果小图片从左侧离开舞台
                var n:int =i+1;
                if (n==7){
                        n=1;
                        }
                Img_S_Arr[i].x=Img_S_Arr[n].x+Img_S_Arr[i].width+10;
                //重新定义该小图片的位置，在上一张图片的右侧
                }
            Img_S_Arr[i].x=Img_S_Arr[i].x-speed;            //实现小图片向左滚动
        }
    }
```

（25）至此，已完成所有代码的编辑，将该脚本文件保存并预览制作好的电子菜谱。在选择"文件"→"发布预览"→Flash 命令时会在"输出"面板中查看到一条消息，提示项目中的文字并没有进行嵌入，如图 8-2-14 所示。解决的办法为：选中相应的文本框，在"属性"面板中单击"嵌入"按钮，如图 8-2-15 所示。

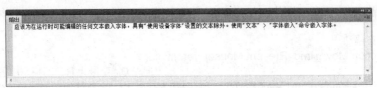

图8-2-14

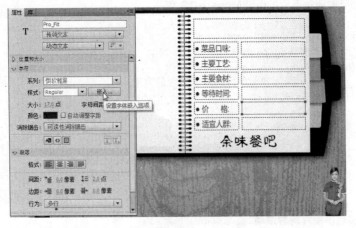

图8-2-15

（26）完成所有的操作后，选择"文件"→"发布"命令，将该项目发布为可以直接在 Flash Player 中播放的 SWF 文件。

## 8.2.4　知识点总结

完成本节实例的制作后，选择"文件"→"发布"命令，在"输出"面板中会出现一条提示信息，提示项目中的文字没有嵌入。此时，当其他计算机通过 Internet 访问该 SWF 文件时，如果该计算机中没有安装相应的字体，播放过程中有些文本就无法正常显示。

遇到这样的问题，通常有两种解决方法：一是按 Ctrl+B 组合键将文字分离，转换为普通的图形后再进行发布；二是选中相应的文本框，在"属性"面板中单击"嵌入"按钮，将所需字体嵌入进该 SWF 文件中。

嵌入时，可以嵌入全部字体，也可以仅嵌入某种字体的特定字符子集。嵌入字体之后，该 SWF 文件中的文本便可以在任何计算机上都保持相同的外观，而不用再考虑用户计算机中是否包含该字体。

# 8.3　任务 3——制作电子相册

本任务中的电子相册主要使用动作脚本进行控制。下方的缩略图上放置有隐形按钮，当用户单击下面的缩略图时，将在上方显示出对应的大图；当用户单击缩略图左右两侧的箭头按钮时，可以查看更多的缩略图。制作完成后，用户可以通过简单修改该电子相册的动作脚本，添加更多的照片，实现电子相册的扩展。

## 8.3.1　实例效果预览

本节实例效果如图 8-3-1 所示。

图8-3-1

【高职高专新课程体系规划教材·计算机系列】

## 8.3.2 技能应用分析

1．选择几张精心挑选的风景图片素材，作为相册的照片。
2．制作图片的缩览区以及图片的展示区。
3．为相册添加必要的代码，完成相应的动作。

## 8.3.3 制作步骤解析

（1）新建一个空白 Flash 文档（ActionScript 3.0），然后将其保存到指定的文件夹中。

（2）将照片素材导入到库中，然后新建按钮元件"按钮 1"～"按钮 8"，并依次将"图片 1"～"图片 8"拖入各个元件的编辑区。

（3）新建图形元件，命名为"相框"。在其编辑窗口中，绘制一个宽为 514、高为 390 的银灰色空心矩形，如图 8-3-2 所示。

图8-3-2

（4）新建影片剪辑元件，命名为"相册展示"。在其编辑窗口中，新建"起始"图层，单击第 1 帧，从"库"面板中将"按钮 1"元件拖入，如图 8-3-3 所示。

图8-3-3

【高职高专新课程体系规划教材·计算机系列】

（5）新建"相框"图层，拖入"相框"元件，并调整其位置，在第 320 帧处插入帧。新建"起始代码"图层，在第 1 帧处添加代码"stop();"，如图 8-3-4 所示。

图8-3-4

（6）新建"图片 1"图层，在第 2 帧处插入关键帧，并拖入"按钮 1"元件，在第 40 帧处插入帧，然后在第 2～40 帧之间的任意帧上单击鼠标右键，在弹出的快捷菜单中选择"创建补间动画"命令，并在第 40 帧处单击鼠标右键，在弹出的快捷菜单中选择"插入关键帧"→"全部"命令，此时的时间轴状态如图 8-3-5 所示。

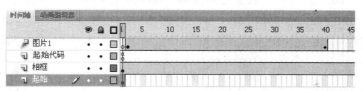

图8-3-5

（7）新建"动作 1"图层，在第 40 帧处添加代码"stop();"。

（8）新建"图片 2"图层，在第 41 帧处插入关键帧，并拖入"按钮 2"元件，在第 80 帧处插入帧，然后在第 41～80 帧之间的任一帧上单击鼠标右键，在弹出的快捷菜单中选择"创建补间动画"命令，并在第 80 帧处单击鼠标右键，在弹出的快捷菜单中选择"插入关键帧"→"全部"命令；接着设置第 41 帧中的图案亮度为-100，第 80 帧中的图案亮度为 0，此时的时间轴状态如图 8-3-6 所示。

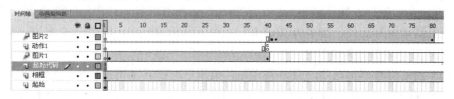

图8-3-6

（9）新建"动作 2"图层，在第 80 帧处添加动作代码"stop();"。

（10）按照同样的方法，制作其余 6 张图片的动画效果。依次插入"图片 3"、"动作 3"、……"图片 8"、"动作 8"共 12 个图层，设置每张图片的动作长度都为 39 帧，

【高职高专新课程体系规划教材·计算机系列】

起始位置依次间隔 40 帧，上方都有一个动作图层。即"图片 3"的起始位置是第 81～120帧，"图片 4"图层的起始位置是第 121～160 帧，"图片 5"的起始位置是第 161～200 帧，"图片 6"的起始位置是第 201～240 帧，"图片 7"的起始位置是第 241～280 帧，"图片 8"的起始位置是第 281～320 帧。然后，选择"动作 3"～"动作 8"图层，在对应图片图层结束位置的帧处添加代码"stop();"。最终的时间轴状态如图 8-3-7 所示。

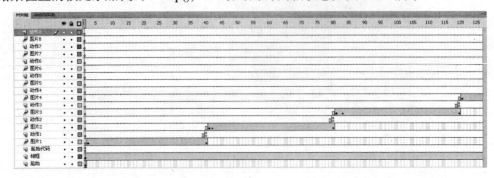

图8-3-7

（11）新建影片剪辑元件，命名为"缩略图集合"。在其编辑窗口中新建"图层 1"～"图层 8"，分别放入"按钮 1"～"按钮 8"元件，然后在"属性"面板中分别设置其实例名称为 btn_1～btn_8，并设置其宽度为 100，高度为 75，垂直居中对齐和等间隔水平分布（间隔值为 20），如图 8-3-8 所示。

图8-3-8

（12）新建按钮元件，命名为"右箭头"。在其编辑窗口中，绘制两个向右的箭头，如图 8-3-9 所示。同样，新建按钮元件"左箭头"，在其编辑窗口中绘制两个向左的箭头。

（13）新建图形元件，命名为"遮罩"。在其编辑窗口中，绘制一个宽为 456、高为 90 的蓝色矩形，如图 8-3-10 所示。

（14）新建影片剪辑元件，命名为"图片菜单"。在其编辑窗口中，新建 3 个图层，然后将"缩览图集合"影片剪辑元件放置在"图层 1"上，将"遮罩"图形元件放置在"图层 2"上，将"左箭头"和"右箭头"按钮元件放置在"图层 3"上。调整各元件的位置，使得"遮罩"图形元件恰好遮盖住"缩略图集合"影片剪辑元件的前 4 张缩略图，而"左箭头"和"右箭头"按钮元件分别位于"遮罩"图形元件的两端，如图 8-3-11 所示。

图8-3-9　　　　　　　　　　　　　　　　　图8-3-10

图8-3-11

（15）将"图层 2"设置为"图层 1"的遮罩层，设置"左箭头"及"右箭头"按钮元件的实例名为 larrow 和 rarrow，"缩略图集合"元件的实例名称为 pics，如图 8-3-12 所示。

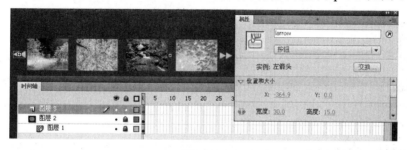

图8-3-12

（16）返回主场景，新建"展示"和"菜单"图层。将"相册展示"元件拖入"展示"图层，设置实例名为 display；将"图片菜单"元件拖入"菜单"图层，设置其实例名称为 menu，如图 8-3-13 所示。

图8-3-13

【高职高专新课程体系规划教材·计算机系列】

（17）导入声音素材 sound 至库中。在主场景中新建图层 sound，将声音文件拖入，设置"同步"方式为"事件"和"循环"。

（18）新建"动作"图层，添加如下代码。

```
menu.larrow.addEventListener(MouseEvent.CLICK,lmove);
function lmove(event:MouseEvent):void {
    if(menu.pics.x>=-240.2)
    {}
    else {
        menu.pics.x=menu.pics.x+120;
        }
    };
menu.rarrow.addEventListener(MouseEvent.CLICK,rmove);
function rmove(event:MouseEvent):void {
    if(menu.pics.x<=-601)
    {}
    else {
        menu.pics.x=menu.pics.x-120;
        }
    };
menu.pics.btn_1.addEventListener(MouseEvent.CLICK,moving1)
function moving1(event:MouseEvent):void {
    display.gotoAndPlay(2);
        };
menu.pics.btn_2.addEventListener(MouseEvent.CLICK,moving2)
function moving2(event:MouseEvent):void {
    display.gotoAndPlay(41);
        };
menu.pics.btn_3.addEventListener(MouseEvent.CLICK,moving3)
function moving3(event:MouseEvent):void {
    display.gotoAndPlay(81);
        };
menu.pics.btn_4.addEventListener(MouseEvent.CLICK,moving4)
function moving4(event:MouseEvent):void {
    display.gotoAndPlay(121);
        };
menu.pics.btn_5.addEventListener(MouseEvent.CLICK,moving5)
function moving5(event:MouseEvent):void {
    display.gotoAndPlay(161);
        };
menu.pics.btn_6.addEventListener(MouseEvent.CLICK,moving6)
function moving6(event:MouseEvent):void {
    display.gotoAndPlay(201);
        };
menu.pics.btn_7.addEventListener(MouseEvent.CLICK,moving7)
function moving7(event:MouseEvent):void {
    display.gotoAndPlay(241);
        };
menu.pics.btn_8.addEventListener(MouseEvent.CLICK,moving8)
```

```
function moving8(event:MouseEvent):void {
    display.gotoAndPlay(281);
    };
```

（19）按 Ctrl+Enter 组合键测试影片，然后按 Ctrl+S 组合键保存文件。

## 8.3.4　知识点总结

（1）通过设置图片的亮度属性完成图片的渐显和渐隐效果。

（2）动作代码中引用的对象，需要先设置其实例名称。

（3）如需要向电子相册中添加更多图片，只需要简单修改"相册展示"和"图片菜单"两个影片剪辑元件，在其动作代码中重复如下代码即可。

```
menu.pics.btn_1.addEventListener(MouseEvent.CLICK,moving1)
function moving1(event:MouseEvent):void {
    display.gotoAndPlay(2);
};
```

【高职高专新课程体系规划教材·计算机系列】

# ActionScript 3.0 高级应用

ActionScript 3.0 是一种强大的面向对象的编程语言，与 ActionScript 2.0 相比，它具有如下优点：支持类型安全性，使代码维护变得更轻松；相对比较简单，容易编写；开发人员可以编写具有高性能的响应性代码。目前，ActionScript 3.0 已经成为 Flash 项目开发的主流脚本语言。本项目通过剪刀石头布小游戏、mp3 音乐播放器和 FLV 视频播放器的制作详细介绍了 ActionScript 3.0 在项目开发中的应用。

## 9.1　任务 1——制作剪刀石头布小游戏

Flash 游戏是一种很常见的网络游戏形式，这是因为 Flash 游戏通常具有美观的动画和有趣的游戏内容，除此之外，还具有很强的交互能力。本任务通过制作一个简单的"剪刀石头布"Flash 游戏，使读者了解鼠标控制的互动游戏制作过程，并掌握常见的 ActionScript 代码应用和简单的游戏算法。

### 9.1.1　实例效果预览

本节实例效果如图 9-1-1 所示。

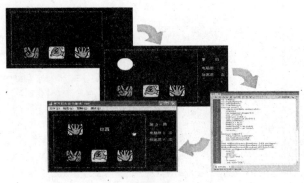

图9-1-1

## 9.1.2　技能应用分析

1. 设置舞台属性，布局游戏界面。
2. 在元件属性窗口中新建类。
3. 添加代码，在场景中随机显示图形。
4. 添加代码，在动态文本框中显示游戏结果。

## 9.1.3　制作步骤解析

（1）新建一个 Flash 文件，在"属性"面板上设置舞台尺寸为"500×300 像素"，舞台颜色为"蓝色（#000099）"，帧频为"FPS：12"。

（2）将"图层 1"命名为"边框"。选择矩形工具，在"属性"面板上设置笔触颜色为"白色"，填充颜色为"无填充"，笔触高度为 3，样式为"点刻线"，然后在舞台上绘制一个矩形，并调整矩形的高度为 360，宽度为 260，坐标位置为"X：20，Y：20"，如图 9-1-2 所示。

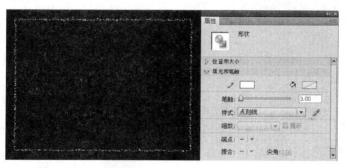

图9-1-2

（3）新建图层，命名为"按钮"。选择"文件"→"导入"→"导入到舞台"命令，将素材文件夹"剪刀石头布"里面的所有图片都导入到舞台上，然后将这 3 张图片等比例缩小到原来的 30%，按照剪刀、石头、布的顺序从左向右排列，并依次设置它们的坐标位置为"X：65，Y：190"、"X：165，Y：190"和"X：265，Y：190"，如图 9-1-3 所示。

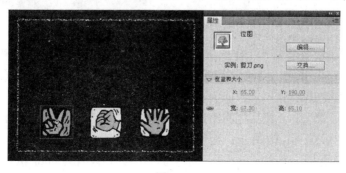

图9-1-3

【高职高专新课程体系规划教材·计算机系列】

（4）选中第一张图片，按 F8 键打开如图 9-1-4 所示的"元件属性"对话框。设置元件名称为 clipper，类型为"按钮"，并展开"高级"选项，选中"为 ActionScript 导出"复选框，此时下面的"在第 1 帧导出"复选框也会被自动选中，保持"类"和其他设置不变，单击"确定"按钮。这时可能会出现一个对话框，单击"确定"按钮，使 Flash 为 MovieClip 新建一个 clipper 类。

（5）依照此方法，将另外两张图片也转换为按钮元件 rock 和 cloth，并新建相应的 rock、cloth 类。然后依次选中这 3 个按钮元件，在"属性"面板上将它们的实例名称依次定义为 btn1、btn2 和 btn3，如图 9-1-5 所示。

（6）新建图层，命名为"圆形"。使用椭圆工具在舞台上绘制一个白色正圆形，设置圆形的宽度和高度都为 60，坐标位置为"X：70，Y：60"，如图 9-1-6 所示。接着按 F8 键将其转换为影片剪辑元件 mymc，如图 9-1-7 所示，并将其实例名称命名为 mc。

（7）新建图层，命名为"文本框"。使用文本工具在圆形的右侧绘制一个文本框，在"属性"面板上设置文本类型为"动态文本"，实例名称为 txt，宽度为 100，高度为 30，坐标位置为"X：200，Y：80"，字体为"黑体"，文字大小为"20 点"，文字颜色为"白色"，如图 9-1-8 所示。

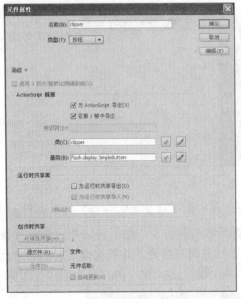

图9-1-4

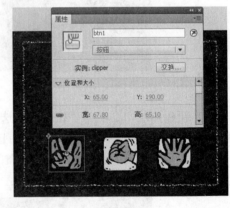

图9-1-5

（8）新建图层，命名为"统计"。使用文本工具在舞台右侧输入如图 9-1-9 所示的文字，设置字体类型为"静态文本"，字体为"黑体"，字体大小为"16 点"，颜色为"白色"，并调整位置使其对齐。

（9）在文字"第"和"局"之间绘制一个文本框，设置其实例名称为 total，字体类型为"动态文本"，如图 9-1-10 所示；接着在文字"电脑胜"和"次"之间、"玩家胜"和"次"之间也分别绘制一个动态文本框，将实例名称分别设置为 com 和 pla。

图9-1-6

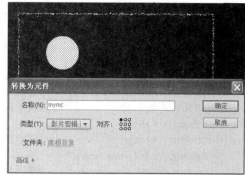
图9-1-7

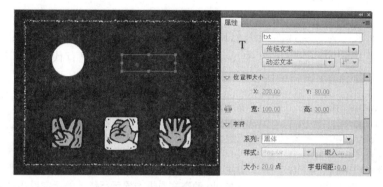
图9-1-8

（10）新建图层，命名为 actions。下面要为这个小游戏添加动作脚本，实现当用鼠标单击下面的按钮时，电脑可以在白色圆形的位置随机显示"剪刀、石头、布"中的一个，并在动态文本框 txt 中显示输赢结果，同时还要在舞台的右侧显示所玩游戏的局数及电脑和玩家各自胜出的次数。

图9-1-9

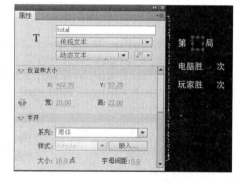
图9-1-10

（11）定义一个函数，在指定位置上随机显示一个图形，即在第 1 帧的"动作-帧"面板上输入如下代码。

```
var i:Number;                    //定义数值变量 i
function creat() {               //定义函数，根据变量 i 的数值，随机显示图形
```

【高职高专新课程体系规划教材·计算机系列】

```
i=Math.ceil(Math.random()*2+1);   //使用随机函数和取整函数随机产生一个数值
if(i==1){
var newmc=new clipper();}          //变量值为 1 时，定义变量 newmc，保存 clipper 类的实例
else if(i==2){
newmc=new rock();}                 //变量值为 2 时，变量 newmc 将保存 rock 类的实例
else { newmc=new cloth();}         //变量值为 3 时，变量 newmc 将保存 cloth 类的实例
addChild(newmc);                   //将变量 newmc 中的实例添加到场景中
newmc.x = mc.x;
newmc.y = mc.y;                    //使添加的实例坐标位置与白色圆形一致
newmc.scaleX = mc.scaleX;
newmc.scaleY = mc.scaleY;          //使添加的实例大小与白色圆形一致
return(i);                         //返回变量 i 的值
}
```

（12）接下来，为了统计游戏的总局数及用户电脑各自胜出的次数，需要再定义一个 jieguo()函数，使相应的动态文本框中显示统计出的数值，即在已有代码的基础上添加如下代码。

```
var count:Number=0;                //定义变量 count，用于统计游戏的局数
var cpla:Number=0;                 //定义变量 cplat，用于统计玩家胜出的次数
var ccom:Number=0;                 //定义变量 ccom，用于统计电脑胜出的次数
function jieguo(){
    total,text=String(count);      //在 total 动态文本框中显示所统计的游戏局数
    pla.text=String(cpla);         //在 pla 动态文本框中显示所统计的玩家胜出次数
    com.text=String(ccom);         //在 com 动态文本框中显示所统计的电脑胜出次数
    }
```

（13）下面要将用户的选择（用户通过单击"石头"、"剪刀"、"布" 3 个按钮中的一个进行选择）与电脑随机显示的图形进行对比，按照游戏规则判断出输赢，并将结果显示在动态文本框 txt 中；同时，用于统计游戏总局数及胜出者胜出次数的变量也要在原来的基础上增加 1 次，相应的代码如下。

```
btn1.addEventListener(MouseEvent.CLICK,goclipper);   //单击"剪刀"按钮，调用 goclipper()函数
btn2.addEventListener(MouseEvent.CLICK,gorock);      //单击"石头"按钮，调用 gorock()函数
btn3.addEventListener(MouseEvent.CLICK,gocloth);     //单击"布"按钮，调用 gocloth()函数
function goclipper(e:MouseEvent):void{                //定义 goclipper()函数
    count++;                        //每单击一次鼠标，变量 count 就增加 1
    creat();                        //调用函数 creat，在舞台上随机显示一个图形
    if(i==1){                       //判断随机显示的图形是否为"剪刀"
    txt.text="平手";                //条件成立，在动态文本框 txt 中显示"平手"
    }
    if(i==2){                       //判断随机显示的图形是否为"石头"
     txt.text="你输";               //条件成立，在动态文本框 txt 中显示"你输"
     ccom++;                        //电脑胜出，次数增加 1
    }
    if(i==3){                       //判断随机显示的图形是否为"布"
     txt.text="你赢";               //条件成立，在动态文本框 txt 中显示"你赢"
     cpla++;                        //玩家胜出，次数增加 1
```

```
    }
    jieguo();}                      //调用 jieguo()函数，在舞台右侧显示统计结果
function gorock(e:MouseEvent):void{
    count++;
    creat();
    if(i==1){
      txt.text="你赢";
      cpla++;
    }
    if(i==2){
      txt.text="平手";
    }
    if(i==3){
      txt.text="你输";
      ccom++;
    }
    jieguo();}
function gocloth(e:MouseEvent):void{
    count++;
    creat();
    if(i==1){
        txt.text="你输";
            ccom++;}
    if(i==2){
        txt.text="你赢";
        cpla++;
    }
    if(i==3){
        txt.text="平手";
    }
    jieguo();}
```

（14）至此，"剪刀石头布"小游戏就制作完成了。测试完毕后将源文件保存。

## 9.1.4　知识点总结

本节实例制作的关键在于当用户单击鼠标时，计算机可随机显示一个图形，并与用户的选择进行对比，同时还要将结果显示在动态文本框中。

（1）要在 ActionScript 3.0 中产生一个随机数字，可以使用 Math 类的 random()方法，语法如下。

```
Math.random () ;
```

该代码将返回 0～1 之间的随机数字，通常是多个小数。要控制 Math.random 产生的范围，可以在最终的随机数字上执行相同的算法。例如，如果要产生 0～50 之间的随机数字，可以用 Math.random 乘以 50，代码如下。

```
Math.random () * 50;
```

【高职高专新课程体系规划教材·计算机系列】

（2）ActionScript 3.0 中有 3 个取整函数，分别是 Math.ceil()、Math.floor()和 Math.round()。

❖　Math.ceil()：取得的整数值是比得到的数字大的那个整数值，即向上取整。

❖　Math.floor()：取得的整数值是比得到的数字小的那一个整数，即向下取整。

❖　Math.round()：四舍五入取整。

在本节实例的制作中，代码"Math.random()*2+1"产生 1~3 之间随机数字，然后通过函数 Math.ceil()取整后就会产生 1、2、3 共 3 个整数数字。

（3）ActionScript 可以控制动态文本字段的多个属性，如本例中的"total.text=String(count);"代码，名称为 total 的文本字段，其 text 属性被设置成了等于变量 count 的当前值。ActionScript中的文字属于字符类型 String，因为 count 变量被设置为数据类型 Number，所以需要通过 String()函数将其转换为文本字符串，才能在文本字段中显示。

# 9.2　任务 2——制作 MP3 音乐播放器

声音是 Flash 动画吸引观众最有效的手段之一。通过 ActionScript 技术实现音频交互，能够让用户沉浸到一个互动的音响环境之中。本任务通过用 ActionScript 创建最基本的声音应用——一个简单的音乐播放器，使读者学习基本的声音控制技巧，掌握 ActionScript 里与声音相关的一些技术。

## 9.2.1　实例效果预览

本节实例效果如图 9-2-1 所示。

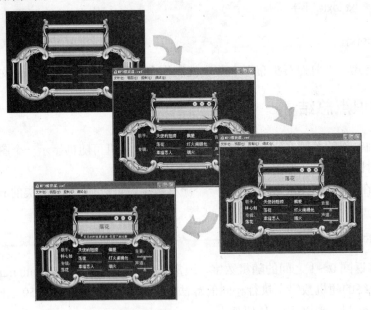

图9-2-1

## 9.2.2　技能应用分析

1．设置舞台属性，导入需要的素材，制作出播放器的框架。

2．绘制动态文本框，显示歌曲名、歌手名、专辑名和相应的歌词等信息。

3．加载外部声音文件，并对声音音量和声道进行动态控制。

4．根据 LRC 歌词文件的内容，分离时间码和歌词的内容，实现歌词的同步显示效果。

## 9.2.3　制作步骤解析

### 子任务 1　播放器界面的设计

（1）新建一个 Flash 文件，在"属性"面板上设置舞台颜色为"深蓝色（#021C29）"，然后在时间轴上将"图层 1"重命名为"播放器"。选择"文件"→"导入"→"导入到库"命令，将素材文件夹"MP3 播放器"中的所有图片全部导入，然后从库中将图片"播放器.png"拖入舞台，设置坐标位置为"X：0，Y：35"，如图 9-2-2 所示。

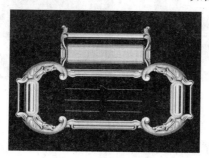

图9-2-2

（2）新建图层，命名为"播放条"，从库中将图片"播放条.jpg"拖入舞台，设置坐标位置为"X：170，Y：146"，然后按 F8 键将其转换为影片剪辑元件"播放条"，并定义其实例名称为 line_mc，如图 9-2-3 所示。

（3）新建图层，命名为"播放头"，从库中将图片"播放头.png"拖入舞台，设置坐标位置为"X：170，Y：137"，然后按 F8 键将其转换为影片剪辑元件"播放头"，并定义其实例名称为 mark_mc，如图 9-2-4 所示。

（4）新建图层，命名为"控制按钮"。从库中将图片"播放.png"、"暂停.png"和"停止.png"拖入舞台，等比例缩放到原来的 50% 之后，分别设置其坐标位置为"X：310，Y：79"、"X：337，Y：79"和"X：364，Y：79"，如图 9-2-5 所示；并将其转换为影片剪辑元件，定义实例名称分别为 play_btn、pause_btn 和 stop_btn。

（5）新建图层，命名为"歌曲名"使用文本工具绘制一个文本框，并在"属性"面板上设置文本类型为"动态文本"，宽度为 125，高度为 30，坐标位置为"X：210，Y：110"；字体为"黑体"，字体大小为"20 点"，字体颜色为"红色"；并命名文本框的实例名称为 songTitle，如图 9-2-6 所示。

【高职高专新课程体系规划教材·计算机系列】

图9-2-3

图9-2-4

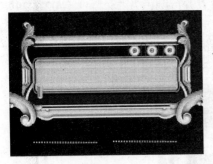

图9-2-5

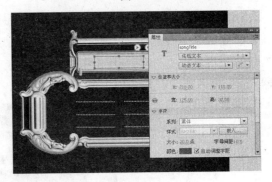

图9-2-6

（6）按 Ctrl+F8 组合键新建影片剪辑元件"歌曲列表"，然后使用文本工具绘制一个文本框，并在属性面板上设置文本类型为"动态文本"，宽度为95，高度为20，坐标位置为"X：0，Y：0"；字体为"黑体"，字体大小为"16 点"，字体颜色为"白色"；并定义文本框的实例名称为 title，如图 9-2-7 所示。

（7）返回到"场景 1"编辑窗口，新建图层，命名为"歌曲列表"，从库中将元件"歌曲列表"拖入舞台，设置坐标位置为"X：165，Y：200"，并定义其实例名称为 song1，如图 9-2-8 所示。

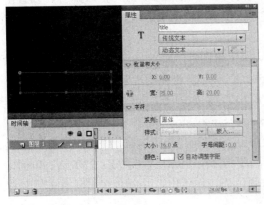

图9-2-7

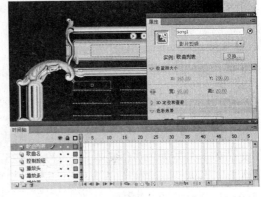

图9-2-8

（8）然后在按住 Ctrl 键的同时拖动该影片剪辑，共复制出 5 份，分别放置在播放器中间的其他虚线上，效果如图 9-2-9 所示，并修改它们的实例名称，依次为 song2～song6。

（9）新建图层，命名为"歌手"。在播放器左侧使用文本工具输入静态文本"歌手："，并设置其坐标位置为"X：94，Y：198"，字体为"黑体"，字体大小为"16 点"，字体颜色为"白色"，如图 9-2-10 所示。

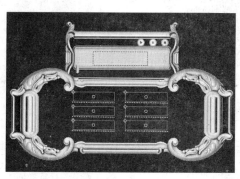
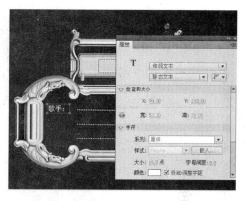

图9-2-9　　　　　　　　　　　　　　　　图9-2-10

（10）在文字"歌手"的下面绘制一个动态文本框，设置其坐标位置为"X：94，Y：223"，并定义其实例名称为 info1，如图 9-2-11 所示。

（11）依照此方法，在 info1 动态文本框下方继续输入静态文本"专辑："，其坐标位置为"X：94，Y：250"；再绘制一个动态文本框，其坐标位置为"X：94，Y：275"；定义其实例名称为 info2，如图 9-2-12 所示。

（12）新建图层，命名为"调控条"。在播放器右侧首先输入静态文本"音量："，坐标位置为"X：390，Y：205"；然后打开"组件"面板，在 User Interface 目录下选择 Slider 组件并将其拖入舞台，设置宽度为 60，高度为 2.5，坐标位置为"X：400，Y：235"，实例名称为 volSlide；在"属性"面板的"组件参数"选项组中选中"liveDragging"后的复选框，设置参数 maximum 的值为 1，minimum 的值为 0，snapinTerval、tickTerval 的值为 0.1，value 的值为 0.5，如图 9-2-13 所示。

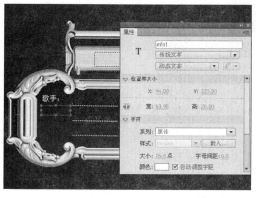
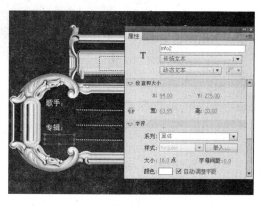

图9-2-11　　　　　　　　　　　　　　　　图9-2-12

（13）在 volSlide 组件的下方继续输入静态文本"声道："，坐标位置为"X：390，Y：250"；再次拖入 Slider 组件，设置宽度为 60，高度为 2.5，坐标位置为"X：400，Y：280"，实例名称为 panSlide；同样在"组件参数"选项组中选中"liveDragging"后的复选框，设置参数 maximum 的值为 1，minimum 的值为-1，snapinTerval、tickTerval 的值为 0.1，value 的值为 0，如图 9-2-14 所示。

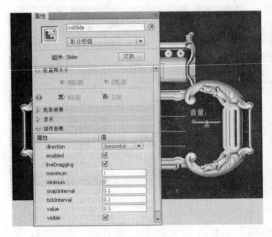
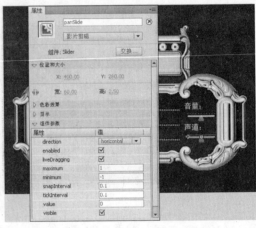

图9-2-13                                                图9-2-14

（14）新建图层，命名为"歌词"。在播放器上方绘制一个动态文本框，设置宽度为180，高度为 16，坐标位置为"X：186，Y：152"，字体为"黑体"，字体大小为"12 点"，字体颜色为"白色"；并定义其实例名称为 song，如图 9-2-15 所示。

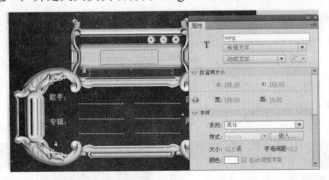

图9-2-15

（15）至此，用于制作播放器的所有元素已准备完毕。要实现其播放功能，还需要继续添加相应的动作脚本。

### 子任务2　声音的加载及控制

（1）新建图层，命名为 actions，然后打开"动作-帧"面板。

（2）首先要创建变量来引用控制声音的 3 个类：Sound 类、SoundChannel 类和SoundTransform 类。在"动作-帧"面板上输入如下代码。

```
import fl.events.SliderEvent;    //导入 SliderEvent 类
```

```
var snd:Sound;                    //定义声音变量
var channel:SoundChannel;         //定义声道变量
var trans:SoundTransform;         //定义 SoundTransform 变量，用于控制音量、声音平移等属性
```

这 3 个变量没有初始值，但很快就会用于保存相应类的实例。

（3）还需要使用其他一些变量，用于记录当前选中的乐曲、当前的歌词、当前的声音位置、当前的音量和声道参数，所以接下来需要再声明 5 个变量。

```
var currSong:String;              //保存一个字符串，内容为当前选中的乐曲名称
var currVol:Number = .5;          //保存当前的音量数值，初始值为 0.5
var currPan:Number = 0;           //保存当前的声道值，初始值为 0
var textLoad:String;              //保存一个字符串，内容为所选歌曲对应的歌词
var position:Number=0;            //保存当前的声音位置，初始值为 0
```

（4）下面将使用一个数组来保存歌曲列表直接在数组中添加 6 首歌曲代码如下。

```
var  songList:Array=new  Array("天使的翅膀.mp3","偏爱.mp3","落花.mp3","灯火阑珊处.mp3","幸福
恋人.mp3","烟火.mp3");
```

（5）为了在前面设置的影片剪辑 song1～song6 上显示歌曲的名称，要使用一个 for 循环来设置乐曲名称，这是因为 6 个影片剪辑的实例名称只在末尾的数字上有变化，而且 songList 数组里有相同数量的元素，因此可以方便地使用一个 for 循环把数组里的乐曲名称赋予影片剪辑内部的动态文本框。在已有代码之后，添加如下 for 循环语句。

```
for (var i = 0; i < songList.length; i++) {   //定义 for 循环，循环次数由数组长度决定
    var str:String = songList[i] as String;   //定义变量，保存数组元素，即歌曲名称
    str = str.replace(".mp3","");              //使用 replace 方法修改变量的值，并将新值赋予变量
    var clip = this["song" + (i + 1)].title;   //定义变量，保存影片剪辑的动态文本区域
    clip.text = str;                          //在动态文本区域显示歌曲名称
}
```

（6）测试影片。如图 9-2-16 所示，可以看到歌曲的名称显示在播放器的虚线上面。

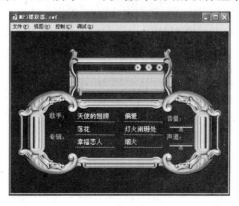

图9-2-16

（7）下面来实现歌曲选择功能。首先为这 6 首歌曲创建 6 个事件侦听器，当用户用鼠标单击歌曲的名称时，它们将调用同一个函数（chooseseng()函数），该函数中使用一个条

【高职高专新课程体系规划教材·计算机系列】

件语句（switch）判断应该播放哪首歌曲。

如下代码添加了 6 个 addEventListener()方法，用于侦听影片剪辑中的单击事件。

```
song1.addEventListener(MouseEvent.CLICK, chooseSong);
song2.addEventListener(MouseEvent.CLICK, chooseSong);
song3.addEventListener(MouseEvent.CLICK, chooseSong);
song4.addEventListener(MouseEvent.CLICK, chooseSong);
song5.addEventListener(MouseEvent.CLICK, chooseSong);
song6.addEventListener(MouseEvent.CLICK, chooseSong);
```

（8）chooseSong()函数可完成音乐播放器的大部分工作，如保存所选择的乐曲名称，创建 Sound 实例，创建相关的 SoundChannel 和 SoundTransform 实例并设置其属性，用于控制声音等。

用户所选择的歌曲名称将保存在前面创建的 currSong 变量里。在这里，要使用 switch 语句判断哪个乐曲被选中了，让 currSong 变量包含指向歌曲的路径。比如，当 songList 数组的第一首歌曲（songList[0]）被选中时，currSong 变量就应该被设置为：

```
"../mp3/ "+songList[0] as String;
```

其中，字符串"../mp3/"代表保存歌曲的文件夹，前面两个句点和前斜线（../）说明 mp3 文件夹位于当前 Flash 文件的父文件夹里。

因此，在现有代码之后输入如下代码。

```
function chooseSong(e:MouseEvent):void {
    switch (e.currentTarget.name) {
        case "song1":
            currSong = "../mp3/"+songList[0] as String;      //保存所选择的歌曲路径
            textLoad="../text/天使的翅膀.txt";                 //保存所选择歌曲对应歌词的路径
            break;
        case "song2":
            currSong = "../mp3/"+songList[1] as String;
            textLoad="../text/偏爱.txt";
            break;
        case "song3":
            currSong = "../mp3/"+songList[2] as String;
            textLoad="../text/落花.txt";
            break;
        case "song4":
            currSong = "../mp3/"+songList[3] as String;
            textLoad="../text/灯火阑珊处.txt";
            break;
        case "song5":
            currSong = "../mp3/"+songList[4] as String;
            textLoad="../text/幸福恋人.txt";
            break;
        case "song6":
```

```
                 currSong = "../mp3/"+songList[5] as String;
                 textLoad="../text/烟火.txt";
                 break;
         }
}
```

（9）用户选择歌曲后，chooseSong()函数才会被调用，也就是说，它被调用的时机是不确定的；而且，当一首歌曲正处于播放状态时，如果需要播放其他歌曲，就必须先停止它，然后才能播放新的歌曲。因此，需要使用一个 if 语句查看前面定义的声音 snd 变量是否包含一个值，如果是，就应该先停止播放，然后再创建新的 snd 实例。

在 switch 语句的结束花括号之后，chooseSong()函数的结束花括号之前，添加如下代码。

```
if (snd != null) {                              //判断声音变量是否为空
    channel.stop();                             //停止当前声音
    }
snd = new Sound();                              //开始播放新的声音
```

（10）现在，所选择的歌曲已经保存在 currSong 变量里了，在上段代码之后、chooseSong()函数的结束花括号之前添加如下代码，实现加载要播放的歌曲。

```
snd.load(new URLRequest(currSong));
```

（11）为了能够控制声音的停止、播放进度和音量，需要将 Sound 实例和 SoundChannel、SoundTransform 实例建立关联。下面就来创建这些实例。在刚才的代码之后、chooseSong()函数的结束花括号之前输入如下代码。

```
channel = new SoundChannel;          //新建一个 SoundChannel 实例，保存在变量 channel 里
trans = new SoundTransform(currVol,currPan);
//新建 SoundTransform 实例，保存在变量 trans 里，包含两个参数：一个是音量，一个是位置
channel = snd.play();                      //使用 play()方法在 channel 里播放已经加载到 snd 实例的声音
channel.soundTransform = trans;      //将 channel 对象里播放的声音关联到新建的 trans 实例
```

以上代码会把 trans 实例里关于音量和位置的参数应用于 channel 对象，从而控制正在播放的声音。

（12）测试影片。单击任意一首歌曲，就可以听到相应的乐曲；尝试选择多首歌曲，会发现只能播放一首歌曲。

（13）下面利用变量 currVol 和 currPan 的值来控制滑块，达到调节音乐音量和左右声道的目的。在 Slider 组件里有一个内置的 CHANGE 事件，会在拖动滑块时触发。因此，在 chooseSong()函数的结束花括号之后添加如下代码。

```
panSlide.addEventListener(SliderEvent.CHANGE, panChange);        //当拖动滑块时触发事件
volSlide.addEventListener(SliderEvent.CHANGE, volumeChange);   //当拖动滑块时触发事件
function volumeChange(e:SliderEvent):void { //定义 volumeChange()函数，调节音量
    currVol = e.target.value;             // e.target.value 代表滑块被移到的位置，赋予变量 currVol
    trans.volume = currVol;             //将滑块的值赋予实例 trans 的 volume 属性
    channel.soundTransform = trans;      //将实例 trans 的值应用于 soundChannel 实例
```

【高职高专新课程体系规划教材 · 计算机系列】

```
}
function panChange(e:SliderEvent):void {  //定义 panChange()函数，调节声道
    currPan = e.target.value;             //e.target.value 代表滑块被移到的位置，赋予变量
                                          //currPan
    trans.pan = currPan;                  //将滑块的值赋予实例 trans 的 pan 属性
    channel.soundTransform = trans;       //将实例 trans 的值应用于 soundChannel 实例
}
```

（14）测试影片。选择一首歌曲，调整音量和声道滑块，音量可以从无声过渡到最大声，声音可以从左声道逐渐转移到右声道。

（15）ActionScript 能够从加载的 MP3 文件里读取和显示乐曲名称、演唱者姓名、专辑名称、发布日期等信息。这些信息存储在 MP3 文件的 ID3 标签里，要使该标签适用于 Flash 和 ActionScript 的正确格式，就需要利用一些音频软件查看和创建标签，并保存为正确的版本格式。其中，最流行的一款软件是苹果公司的 iTunes 软件。

从网络中下载 6 首歌曲，分别为"天使的翅膀.mp3"、"偏爱.mp3"、"落花.mp3"、"灯火阑珊.mp3"、"幸福恋人.mp3"及"烟火.mp3"，放在本实例的素材文件夹（项目 9\任务 2 mp3 播放器\mp3）中以备用。

下载素材文件夹里的 iTunes10.5.3Setup.exe 软件并进行安装，安装完毕后运行软件，并在如图 9-2-17 所示的界面中选择"文件"→"将文件添加到资料库"命令，将 mp3 文件夹里的所有歌曲选中并打开。

图9-2-17

选中全部歌曲，单击鼠标右键，在弹出的快捷菜单中选择"转换 ID3 标记"命令，如图 9-2-18 所示，打开"转换 ID3 标记"对话框，选中"ID3 标签版本"复选框，在其后的下拉列表中选择"v2.4"选项，然后单击"确定"按钮，如图 9-2-19 所示。

（16）现在就可以使用 ActionScript 读取和使用这些标签了。首先需要利用 Sound 类里的 ID3 事件调用 id3Handler()函数，显示当前播放歌曲的相关信息。这个事件要添加在 chooseSong()函数之内，因此在 chooseSong()函数的结束花括号之前，输入如下代码。

```
snd.addEventListener(Event.ID3, id3Handler);  //触发 ID3 事件时，调用 id3Handler()函数
```

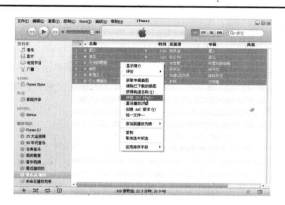

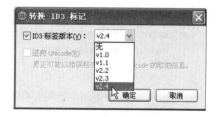

图9-2-18　　　　　　　　　　　　　　　　　　　　图9-2-19

（17）在全部代码之后，添加函数 id3Handler()相应的代码。

```
function id3Handler(event:Event):void {      //定义 id3Handler()函数
    var id3:ID3Info = snd.id3;               //定义变量 id3，保存加载的全部 ID3 数据
    if (id3.songName != null) {              //判断当前歌曲的 ID3 数据中是否存在属性 songName
        songTitle.text = id3.songName;       //在 songTitle 文本里显示歌曲名称
        info1.text=id3.artist;               //在 info1 文本里显示歌手姓名
        info2.text=id3.album;                //在 info2 文本里显示专辑名称
    }
}
```

（18）测试影片。随意选择一首歌曲，此时除了会在播放器上方显示歌曲名称外，还会在左侧的两个文本框中显示来自 ID3 标签的歌手、专辑等信息，如图 9-2-20 所示。

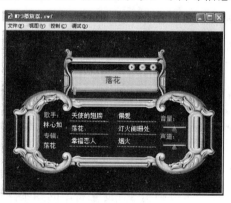

图9-2-20

（19）现在已经实现了 MP3 播放器的部分功能，接下来还需要对播放进度进行控制并实现歌词的同步显示。对播放进度进行控制的事件需要添加在 chooseSong()函数之内，因此在 chooseSong()函数的结束花括号之前，输入如下代码。

```
addEventListener(Event.ENTER_FRAME,enterHd);        //歌曲开始播放，调用 enterHd()函数
play_btn.addEventListener(MouseEvent.CLICK,playHd); //单击"播放"按钮，调用 playHd()函数
pause_btn.addEventListener(MouseEvent.CLICK,pauseHd);//单击"暂停"按钮，调用 pauseHd()函数
stop_btn.addEventListener(MouseEvent.CLICK,stopHd); //单击"停止"按钮，调用 stopHd()函数
```

【高职高专新课程体系规划教材·计算机系列】

（20）在全部代码之后添加相应的函数，代码如下。

```
function playHd(event:MouseEvent){              //定义 playHd()函数
    play_btn.removeEventListener(MouseEvent.CLICK,playHd);   //避免歌曲重复播放
    channel=snd.play(position);                 //从声音的当前位置开始播放
}
function pauseHd(event:MouseEvent){             //定义 pauseHd()函数
    position=channel.position;                  //记录声音的播放位置
    channel.stop();                             //使声音停止
}
function stopHd(event:MouseEvent){              //定义 stopHd()函数
    channel.stop();                             //使声音停止
    channel=snd.play(0);                        //使声音重新开始播放
    channel.stop();                             //使声音停止
    position=0;                                 //使声音的位置为 0，即停止在起始位置
}
function enterHd(event:Event){
    play_btn.removeEventListener(MouseEvent.CLICK,playHd);   //避免歌曲重复播放
    var sjb= channel.position/snd.length;       //将歌曲播放进度的百分比赋予变量 sjb
    mark_mc.x=sjb*line_mc.width+line_mc.x;      //使播放头随着歌曲播放向前移动
}
```

（21）测试影片。随意选择一首歌曲，使用播放器上方的"播放"、"暂停"和"停止"按钮控制歌曲的播放。

（22）接下来要实现歌词的同步显示效果。首先需要定义一个数组，用来保存歌词，所以将如下代码添加到前面定义的变量之间。

```
var LRCarray:Array=new Array();
```

（23）要想在选择歌曲时调用相应的歌词文件，就需要将加载歌词的事件放在chooseSong()函数之内，因此在 chooseSong()函数的结束花括号之前输入如下代码。

```
var loader:URLLoader=new URLLoader();          //创建 URLLoader 实例
loader.load(new URLRequest(textLoad));         //使用 URLLoader 类的 load()方法加载歌词文件
loader.addEventListener(Event.COMPLETE,LoadFinish);   //加载事件结束，触发事件
addEventListener(Event.ENTER_FRAME,showSong);  //歌曲播放的同时显示相应歌词
```

（24）歌词同步效果，顾名思义，就是依据歌曲的播放进度显示相应的歌词。网络上常见的歌词文件是 LRC 格式，可以利用 String 字符串的相关操作对歌词进行时间码分析，并提取出对应的歌词，然后在歌曲播放期间实时显示对应时间的歌词。下面将这些操作的相关代码放入 LoadFinish()函数中，代码如下。

```
function LoadFinish(event:Event) {             //定义 LoadFinish()函数
    LRCarray = new Array();                    //每调用一次函数就将数组清空，保存新的歌词
    var list:String=event.target.data;        //将加载的歌词存入字符串变量 list
    var listarray:Array=list.split("\n");     //利用 split 方法按照换行标志分割歌词，存入 listarray
    var reg:RegExp=/\[[0-5][0-9]:[0-5][0-9].[0-9][0-9]\]/g;   //按照时间格式定义正则表达式
    for (var i=0; i<listarray.length; i++) {  //设置 for 循环，循环次数由数组 listarray 的长度决定
        var info:String=listarray[i];         //定义变量 info，逐一保存每句歌词
```

【高职高专新课程体系规划教材·计算机系列】

```
    var len:int=info.match(reg).length;        //依据正则表达式对歌词进行匹配，返回匹配长度
    var timeAry:Array=info.match(reg);         //对歌词进行匹配，并将匹配结果存入数组 timeAry
    var lyric:String=info.substr(len*10);      //利用 substr 方法依据匹配长度截取歌词，存入变量 lyric
    for (var k =0; k<timeAry.length; k++) {    //设置 for 循环，循环次数由数组 timeAry 长度决定
    var obj:Object=new Object();               //创建 Object 实例
    var ctime:String=timeAry[k];               //将 timeAry 数组元素赋予变量 ctime
    var ntime:Number=Number(ctime.substr(1,2))*60+Number(ctime.substr(4,5));//字符串转数值
    obj.timer=ntime*1000;                      //将时间由秒转换为毫秒，赋予 Object 实例的 timer 属性
    obj.lyric=lyric;                           //将分离出的歌词存入 Object 实例的 lyric 属性
    LRCarray.push(obj);}}                      //将 Object 实例压入数组 LRCarray
}
```

　　这段代码的关键之处是将 LRC 歌词文件中的时间码与歌词分离，因此首先要将整个歌词文件按照换行标志进行分割，并将单行的歌词文件存入数组 listarray 中；然后根据所设定的正则表达式在数组元素中查找符合条件的时间码，并将时间码由字符串转换为数值类型，以毫秒为单位进行保存；同时还要在每行的歌词文件中截取出相应的歌词，以便在后面进行显示。

　　（25）接下来要将分离出的歌词显示在动态文本框 song 中。在已有代码之后输入如下代码。

```
function showSong(e:Event):void{                                //定义函数，显示歌词
    for (var j=1; j<LRCarray.length; j++) {                     //设置循环，循环次数由数组 LRCarray 决定
        if (channel.position<LRCarray[j].timer) {               //判断声音是否到达时间码的位置
            song.text=LRCarray[j-1].lyric;                      //在动态文本框 song 中显示歌词
            break;
        }
        song.text=LRCarray[LRCarray.length-1].lyric;            //显示最后一句歌词
    }
}
```

　　（26）至此，整个 MP3 音乐播放器就制作完毕了。测试影片，随意选择一首歌曲进行播放，播放器上方歌曲名称下可以实时显示相应的歌词，如图 9-2-21 所示。如果在歌词显示中出现乱码，可以在"动作-帧"面板上添加如下代码，使中文能够正常显示。

```
System.useCodePage=true;
```

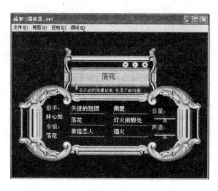

图9-2-21

【高职高专新课程体系规划教材·计算机系列】

（27）测试无误后，保存源文件。

## 9.2.4　知识点总结

MP3 音乐播放器的制作使用到了 ActionScript 的多项技术，下面逐一进行介绍。

（1）switch 语句。

switch 语句具有与 if 语句相同的功能，但在检测多个条件时使用 switch 语句会更加方便，其语法结构如下。

```
switch (表达式)
{ case 条件 1:
        命令 1;
        break;
case    条件 2:
        命令 2;
        break;
case    条件 3:
        命令 3;
        break;
…
default:
        命令 N;
        break;
}
```

注意，在 switch 语句里，每个条件之后都有一个 break 语句，以确保只有与具体条件相关的语句才会被执行。

在本实例的制作中，采用 switch 语句来判断用户选择的是哪首歌曲，并将所选歌曲的路径赋予变量 currSong，将相应的歌词路径赋予变量 textLoad。

（2）对外部声音的加载，使用到了 Sound 类的 load()方法。

```
snd = new Sound();
snd.load(new URLRequest(currSong));
```

上述代码中，第一行创建了一个 Sound 实例，第二行首先使用 URLRequest()方法发出外部文件加载请求，当它接收到变量 currSong 传递的值之后，实例 snd 就可以使用 load()方法接收这个 URLRequest 对象作为其参数，从而使这个 Sound 实例开始自动加载所指定的声音。

（3）在声音加载之后，要对音量和声道进行动态的控制，此时需要使用到 Sound 类、SoundChannel 类和 SoundTransform 类。只有这 3 个类配合使用，才能达到控制声音的目的。

Sound 类用于在应用程序中使用声音。该类可以创建 Sound 对象，将外部的 mp3 文件加载到该对象，并实现播放、关闭功能。除此以外，还可以访问其他与声音有关的数据，如获取 mp3 文件中的 ID3 标签信息等。

SoundChannel 类用于控制 Flash 项目中的声音。当声音在 Flash 中播放时，会自动分配一个声道。当需要播放、停止和平移声道时，就需要用到 SoundTransform 类。

　　SoundTransform 类包含音量（volume）和声道（pan）两个属性。音量的取值范围是 0（静音）～1（声音的原始最大值）。超过 1 表示把声音扩大至相应的倍数，如 100 表示把原始声音扩大 100 倍（不建议使用）。声道位置的取值范围是-1（左声道）～1（右声道），其中 0 表示立体声。

　　如下代码详细描述了这 3 个类的相互配合过程。

```
var snd:Sound = new Sound();                    //创建 Sound 对象
snd.load(new URLRequest(currSong));             //在 Sound 对象中加载外部声音文件
var channel: SoundChannel= new SoundChannel() ; //创建 SoundChannel 对象
var trans:SoundTransform = new SoundTransform(currVol,currPan);
//创建 SoundTransform 对象，存储当前音量和声道值
channel = snd.play();                           //开始播放声音
channel.soundTransform=trans;
//更改 SoundChannel 类实例的 SoundTransform 属性，来改变声音的大小和声道位置
```

　　（4）在歌词同步显示功能的制作中，应用到了 split()分割函数、RegExp 正则表达式、match()搜索函数和 substr()截取函数，从歌词文件中分离出时间码和歌词内容。

　　split()分割函数可使用特定的分隔字符将字符串分割成字符串数组。其语法结构如下。

```
字符串对象.split(分隔字符,数量);
```

　　例如，下述代码的 array 数组中存放了 3 个元素，分别是 event:Login、email:xqxm@126.com 和 password:123。

```
var str:String = "event:Login,email:xqxm@126.com,password:123";
var array:Array = str.split(",");
```

　　RegExp 正则表达式用于设定一个条件，一般与 match()搜索函数配合使用。其语法结构如下。

```
var 正则对象:RegExp = /匹配模式/标志位;
```

　　其中，匹配模式就是正则表达式，可以包括普通文字和符号（A～Z、a～z、0～9 以及不是元字符的其他符号，其中 "/" 就是元字符之一）；标志位包括 g、i、m、s、x 等 5 个字母，其中，g 表示全局匹配，即尽可能匹配全部结果。例如：

```
var reg:RegExp=/\[[0-5][0-9]:[0-5][0-9].[0-9][0-9]\]/g;
```

　　match()搜索函数根据设定的匹配条件在字符串中进行搜索，并返回匹配结果。其语法结构如下。

```
变量=字符串. match(正则表达式);
```

　　例如，下述代码中依据前面设定的匹配条件，返回值为歌词前面的时间码 "[00:15.06]"。

```
var info:String="[00:15.06]落叶随风将要去何方";
var timeAry:Array=info.match(reg);
```

【高职高专新课程体系规划教材·计算机系列】

substr()截取函数按照指定的数量，由起始位置开始获取子字符串。如果未指定截取长度（字符数量），则截取起始位置之后的全部字符。其语法结构如下。

字符对象.substr(起点位置,截取长度);

例如，下述代码在字符串 info 中截取第 10 个字符之后的全部字符，返回结果为"落叶随风将要去何方"。

var info:String="[00:15.06]落叶随风将要去何方";
var lyric:String=info.substr(10);

# 9.3　任务 3——制作视频播放器

最近几年来，Flash 视频逐渐成为 Web 的主流视频格式。Adobe Flash CS4 以上的版本都提供了创建 Flash 视频文件并将其集成到 Flash 项目中的功能，也就是说，用户可以在 Flash 文件里添加视频，且不用编写任何 ActionScript 就能够控制视频的播放。但是，将 ActionScript 与 Flash 视频功能相结合能够制作出更具创造性的视频作品，而这点是单用 Flash 视频功能所无法比拟的。本任务中将介绍一些关于 ActionScript 视频处理组件的技术。

## 9.3.1　实例效果预览

本节实例效果如图 9-3-1 所示。

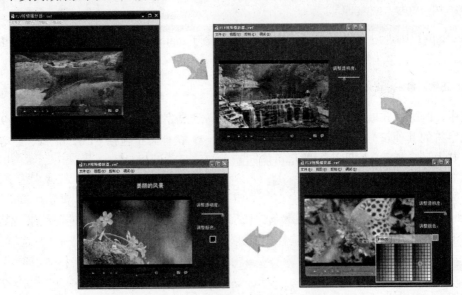

图9-3-1

【高职高专新课程体系规划教材·计算机系列】

## 9.3.2　技能应用分析

1．利用 ActionScript 设置 FLVPlayback 组件的属性。
2．使用 ColorPicker 组件设置视频皮肤的背景颜色。
3．使用 Slider 组件调整视频皮肤的透明度。
4．创建 ActionScript 对视频文件播放结束做出响应。
5．创建 ActionScript 处理 XML 视频播放列表。

## 9.3.3　制作步骤解析

**子任务 1　视频的加载与控制**

（1）新建一个 Flash 文件，在"属性"面板上设置舞台颜色为"深绿色（#302D00）"。在时间轴上将"图层 1"重命名为"播放器"，然后打开"组件"面板，在 video 目录下找到 FLVPlayback 组件并将其拖入舞台，设置宽度为 400，高度为 250，坐标位置为"X：16，Y：80"，如图 9-3-2 所示。

图9-3-2

（2）在"属性"面板上将该组件的实例名称设置为 vidPlayer，并展开"组件参数"选项组，如图 9-3-3 所示。在 scaleMode 下拉列表框中选择 exactFit 选项，使视频尺寸符合窗口大小；单击 source 属性右侧的空白处，将弹出"内容路径"对话框，单击右侧的文件夹图标，并在"浏览源文件"对话框中选择素材文件 video1.flv，如图 9-3-4 所示，然后单击"确定"按钮。注意，在"内容路径"对话框中应取消选中"匹配源尺寸"复选框。

（3）测试影片，被选中的视频会在 FLVPlayback 组件里播放，如图 9-3-5 所示。

（4）在"组件参数"选项组中单击 skin 属性右侧的字段，打开如图 9-3-6 所示的"选择外观"对话框，在"外观"下拉列表框中选择 SkinUnderAll.swf 文件，然后单击"确定"按钮。

【高职高专新课程体系规划教材·计算机系列】

图9-3-3　　　　　　　　　　　　　　　　图9-3-4

图9-3-5　　　　　　　　　　　　　　　　图9-3-6

（5）接下来设置视频皮肤的颜色和透明度。在"组件参数"选项组中单击 skinBackgroundColor 属性右侧的调色板，选择要作为视频皮肤的颜色，如图 9-3-7 所示。

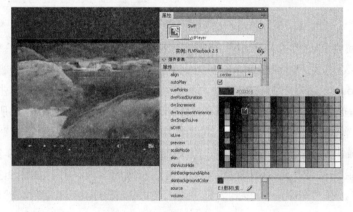

图9-3-7

（6）接下来在 skinBackgroundAlpha 属性的右侧输入一个 0～1 之间的数值，以设置背景颜色的透明度。一般来说，设置为 0.7～1 之间比较合适。如果设置为 0，则表示所选的背景颜色是不可见的。

（7）测试影片，视频会再次播放，但具有了之前所选择的皮肤、颜色和透明度。

（8）接下来，使用 ActionScript 来控制 FLVPlayback 属性，使用户可以在视频播放过程中随时调整播放器的皮肤颜色和透明度。

（9）新建图层，命名为"透明度"。使用文本工具在舞台上输入文字"调整透明度："，设置字体类型为"静态文本"，字体为"黑体"，字体大小为"16 点"，颜色为"白色"，坐标位置为"X：430，Y：100"。

（10）在"组件"面板上选择 User Interface 目录下的 Slider 组件，将其拖入舞台中，设置坐标位置为"X：450，Y：140"，并定义其实例名称为 alphaSlide，如图 9-3-8 所示。

（11）在"属性"面板的"组件参数"选项组中设置参数 maximum 的值为 1，minimum 的值为 0，snapinTerval 和 tickTerval 的值为 0.1，value 的值为 1，如图 9-3-9 所示。

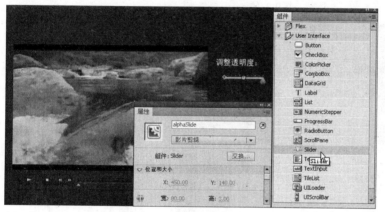

图9-3-8　　　　　　　　　　　　　　　　　　　　　图9-3-9

（12）接下来为视频播放器添加 ActionScript 代码，使滑块发挥作用。新建图层，命名为 actions，打开"动作-帧"面板，输入如下代码。

```
import fl.events.SliderEvent;                        //导入 SliderEvent 类，使 Slider 组件可用
alphaSlide.addEventListener(SliderEvent.CHANGE, alphaChange); //触发 CHANGE 事件
function alphaChange(e:SliderEvent):void {           //创建 alphaChange 函数
    vidPlayer.skinBackgroundAlpha = e.target.value;      //将滑块的值赋予组件的透明度属性
}
```

（13）测试影片。如图 9-3-10 所示，在影片播放过程中，用户可以拖动滑块以调整背景的颜色，释放鼠标，播放器皮肤背景的颜色将会相应地变淡或变深。

（14）下面来利用 ColorPicker 组件实现选择视频空间颜色的效果。在"透明度"图层和 actions 图层之间新建一个图层，命名为"颜色"，然后使用文本工具在舞台上输入文字"调整颜色："，设置字体类型为"静态文本"，字体为"黑体"，字体大小为"16 点"，颜色为"白色"，坐标位置为"X：430，Y：180"。

【高职高专新课程体系规划教材·计算机系列】

（15）在"组件"面板中选择 User Interface 目录下的 ColorPicker 组件，将其拖入舞台，设置坐标位置为"X：480，Y：220"，并定义其实例名称为 colorChoose，如图 9-3-11 所示。

图9-3-10

图9-3-11

（16）测试影片，可发现单击颜色拾取器时会有反应，但这是组件本身的行为，选择的颜色并没有被应用到视频播放器中。下面就来使用 ActionScript 实现相应的功能。

（17）选中 actions 图层的第 1 帧，打开"动作-帧"面板，在代码"import fl.events. SliderEvent;"之后添加如下代码。

```
import fl.controls.ColorPicker;                          //导入 ColorPicker 类，使组件可用
import fl.events.ColorPickerEvent;                       //导入 ColorPickerEvent 事件
```

接着在全部代码之后添加如下代码。

```
colorChoose.addEventListener(ColorPickerEvent.CHANGE, changeHandler);
  function changeHandler(e:ColorPickerEvent):void {      //创建 changeHandler()函数
    var cp:ColorPicker = e.currentTarget as ColorPicker; //将所选颜色赋予实例 cp
```

```
vidPlayer.skinBackgroundColor = Number("0x" + cp.hexValue);
//将所选颜色转换为十六进制形式，与 0x 组合后以数值型赋予播放器的 skinBackgroundColor 属性
}
```

上述代码中，用到了强制数据类型转换的两种主要方式。

第一种方式：

```
var cp:ColorPicker = e.currentTarget as ColorPicker;
```

其中，e.currentTarget 是触发 changeHandler() 函数的对象，它被明确地标识为 ColorPicker 数据类型。在这行代码中，ActionScript 关键字 as 表示其前面的项将被转换为特定数据类型，本例中被转换为 ColorPicker 数据类型。

第二种方式：

```
vidPlayer.skinBackgroundColor= Number("0x" + cp.hexValue);
```

skinBackgroundColor 的值由字符 "0x"（表示十六进制）与所选颜色的十六进制数值组成，其组合结果被强制转换为 Number。

（18）测试影片，可发现当从颜色拾取器中选择一种新颜色后，该颜色会被设置为视频控件的背景颜色。如图 9-3-12 所示。此时，用户在影片播放过程中，可以随意地利用 ColorPicker 来改变播放器的背景颜色，用滑块来改变播放器皮肤透明度。

### 子任务 2　处理 XML 视频播放列表

（1）经过以上步骤制作的视频播放器只能播放一个视频文件，下面要利用 XML 文件制作一个视频播放列表，载入一系列的视频文件，然后创建一个事件侦听器，实现在当前视频播放完毕后自动播放下一个视频文件的功能。

（2）选择"文件"→"打开"命令，找到文件 vidlist.xml 并打开，首先来查看 vidlist.xml 里的代码，这些代码将用于制作视频播放列表，如图 9-3-13 所示。

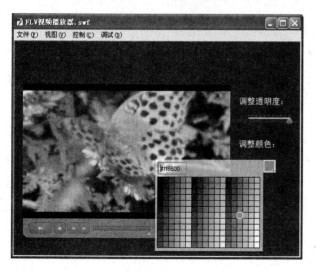

图9-3-12

图9-3-13

【高职高专新课程体系规划教材·计算机系列】

（3）关于 XML 文件的结构和语法会在后面详细介绍，现在先来分析一下该文件里的代码。在父标签 vidlist 之内只有主元素 vid，每个 vid 元素包含两个子元素，其中，file 元素包含视频文件的名称，name 元素包含将要显示在 Flash 里的文本。

（4）下面使用 ActionScript 载入该 XML 文件。返回 FLV 视频播放器制作窗口，在 actions 图层的下面新建一个图层，命名为"标题"，然后使用文本工具在舞台上绘制一个文本框，设置文本类型为"动态文本"，字体为"黑体"，字体大小为"20 点"，颜色为"白色"，坐标位置为"X：100，Y：30"，并定义其实例名称为 title_txt，如图 9-3-14 所示。

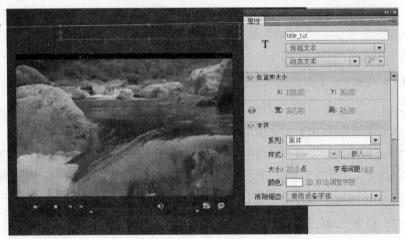

图9-3-14

（5）打开"动作-帧"面板，在代码"import fl.events.ColorPickerEvent;"之后输入如下代码。

```
import fl.video.FLVPlayback;        //导入 FLVPlayback 类，使组件可用
import fl.video.VideoEvent;          //导入 VideoEvent 类，使控制事件可用
```

（6）在这两行代码之下创建一个名为 vidList_XML 的变量，用于保存 XML 对象，代码如下。

```
var vidList_XML:XML;
```

（7）接下来创建一个逻辑变量，用于判断 vidlist.xml 文件里的每个 vid 元素是否都被访问过了，即所有视频是否都被加载并播放过了。继续输入如下代码。

```
var loopAtEnd:Boolean = true;
```

（8）因为要追踪播放列表里下一个要播放的视频是哪一个，因此需要创建一个名为 count 的变量，代码如下。

```
var count:int = 0;
```

count 的初始值是 0，用于选择 vidlist.xml 文件里的视频。

（9）创建一个变量来保存 URLLoader 实例，代码如下。

```
var xmlLoader:URLLoader = new URLLoader();
```

（10）现在可以利用 URLLoader 实例中的 load()方法载入 vidlist.xml 文件，代码如下。

```
xmlLoader.load(new URLRequest("vidlist.xml"));
```

（11）为了确保数据被成功加载，需要侦听 URLLoader 类的 COMPLETE 事件（确保文件 vidlist.xml 里的数据被成功载入之后再使用它们）。因此需要在刚刚添加的代码之下为 COMPLETE 事件添加一个 addEventListener()方法，代码如下。

```
xmlLoader.addEventListener(Event.COMPLETE, xmlLoaded);
```

（12）当成功载入 vidlist.xml 文件之后，就要调用 xmlLoaded()函数。在侦听器代码之后，插入 xmlLoaded()函数，代码如下。

```
function xmlLoaded(event:Event):void {
    vidList_XML = new XML(xmlLoader.data);
    vidPlayer.source = vidList_XML.vid[count].file;
    title_txt.text =vidList_XML.vid[count].name;
    vidPlayer.addEventListener(VideoEvent.COMPLETE, changeVid);
}
```

该函数首先把载入的 XML 数据保存到前面创建的 XML 对象里，然后将 XML 对象中的第一个数据（即第一段视频）赋予 vidPlayer 实例的 source 属性，并在 title_txt 文本框中显示相应的文字；接下来它通过一个事件侦听器，在 vidPlayer 实例结束视频播放时做出响应，响应的事件是 FLVPlayback 类的 COMPLETE 事件。

（13）接下来添加 changeVid()函数框架，它将在每个视频文件播放结束时被触发。

```
function changeVid(e:VideoEvent):void {
}
```

每个 vidPlayer 实例触发 COMPLETE 事件时，都会调用 changeVid()函数，其功能是把 count 变量加 1，从载入的播放列表中确定下一个要播放的视频，将其设置为 vidPlayer 的源文件，实现函数每次被调用时选择不同的视频。

（14）为了能够在函数每次被调用时播放新的视频，可以把 count 变量的值加 1。先在 changeVid()函数中添加如下代码。

```
count++;
```

（15）接着利用 count 判断 vidlist.xml 文件里的所有元素是否都被访问过了，即判断变量 count 的值是否等于数组 vidList_XML 的长度。因此需在刚才的代码之后添加如下代码。

```
if( count= =vidList_XML.vid.length() ){
    if( loopAtEnd ){
        count= 0;
    }else{
        return;
    }
}
```

如果数组 vidList_XML 中的所有元素都被访问过了，即表示所有视频都被加载并播放过了。上述代码中，当逻辑变量 loopAtEnd 的值为 true 时，将重置变量 count 的值为 0，即继续从第一个视频开始加载并播放，从而实现视频的循环加载和播放。

（16）接下来利用 loopAtEnd 变量设置 vidPlayer 实例的 source 属性。在刚刚输入的代码之下添加如下代码。

```
vidPlayer.source =vidList_XML.vid[count].file;
```

（17）下面使用当前 vid 元素（vid[count]）的 name 信息设置场景中 title_txt 文本区域中的内容。继续添加如下代码。

```
title_txt.text = vidList_XML.vid[count].name;
```

（18）最后，如果要在 vidPlayer 每次播放新视频时都改变背景颜色，可继续添加如下代码。

```
vidPlayer.skinBackgroundColor = Math.random() * 0xFFFFFF;
```

在 ActionScript 3.0 中，Math.random()函数可返回 0～1 之间的随机数字，如果需要产生全部十六进制颜色范围内的随机数值，可以使用如下代码。

```
Math.random() * 0xFFFFFF;
```

（19）测试影片。如图 9-3-15 所示，当第一个视频播放结束之后，vidlist 数据里的下一个视频将自动开始播放，title_txt 文本区域中的内容会在新视频加载时发生相应的改变。如果播放器持续运行，它将会播放 vidlist.xml 文件中的全部视频文件。而且，在每个新视频加载之后，皮肤的背景颜色也会发生改变。

图9-3-15

（20）完成以上功能的制作后还需要添加一个功能，即单击播放器右侧的第二个按钮，可以切换到全屏播放模式。选择"文件"→"发布设置"命令，在"发布设置"对话框的

"格式"选项卡里，选中 Flash 和 HTML 复选框，如图 9-3-16 所示。

（21）选择 HTML 选项卡，如图 9-3-17 所示，在"模板"下拉列表里选择"仅 Flash-允许全屏"选项，然后单击"确定"按钮。接着选择"文件"→"发布预览"→"默认（HTML）"命令，在默认浏览器里测试该实例，此时单击"全屏切换"按钮，视频文件将会全屏播放，按 ESC 键又可以返回普通的播放模式。

图9-3-16

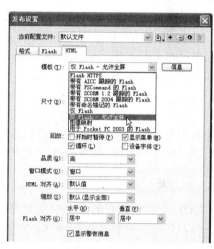
图9-3-17

## 9.3.4　知识点总结

本节实例的制作用到了 XML 语言。使用 XML 文件获取数据，能够轻松地添加或修改数据列表，而不必重新创建或打开现有的 Flash 文件。

XML 是一种非常简单、易用的标记语言，已经成为组织数据的标准。它是一种基于标签的语言，用户可以根据需要定义自己的标签来描述 XML 文件里保存的数据。

XML 文件实际上就是以.xml 作为名称后缀的文本文件，它能够在任何支持文本文件的程序里被创建和编辑。

比如本实例中的 vidlist.xml 文件，虽然文件的结构比较简单，但包含了 XML 文件里常见的基本格式。在如图 9-3-13 所示的文件中，第一行包含 1 个声明标签，告诉解析器关于 XML 的版本和文件使用的编码类型：

```
<?xml version="1.0" encoding="utf-8"?>
```

第一个<vidlist>标签下面的两行是注释，其作用与 ActionScript 里的注释一样，目的是给自己和他人一个提示。XML 文件里的注释是包含在字符"<!--"和"-->"之间的，比如：

```
<!-- All vids ® copyrght Passion Records -->
<!-- www.passionrecords.com -->
```

在默认情况下，ActionScript 会忽略 XML 的注释。

这些初始化代码之后是 songlist.xml 文档的主体，由标签化的数据组成。ActionScript

【高职高专新课程体系规划教材·计算机系列】

使用的 XML 文档必须具有单一的一对根标签，任务 3 中这对标签的名称是"vidlist"。在 XML 中，起始标签包含在一对尖括号之间（比如<vidlist>），而结束标签在左尖括号之后多了一个前斜线（如</vidlist>）。XML 里全部起始标签都必须有一个与之对应的结束标签。在 XML 中标签也被称为"元素"。

XML 文档的其他全部元素都包含在根标签的起始与结束标签之间，在 XML 文件中，可以根据需要为标签命名，这正是 XML 的灵活实用之处。

XML 以父标签和子标签的形式构成层次。

在 vidlist.xml 里，<vidlist>标签是 7 组<vid>标签（元素）的父标签；每个 vid 元素具有两个子元素，分别命名为 file 和 name，如图 9-3-18 所示。

```
<vid>
    <file>video/video1.flv</file>
    <name>美丽的风景</name>
</vid>
```

图9-3-18

XML 文件子元素的嵌套层次是没有限制的，本实例中只包含了一些 vid 元素，分别具有一些子元素，不断重复这种结构，就可以添加任意多的 vid 元素。

在 ActionScript 里，可以利用像其他 ActionScript 路径一样的句点语法来访问 XML 数据。保存数据的 XML 实例位于 XML 文件的根元素，而 XML 文件的子元素能够利用句点语法来访问。例如，访问 vid 元素可以使用如下语法。

vidList_XML.vid

通过这样的语法可以访问文件中的全部 vid 元素，当 XML 数据里有重复元素时，ActionScript 3.0 会自动把它们保存到 XMLList 里。XMLList 的使用方式类似于数组，例如，如果要访问 vidList_XML 数据里第一个 vid 元素，可以使用如下代码。

vidList_XML.vid[0]

如果想获得第三个 vid 元素里 file 标签的值，可以将代码写成如下形式。

vidList_XML.vid[2].name

这样一来，访问 XML 数据的方式就与访问其他数据很相似了，vidList_XML.vid.length() 表示 vidList_XML 数据里 vid 元素的长度（即个数），与数组长度的表示方式类似。

在学习了任务 3 之后，可以尝试将任务 2（mp3 音乐播放器）中的数组更改为 XML 文件，使用 XML 文件来存储歌曲列表，并实现多首歌曲的连续播放效果。

# 参 考 文 献

[1]  朱坤华．Flash 制作案例教程．北京：清华大学出版社，2012

[2]  刘本军．Flash CS3 动画设计案例教程．北京：机械工业出版社，2009

[3]  缪亮．Flash 动画制作基础与上机指导．北京：清华大学出版社，2010

[4]  力行工作室．Flash CS4 完全自学教程．北京：中国水利水电出版社，2009

[5]  王大远．一定要会的 Flash CS5 精彩案例 208 例．北京：电子工业出版社，2011